高等学校算法类课程系列教材

数据结构简明教程

第3版·微课视频版

李春葆 蒋林 主编

U0253200

清华大学出版社

北京

内 容 简 介

本书讨论了包括线性表、栈和队列、串、数组和稀疏矩阵、树和二叉树及图在内的各种数据结构的基本概念、逻辑结构与存储结构，以及在这些结构的基础上所实施的相关运算。全书共 9 章，每章配有丰富的练习题和上机实验题。本书具有概念清楚、表述明晰、示例丰富、图示准确和内容完整的特点，尤其注重知识点之间结构关系的展示和通用算法设计方法的提炼。

本书可作为高等院校计算机及相关专业"数据结构"课程的教材，也适合计算机爱好者和参加各类计算机考试人员研习。

图书在版编目（CIP）数据

数据结构简明教程：微课视频版/李春葆，蒋林主编.—3 版.—北京：清华大学出版社，2024.6（2024.8重印）
高等学校算法类课程系列教材
ISBN 978-7-302-65889-4

Ⅰ．①数… Ⅱ．①李… ②蒋… Ⅲ．①数据结构－高等学校－教材 Ⅳ．①TP311.12

中国国家版本馆 CIP 数据核字（2024）第 065088 号

策划编辑：魏江江
责任编辑：王冰飞
封面设计：刘 键
责任校对：申晓焕
责任印制：宋 林

出版发行：清华大学出版社
　　　　网　　　址：https://www.tup.com.cn，https://www.wqxuetang.com
　　　　地　　　址：北京清华大学学研大厦 A 座　　　　邮　　编：100084
　　　　社 总 机：010-83470000　　　　邮　　购：010-62786544
　　　　投稿与读者服务：010-62776969，c-service@tup.tsinghua.edu.cn
　　　　质量反馈：010-62772015，zhiliang@tup.tsinghua.edu.cn
　　　　课件下载：https://www.tup.com.cn，010-83470236
印 装 者：涿州汇美亿浓印刷有限公司
经　　销：全国新华书店
开　　本：185mm×260mm　　印　张：21.25　　　　字　　数：517 千字
版　　次：2014 年 1 月第 1 版　 2024 年 7 月第 3 版　　印　　次：2024 年 8 月第 2 次印刷
印　　数：63501～66500
定　　价：49.80 元

产品编号：103473-01

前言

党的二十大报告指出：教育、科技、人才是全面建设社会主义现代化国家的基础性、战略性支撑。必须坚持科技是第一生产力、人才是第一资源、创新是第一动力，深入实施科教兴国战略、人才强国战略、创新驱动发展战略，开辟发展新领域新赛道，不断塑造发展新动能新优势。高等教育与经济社会发展紧密相连，对促进就业创业、助力经济社会发展、增进人民福祉具有重要意义。

用计算机求解实际问题时，必然涉及数据组织及数据处理，这些正是"数据结构"课程的主要学习内容。"数据结构"课程在计算机科学中是一门综合性的专业基础课。在计算机科学中，数据结构内容不仅作为一般程序设计的必备知识，而且是设计编译程序、操作系统、数据库系统及其他系统程序和大型应用程序的重要基础。

"数据结构"课程主要的学习内容有：数据的逻辑结构描述，即表示求解问题中的数据和数据元素之间的逻辑关系；数据的存储结构设计，即将数据逻辑结构在计算机内存中表示出来；运算算法设计，即实现求解问题的功能，如设计插入、删除、修改、查询和排序算法等。

很多学习"数据结构"课程的学生都感觉数据结构比较抽象，算法理解比较困难，这很大程度上是由于没有领会数据结构的特点。首先，一个学习计算机专业的学生必须具有某种计算机语言编程能力，能够将求解问题的思路转换成计算机可以执行的程序代码，会编写基本的程序就像小学生识字和掌握基本的词汇一样重要；其次，必须掌握用计算机求解问题的三个层次，即提取求解问题中数据的逻辑结构、设计相应的存储结构和在存储结构上实现求解问题的算法。在设计一个算法时，先要充分理解相关的存储结构，试想一下，一个图的邻接表存储结构还没有弄清楚，如何设计一个图的遍历算法呢？所以在写算法时脑海里要准确地呈现数据的存储结构，这样才会下笔有"神"，流畅地写出正确的代码，如同小学生在掌握相当多的词汇量和写作技巧后才会写出高质量的作文。

本书是作者针对数据结构课程的特点，在总结自己长期教学经验的基础上编写的。本书的"简明"性主要体现在以下两方面。

一是内容上的简明性。本书的内容基本涵盖了全国计算机专业联考大纲（2024年）数据结构部分的知识点，讲授上省去了一些难度较大的应用和扩展内容，如表达式求值和迷宫问题、串的 KMP 算法和广义表等。

二是写作上的简明性。作者在写作时遵循由浅入深、化繁为简的风格，主要体现为知识点、知识结构和算法表述简明清晰。

全书分为 9 章,第 1 章为概论,介绍数据结构的基本概念,特别强调了基本算法设计和分析的方法;第 2 章为线性表,介绍线性表的概念、两种存储结构即顺序表和链表、线性表基本运算的实现算法以及线性表的应用;第 3 章为栈和队列,介绍这两种特殊线性表的概念、存储结构和相关应用;第 4 章为串,介绍串的概念、串的两种存储结构和应用;第 5 章为数组和稀疏矩阵,介绍数组的概念、几种特殊矩阵的压缩方法、稀疏矩阵的定义和压缩存储结构;第 6 章为树和二叉树,介绍树的概念和性质、二叉树的概念、二叉树的两种主要存储结构、二叉树各种运算算法设计、哈夫曼树和哈夫曼编码,特别突出了二叉树递归算法设计方法;第 7 章为图,介绍图的概念、图的两种主要的存储结构、图遍历算法以及图的各类应用;第 8 章为查找,介绍各种查找算法的实现过程;第 9 章为排序,介绍各种主要的内排序算法设计方法和基本的外排序过程。附录 A 给出了书中部分算法清单,附录 B 给出了全国硕士研究生入学统一考试计算机科学与技术学科联考(简称计算机专业考研联考)数据结构部分大纲(2024 年)。

本书的主要特色如下。

- 力求实现从 C/C++ 语言程序设计到数据结构算法设计的无缝对接,对算法设计中用到的一些 C/C++ 语言难点如指针、引用类型等,结合算法设计的特点予以充分的讲述。算法描述中除了引用类型属于 C++,其他均采用 C 语言的基本语法。
- 通过通俗易懂的示例简单明了地讲解数据结构解决问题的一般性思路,如一些综合性示例统一从问题描述、设计存储结构、设计基本运算算法、设计主程序和程序运行结果几方面来讲解,突出数据结构求解问题的三个层次。
- 采用大量图示直观地展现算法设计的思路,如求最小生成树的 Prim 算法、求图中最短路径的 Dijkstra 算法和各种内排序算法等。精心设计的图示不仅能够正确地表示算法的实现细节,而且更便于理解算法的精髓。
- 注重算法实现的简洁性和易懂性,数据结构中许多算法都对应有多种实现方式,本书中尽可能采用简单的实现方式,如二叉排序树查找、删除等均采用非递归算法来实现。
- 致力于归纳数据结构算法设计的通用性方法,如单链表、递归、二叉树和图等算法设计,都相应地总结出通用求解的方法,读者只要灵活运用这些通用方法,便可以举一反三,自己设计出求解较复杂问题的算法。
- 书中提供各类练习题 401 道,各类上机实验题 119 道,便于读者练习和实训。
- 书中所有算法都用 C/C++ 语言编写并在 Dev C++ 5.1 中调试通过。对于学习计算机专业的学生,直接阅读程序代码比看“伪码”更简明。
- 本书配套有《数据结构简明教程(第 3 版)学习与上机实验指导》(李春葆等,清华大学出版社,2024),涵盖所有练习题和上机实验题的参考答案。

为便于教学,本书提供丰富的配套资源,包括教学大纲、教学课件、电子教案、上机实训、程序源码和在线作业。此外,本书配套有全部知识点的教学视频,视频采用微课碎片化形式组织(含 142 个小视频,累计 25 小时)。

资源下载提示

课件等资源：扫描封底的"图书资源"二维码,在公众号"书圈"下载。

素材（源码）等资源：扫描目录上方的二维码下载。

在线自测题：扫描封底的作业系统二维码,再扫描自测题二维码,可以在线做题及查看答案。

微课视频：扫描封底的文泉云盘防盗码,再扫描书中相应章节的视频讲解二维码,可以在线学习。

本书可作为高等院校计算机及相关专业"数据结构"课程的教材,也适合计算机爱好者和参加各类计算机考试的人员参考。

本书的编写得到了湖北省教改项目"计算机科学与技术专业课程体系改革"的资助,清华大学出版社给予了大力支持,许多授课教师和同学提出建设性意见,编者在此一并表示衷心感谢。

由于水平所限,尽管编者不遗余力,书中仍可能存在疏漏和不足之处,欢迎读者批评指正。

编　者

目录

扫一扫

程序源码

第 7 章 图 /192

第 1 章 概论

　　计算机的主要功能是数据运算,这些数据绝不是杂乱无章的,而是有着某种内在联系。只有分清楚数据的联系,合理地组织数据,才能对它们进行有效的运算。合理地组织数据、高效率地实施数据运算,正是数据结构课程的目的。本章简要介绍有关数据结构的基本概念和算法分析方法。

1.1 数据结构概述

1.1.1 什么是数据结构

扫一扫

视频讲解

计算机数据运算的一般过程如图 1.1 所示。数据是信息的载体,能够被计算机识别、存储和加工处理,数据包括文字、表格、图像等。例如,某个班的全部学生记录、$a \sim z$ 的字母集合、$1 \sim 1000$ 的所有素数等都是数据。信息是数据的内涵,即数据所表达的意义,例如,通过统计后产生某课程的平均分 85,这里 85 是数据,表示某课程平均分的信息。

图 1.1 数据运算的过程

数据的基本单位是**数据元素**(有时称为元素、结点或记录等),通常把数据元素作为一个整体进行处理。例如,一个班的学生数据包括张三、李四等数据元素。

数据对象是具有相同类型的数据元素的集合,因为所有数据元素类型相同时处理起来更加方便,所以在数据结构中除特别指定外数据通常都是数据对象。

有时一个数据元素可以由若干数据项(也可称为字段、域、属性)组成。**数据项**是具有独立意义的不可分割的最小标识单位。例如,在 $1 \sim 100$ 的整数数据中,10 就是一个数据元素;又比如在一个学生表中,一个学生记录可称为一个数据元素,而这个元素中的某一字段(如姓名)就是一个数据项。

【例 1.1】 组成数据的基本单位是_____。

    A. 数据项   B. 数据类型   C. 数据元素   D. 数据变量

解 数据是由数据元素组成的,数据元素是数据的基本单位。本题答案为 C。

数据结构是相互之间存在一种或多种特定关系的数据元素的集合,如图 1.2 所示。这些数据元素不是孤立存在的,而是有着某种关系,这种关系构成了某种结构。在现实中,数据元素之间的关系多种多样,在"数据结构"课程中主要讨论数据元素之间的相邻关系。

数据结构 ＝ 数据 ＋ 结构

图 1.2 数据结构由数据和结构组成

归纳起来,数据结构一般包括以下三方面的内容。

(1) **数据逻辑结构**,数据的逻辑结构是从逻辑关系上描述数据,它与数据的存储无关,是独立于计算机的。因此,数据的逻辑结构可以看作从具体问题抽象出来的数学模型。

(2) **数据存储结构**,数据元素(有时简称为元素)及其逻辑关系在计算机存储器内的表示称为**数据存储结构**。数据存储结构是逻辑结构用计算机语言实现的(也称为映像),它是依赖于计算机语言的。一般只在高级语言的层次上讨论存储结构。

(3) **数据运算**,即对数据施加的操作。数据运算的定义(指定运算的功能描述)是基于逻辑结构的,每种逻辑结构都有一组相应的运算。例如,最常用的运算有检索、插入、删除、更新、排序等;而数据运算的实现是基于存储结构的,通常是采用某种计算机语言实现的。

例如,一个学生成绩表 Score 如表 1.1 所示,它由多个学生成绩记录(即数据元素)组成,每个元素又包括多个数据项,其中,学号数据项是关键字,即学号唯一标识一个学生记录,现要求计算所有学生的平均分。

表 1.1 一个学生成绩表 Score

学 号	姓名	分数
201201	王实	85
201205	李斌	82
201206	刘英	92
201202	张山	78
201204	陈功	90

在这个求解问题中,表 1.1 给出了数据的逻辑结构,其数据运算是求所有学生的平均分。为了实现这个功能,先要设计对应的存储结构,即把 Score 表存放到计算机内存中,然后设计出实现求平均分的算法。

这里包含的学生成绩表逻辑结构,对应的存储结构设计和求平均分运算的实现都是数据结构所涉及的内容。

1.1.2 逻辑结构

扫一扫

视频讲解

数据元素之间的逻辑关系的整体称为数据的逻辑结构。现实中,数据元素的逻辑关系千变万化,而数据结构课程中讨论的逻辑关系主要是指数据元素之间的相邻关系,如果两个数据元素是相邻的,说明它们之间是有关系的,否则它们之间没有关系。实际上,这种相邻关系处理方法很容易推广到其他复杂关系的处理。

根据数据元素之间逻辑关系的不同特性,分为下列 4 类基本结构。

(1) 集合:包含的所有数据元素同属于一个集合(数据元素之间没有关系,集合是一种最松散的逻辑结构)。

(2) 线性结构:包含的数据元素之间存在一对一的关系。

(3) 树形结构:包含的数据元素之间存在一对多的关系。

(4) 图形结构:包含的数据元素之间存在多对多的关系。也称为网状结构。

数据的逻辑结构可以采用多种方式描述,二元组是一种既常用也十分通用的数据逻辑结构表示方式。二元组表示如下。

$S=(D,R)$
$D=\{d_i \mid 1 \leqslant i \leqslant n\}$
$R=\{r_j \mid 1 \leqslant j \leqslant m\}$

其中,D 是数据元素的有限集合,即 D 是由有限个数据元素所构成的集合,R 是 D 上的关系的有限集合,即 R 是由有限个关系 $r_j (1 \leqslant j \leqslant m)$ 所构成的集合,而每个关系都是指 $D \rightarrow D$ 的关系。

每个关系 r_j 用序偶集合来表示,一个序偶表示两个元素之间的相邻关系,用尖括号表示有向关系,如 $<a,b>$ 表示存在元素 a 到 b 之间的关系;用圆括号表示无向关系,如 (a,b)

表示既存在元素 a 到 b 之间的关系,又存在元素 b 到 a 之间的关系。

设 r_j 是一个 D 到 D 的关系,$r_j \in R$,若元素 $d \in D$,$d' \in D$,且 $<d,d'> \in r_j$,则称 d' 是 d 的**直接后继元素**(简称**后继元素**),d 是 d' 的**直接前驱元素**(简称**前驱元素**),这时 d 和 d' 是相邻的元素(都是相对 r_j 而言的);如果不存在一个 d' 使 $<d,d'> \in r_j$,则称 d 为 r_j 的**终端元素**;如果不存在一个 d' 使 $<d',d> \in r_j$,则称 d 为 r_j 的**开始元素**;如果 d 既不是终端元素也不是开始元素,则称 d 是**内部元素**。

例如,表 1.1 数据的逻辑结构是怎么样的呢?从该表中可以看出,学号为 201201 的元素为开始元素(没有前驱元素),学号为 201204 的元素为终端元素(没有后继元素)。除此之外,所有元素都只有一个前驱元素和一个后继元素,如学号为 201205 的学生记录的唯一前驱元素为学号为 201201 的学生记录,唯一后继元素为学号为 201206 的学生记录。由此可知,这个表的逻辑结构为线性结构。

实际上,Score 表本身就完整地描述了该数据的逻辑结构,也可以用如下二元组表示其逻辑结构(用学号表示相应的元素)。

Score$=(D,R)$
$D=\{201201,201202,201204,201205,201206\}$
$R=\{r\}$ //这里只有一个逻辑关系,一些复杂的数据结构中可以有多个逻辑关系
$r=\{<201201,201205>,<201205,201206>,<201206,201202>,<201202,201204>\}$

数据逻辑结构的呈现形式称为数据的逻辑表示,除二元组外,数据逻辑结构还可以用相应的关系图来表示,称为逻辑结构图。

【例 1.2】 设数据的逻辑结构如下:

$B_1=(D,R)$
$D=\{1,2,3,4,5,6,7,8,9\}$
$R=\{r\}$
$r=\{<1,2>,<1,3>,<3,4>,<3,5>,<4,6>,<4,7>,<5,8>,<7,9>\}$

试画出对应的逻辑结构图,并指出哪些是开始结点,哪些是终端结点,说明是何种数据结构。

解 B_1 对应的逻辑结构图如图 1.3 所示。其中,1 是开始结点,2、6、8、9 是终端结点,除开始结点外,每个结点有唯一的前驱结点,除终端结点外,每个结点有一个或多个后继结点,所以它是一种树形结构。

【例 1.3】 设数据的逻辑结构如下:

$B_2=(D,R)$
$D=\{1,2,3,4,5,6\}$
$R=\{r\}$
$r=\{<1,2>,<2,4>,<1,3>,<3,4>,<3,5>,<3,6>,<5,6>\}$

试画出对应的逻辑结构图,说明是何种数据结构。

解 B_2 对应的逻辑结构图如图 1.4 所示,其中每个结点都有零个或多个前驱结点,每个结点都有零个或多个后继结点,所以它是一种图形结构。

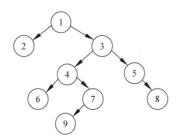

图 1.3　B_1 的逻辑结构图　　　　　　　图 1.4　B_2 的逻辑结构图

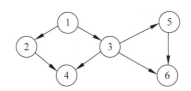
扫一扫

视频讲解

1.1.3　存储结构

数据逻辑结构在计算机存储器中的表示称为数据的**存储结构**(或**存储表示**),也称为物理结构。通常情况下,同一种逻辑结构可以设计多种存储结构,在不同的存储结构中,实现同一种运算的算法可能不同。

逻辑结构、存储结构和运算三者之间的关系如图 1.5 所示。

把数据对象存储到计算机中时,通常要求既要存储各数据元素,又要存储数据元素之间的逻辑关系。在实际应用中,数据的存储方法是灵活多样的,可根据问题规模(通常是指元素个数的多少)和运算种类等因素适当选择。下面简要介绍几种主要的存储结构。

1. 顺序存储结构

顺序存储结构是采用一组连续的存储单元存放所有的数据元素,而且逻辑上相邻的元素的存储单元也相邻。也就是说,元素之间的逻辑关系由存储单元地址间的关系隐含表示,即顺序存储结构将数据的逻辑结构直接映射到存储结构。

对于前面的逻辑结构 Score,假设每个元素占用 30B,且从 100 号单元开始由低地址向高地址方向存储,对应的顺序存储结构如图 1.6 所示。

地址	学号	姓名	分数
100	201201	王实	85
130	201205	李斌	82
160	201206	刘英	92
190	201202	张山	78
220	201204	陈功	90

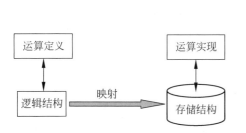

图 1.5　逻辑结构、存储结构和
　　　　运算之间的关系

图 1.6　Score 对应的顺序存储结构

顺序存储结构的主要优点是节省存储空间。因为分配给数据的存储单元全用于存放元素值,元素之间逻辑关系的表示没有占用额外的存储空间。用这种方法来存储线性结构的数据元素时,可实现对各数据元素的随机存取(所谓随机存取是指给定某元素的逻辑序号,能在常量时间内查找到对应的元素值)。

这是因为线性结构中每个数据元素对应一个序号(开始元素的序号为1,它的后继元素的序号为2……),序号为 i 的元素 a_i,其存储地址如下:

$$LOC(a_i) = p + (i-1) \times k$$

其中,k 是每个元素所占的单元数,p 是第一个元素所占单元的首地址。

顺序存储结构的主要缺点是不便于修改,在对元素进行插入、删除运算时,可能要移动一系列的元素。

2.链式存储结构

顺序存储结构要求所有的元素在内存中相邻存放,因而需占用一片连续的存储空间;而链式存储结构不是这样,每个结点单独存储,无须占用一整块存储空间,但为了表示结点之间的关系,给每个结点附加指针字段,用于存放相邻结点的存储地址。

对于前面的逻辑结构 Score,在设计其链式存储结构时,每个结点存放一个学生成绩记录,每个结点附加一个"下一个结点地址"即后继指针域,用于存放后继结点的首地址,则可得到如图 1.7 所示的 Score 的链式存储表示,head 作为第一个结点的地址来标识整个链式存储结构。从图中可以看出,每个结点由两部分组成:一部分用于存放结点的数据,另一部分用于存放后继结点的首地址。

地址	学号	姓名	分数	下一个结点地址
⋮				
100	201201	王实	85	520
⋮				
230	201204	陈功	90	∧
⋮				
310	201206	刘英	92	450
450	201202	张山	78	230
520	201205	李斌	82	310

图 1.7 Score 对应的链式存储结构

为了更清楚地反映链式存储结构,可采用更直观的图示来表示,如 Score 的链式存储结构可用如图 1.8 所示的方式表示。如要查找某学号的结点,需从 head 所指结点开始比较,在没有找到时依次沿后继指针域继续找下去。

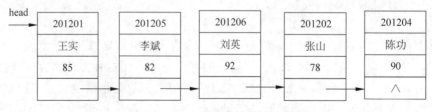

图 1.8 Score 链式存储结构示意图

链式存储结构的主要优点是便于修改,在进行插入、删除运算时,仅需修改结点的指针域,不必移动结点。

与顺序存储结构相比,链式存储结构的主要缺点是存储空间的利用率较低,因为分配给数据元素的存储单元中有一部分被用来存放结点之间的逻辑关系了。另外,由于逻辑上相邻的结点在存储器中不一定相邻,因此,在用这种方法存储的线性结构中不能对结点进行随机存取。

3. 索引存储结构

索引存储结构是在存储数据(称为主数据表)的同时,还建立附加的索引表。索引表中的每一项称为索引项,索引项的一般形式如下:

(关键字,对应地址)

在索引表中,所有关键字有序排列(如递增),每个关键字的对应地址为该关键字的记录在数据表中的存储地址。

如图1.9所示的是Score对应的一种索引存储结构。在进行关键字(如学号)查找时,先在索引表中快速查找(因为索引表中按关键字有序排列,可以采用二分查找)到相应的关键字,然后通过对应地址在数据表中找到应记录的数据。

索引表

地址	关键字	对应地址
300	201201	100
310	201202	190
320	201204	220
330	201205	130
340	201206	160

主数据表

地址	学号	姓名	分数
100	201201	王实	85
130	201205	李斌	82
160	201206	刘英	92
190	201202	张山	78
220	201204	陈功	90

图1.9 Score对应的索引存储结构

索引存储结构的优点是查找效率高,其缺点是需要建立索引表,从而增加了时间和空间开销。

4. 哈希(散列)存储结构

哈希存储结构根据元素的关键字来确定其存储地址。具体做法是:以元素的关键字为自变量,通过某个哈希函数$h(key)$(或散列函数)计算出对应的函数值,再把该函数值当作该元素的存储地址。

对于前面的逻辑结构Score,假设哈希表长度$m=6$(存储单元的地址为0~5),记录个数$n=5$,以学号作为自变量,选用哈希函数如下:

$$h(学号)=学号-201201$$

对于每个学生记录,计算的存储地址如下。

key	201201	201205	201206	201202	201204
$h(key)$	0	4	5	1	3

于是得到如图 1.10 所示的哈希存储结构（其中 2 地址单元空闲）。如果要查找学号为 id 的学生记录，只需要求出 $h(\mathrm{id})$，以它为地址在该哈希表中直接找到该学号的学生记录。

哈希存储结构的优点是查找速度快，只要给出待查找结点的关键字，就有可能立即计算出对应记录的存储地址。

地址	学号	姓名	分数
0	201201	王实	85
1	201202	张山	78
2			
3	201204	陈功	90
4	201205	李斌	82
5	201206	刘英	92

图 1.10　Score 对应的哈希存储结构

与前三种存储方法不同的是，哈希存储方法只存储数据元素本身，不存储数据元素之间的逻辑关系。哈希存储结构一般只用于要求对数据能够进行快速查找、插入的场合。采用哈希存储的关键是要选择一个好的哈希函数和处理"冲突"的办法。

1.1.4　数据运算

数据运算就是施加于数据的操作。数据运算包括运算定义和运算实现两部分，前者描述运算的功能，是抽象的，后者是在存储结构上设计对应运算的实现算法，是具体的。这种将运算定义和运算实现相互分离的做法即软件工程的思想，更加便于软件开发。

在数据结构中，运算实现与数据存储结构密切相关，选用好的存储结构可以提高运算实现的效率。

1.1.5　数据结构、数据类型和抽象数据类型

1. 数据结构

数据结构是指带结构的数据元素的集合。一个数据结构包含数据逻辑结构、存储结构和数据运算三方面。

2. 数据类型

数据类型是高级程序设计语言中的一个基本概念，它和数据结构的概念密切相关。一方面，在程序设计语言中，每一个数据都属于某种数据类型。数据类型显式或隐含地规定了数据的取值范围、存储方式以及允许进行的运算。例如，在 32 位系统中，C 语言的 short int（短整型）数据类型隐含取值范围为 $-32\,768 \sim 32\,767$，其运算有 $+$、$-$、$*$、$/$、$\%$ 等。因此可以认为，数据类型是在程序设计语言中已经实现了的数据结构。另一方面，在程序设计过程中，当需要引入某种新的数据结构时，必须借助编程语言所提供的数据类型来描述数据的存储结构。

下面总结 C/C++语言中常用的数据类型。

1）C/C++语言的基本数据类型

C/C++语言中的基本数据类型有 int 型、float 型；double 型和 char 型。int 型可以有三个修饰符：short（短整数）、long（长整数）和 unsigned（无符号整数）。

数据类型用于定义变量，如有定义语句：int $n=10$;在执行该语句时系统自动为变量 n 分配一个固定长度（如 4B）的内存空间，如图 1.11 所示，程序员通过变量名 n 对这个内存空间进行存取操作（内存分成许多单元，每个单元都有一个地址，可以通过地址来对指定的单

元进行操作,但让程序员记下所有地址是十分麻烦的,为此系统将变量名与对应的内存单元自动绑定,程序员通过变量名操作内存单元),当超出作用范围时系统自动释放其内存空间,所以称之为**自动变量**。

2) C/C++语言的指针类型

C/C++语言允许直接对存放变量的地址进行操作。例如有以下定义:

int i, * p;

其中,i 是整型变量,p 是指针变量(它用于存放某个整型变量的地址)。表达式 $\&i$ 表示变量 i 的地址,将 p 指向整型变量 i 的运算为: $p=\&i$。

对于指针变量 p,表达式 $*p$ 是取 p 所指变量的值,例如:

```
int i=2, * p=&i;
printf("%d\n", * p);
```

上述语句执行后,其内存结构如图 1.12 所示,通过表达式 $*p$ 输出变量 i 的值即 2。

图 1.11　为变量 n 分配存储空间

图 1.12　指针变量 p 指向整型变量 i

可以使用 malloc() 函数为一个指针变量分配一片连续的空间(称为动态空间分配)。例如:

```
char * p;
p=(char * )malloc(10 * sizeof(char));    //动态分配 10 个连续的字符空间
strcpy(p, "China");                       //将"China"存放到 p 所指向的空间中
printf("%c\n", * p);                      //输出字符 C
printf("%s\n", p);                        //输出字符串"China"
free(p);                                  //释放 p 指向的空间
```

上述代码先定义字符指针变量 p(此时它没有指向有效的字符数据,即 p 中的地址值没有意义),使用 malloc() 函数为其分配长度为 10 个字符的空间,将该空间的首地址赋给 p(尽管程序员不知道这个地址是多少,但 p 的值已经有意义了),再将字符串"China"存放到这个空间中,如图 1.13 所示。p 指向的是首字符'C',所以第一个 printf 语句输出的 $*p$ 即字符'C',而第二个 printf 语句输出的是整个字符串即"China"。

图 1.13　为指针变量 p 分配指向的空间

p 变量是自动变量,当超出范围时,系统会自动释放它的空间,但 p 所指向的空间(用 malloc 函数分配的空间)是不能被系统自动释放的,所以必须显式用 free(p)语句来释放 p

所指向的空间,这称为销毁,即垃圾回收。如果不做销毁操作,p 所指向的内存空间在程序执行完毕仍被占用,这样可能很快造成内存消耗完,称为内存泄漏。所以本书后几章中介绍的每种数据结构都包含创建和销毁基本运算。

3)C/C++语言的数组类型

数组是同一数据类型的一组数据的有限序列。数组分为一维数组和多维数组。数组名标识一个数组,下标指示一个数组元素在该数组中的位置。

数组下标的最小值称为下界,在 C 语言中总是 0。数组下标的最大值称为上界,在 C 语言中数组上界为数组长度减 1。例如,int $a[10]$ 语句定义了包含 10 个整数的数组 a,其数组元素是 $a[0]\sim a[9]$。

4)C/C++语言中的结构体类型

结构体是由一组称为结构体成员的数据项组成的,每个结构体成员都有自己的标识符,也称为数据成员域。例如,以下声明了一个 teacher 结构体类型:

```
struct teacher                          //教师结构体类型
{    int no;                            //成员编号,占 4 字节
     char name[8];                      //成员姓名,占 8 字节
     int age;                           //成员年龄,占 4 字节
};
```

结构体类型是用于定义结构体变量的,当定义一个结构体类型的变量时,系统按照结构体类型声明为对应的变量分配存储空间。例如,定义一个结构体变量 t:

```
struct teacher t;
```

t 变量在内存中的存放方式如图 1.14 所示,引用 no 成员的方式是 $t.no$,引用 name 成员的方式是 $t.name$,引用 age 成员的方式是 $t.age$,所有成员相邻存放,t 变量所分配的内存空间大小为所有成员占用的内存空间之和。

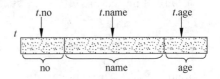

图 1.14 结构体变量在内存中的存放方式

可以使用结构体类型 teacher 定义其他变量,有以下代码:

```
struct teacher t1={1,"陈华",34};         //定义结构体变量 t1 并初始化
struct teacher t2={5,"王强",48};         //定义结构体变量 t2 并初始化
printf("%d,%s,%d\n",t1.no,t1.name,t1.age);   //输出结构体变量 t1 的各成员值
printf("%d,%s,%d\n",t2.no,t2.name,t2.age);   //输出结构体变量 t2 的各成员值
```

其执行结果如下:

```
1,陈华,34
5,王强,48
```

5)C/C++语言中的共用体类型

共用体用于把不同的数据成员组织为一个整体,它们在内存中共享一段存储单元,但不同成员以不同的方式被解释。例如,声明一个共用体类型 tag 如下:

```
union tag                               //tag 共用体
```

```
{     short int n;                                          //成员 n,占 2 字节
      char ch[2];                                           //成员 ch 数组,占 2 字节
};
```

共用体类型是用于定义共用体变量的,当定义一个共用体类型的变量时,系统按照共用体类型声明为对应的变量分配存储空间。例如,定义一个共用体变量 u:

union **tag** u;

u 变量在内存中的存放方式如图 1.15 所示,引用 n 成员的方式是 $u.n$,引用 ch 成员的 ch[0]元素的方式是 $u.ch[0]$,所有成员共享相同的内存空间,u 变量所分配的内存空间大小为所有成员占用的成员空间的最大值。

图 1.15 共用体变量在内存中的存放方式

可以使用共用体类型 tag 定义其他变量,有以下代码:

```
union tag u;
u.n=0x4142;                                               //十六进制数
printf("%c,%c\n",u.ch[1],u.ch[0]);
```

通过赋值后,在共用体变量 u 的成员 n 的两个字节中,高位为 65(0x41),低位为 66(0x42),分别对应 $u.ch[1]$ 和 $u.ch[0]$ 成员,所以 printf 输出为 A 和 B 两个字符(字符'A'的 ASCII 为十六进制数 41,字符'B'的 ASCII 为十六进制数 42)。

6）C 语言中的自定义类型

C/C++语言中允许使用 typedef 关键字为一个数据类型指定一个别名,例如:

typedef char ElemType;

该语句将 char 类型与 ElemType 等同起来。这样做有两个好处,一是方便程序调试,例如,将上述语句改为 typedef int ElemType,则程序中所有 ElemType 都改为 int 类型了;二是可以简化代码,例如:

```
typedef struct student                                    //student 结构体类型
{     int no;                                              //学号成员
      char name[10];                                       //姓名成员
      char sex;                                            //性别成员
      int cno;                                             //班号成员
} StudType;                                                //用 StudType 别名表示 student 结构体类型
```

这样,StudType 等同于学生结构体类型,可以使用该类型名定义变量:

StudType s1,s2;

等同于:

struct student s1,s2;

3. 抽象数据类型

在数据结构中,**抽象数据类型**(Abstract Data Type,ADT)是指一个数学模型以及定义在此数学模型上的一组操作。抽象数据类型需要通过固有数据类型(高级编程语言中已实现的数据类型)来实现。对一个抽象数据类型进行定义时,必须给出抽象数据类型名称和包

扫一扫

视频讲解

含的运算名称及其功能描述。一旦定义了一个抽象数据类型并具体实现,程序设计中就可以像使用基本数据类型那样,十分方便地使用该抽象数据类型。

从数据结构的角度看,一个求解问题可以通过抽象数据类型来描述,也就是说,抽象数据类型对一个求解问题从逻辑上进行了准确的定义,所以抽象数据类型由数据逻辑结构和运算定义两部分组成。从中看出,抽象数据类型是面向用户的,而抽象数据类型的实现是面向程序员的。

【例 1.4】 定义单个集合的抽象数据类型 ASet,其中所有元素为正整数,包含创建一个集合、输出一个集合和判断一个元素是否为集合中元素的基本运算。

在此基础上再定义两个集合运算的抽象数据类型 BSet,包含集合的并集、差集和交集运算。

解 抽象数据类型 ASet 的定义如下:

```
ADT ASet
{    数据对象:D={d_i | 0≤i≤n,n 为一个正整数}
     运算的定义:
         void cset(&s,a,n):由含 n 个元素的数组 a 创建一个集合 s
         void dispset(s):输出集合 s。
         int inset(s,e):判断元素 e 是否为集合 s 中的元素
}
```

抽象数据类型 BSet 的定义如下:

```
ADT BSet
{    数据对象:D={s_i∈ASet | 0≤i≤n,n 为一个正整数}
     运算的定义:
         void add(s1,s2,s3):s3=s1∪s2          //求集合的并集
         void sub(s1,s2,s3):s3=s1-s2          //求集合的差集
         void intersection(s1,s2,s3):s3=s1∩s2  //求集合的交集
}
```

通过上述两个抽象数据类型的定义,就将求解问题描述清楚了,下一步就是用 C/C++ 等语言具体实现其功能。

1.2 算法和算法分析

1.2.1 算法及其描述

1. 算法的特性

一个运算实现是通过算法来表述的,**算法**是对特定问题求解步骤的一种描述,它是指令的有限序列,其中每条指令表示一个或多个操作。算法设计应满足以下几个目标。

(1) 正确性:要求算法能够正确地执行预先规定的功能和性能要求。这是最重要也是最基本的标准。

(2) 可使用性:要求算法能够很方便地使用。这个特性也叫作用户友好性。

(3) 可读性:算法应该易于人的理解,也就是可读性好。为了达到这个要求,算法的逻

辑必须是清晰的、简单的和结构化的。

（4）健壮性：要求算法具有很好的容错性，即提供异常处理，能够对不合理的数据进行检查。不经常出现异常中断或死机现象。

（5）高效率与低存储量需求：通常算法的效率主要指算法的执行时间。对于同一个问题如果有多种算法可以求解，执行时间短的算法效率高。算法存储量指的是算法执行过程中所需的最大存储空间。效率和低存储量这两者都与问题的规模有关。

【例 1.5】 即使输入非法数据，算法也能适当地做出反应或进行处理，不会产生预料不到的运行结果，这种算法好坏的评价因素称为_____。

  A. 正确性   B. 易读性   C. 健壮性   D. 时空性

解 一个算法对于非法数据输入不会产生预料不到的运行结果，称为算法的健壮性。本题答案为 C。

算法具有以下 5 个重要特性。

（1）有限性（或有穷性）：一个算法必须总是（对任何合法的输入值）在执行有限步之后结束，且每一步都可在有限时间内完成。

（2）确定性：算法中每一条指令必须有确切的含义，不会产生二义性。

（3）可行性：算法中每一条运算都必须是足够基本的，就是说它们原则上都能精确地执行，甚至人们仅用笔和纸做有限次运算就能完成。

（4）输入性：一个算法有零个或多个输入。大多数算法中输入参数是必要的，但对于较简单的算法，如计算 1+2 的值，不需要任何输入参数，因此算法的输入可以是零个。

（5）输出性：一个算法有一个或多个输出。算法用于某种数据处理，如果没有输出，这样的算法是没有意义的，这些输出是跟输入有着某些特定关系的量。

说明：算法和程序是有区别的，程序是指使用某种计算机语言对一个算法的具体实现，即具体要怎么做，而算法侧重于对解决问题的方法描述，即要做什么。算法必须满足有限性，而程序不一定满足有限性，如 Windows 操作系统在用户没有退出、硬件不出现故障以及不断电的条件下理论上可以无限时运行，所以严格讲算法和程序是两个不同的概念。当然算法也可以直接用计算机程序来描述，这样算法和程序就是一回事了，本书就采用这种方式。

【例 1.6】 有下列两段描述：

描述 1：

```
void exam1()
{   int n=2;
    while (n%2==0)
        n=n+2;
    printf("%d\n",n);
}
```

描述 2：

```
void exam2()
{   int x,y;
    y=0;
    x=5/y;
    printf("%d,%d\n",x,y);
}
```

这两段描述均不能满足算法的特性，试问它们违反了算法的哪些特性？

解 ①这是一个死循环，违反了算法的有限性特性。②出现除零错误，违反了算法的可行性特性。

2. 算法的描述

描述算法的方式很多,有的采用类 Pascal 语言,有的采用自然语言伪码。本书采用 C/C++语言来描述算法的实现过程,通常用 C/C++函数来描述算法。

以设计求 $1+2+\cdots+n$ 值的算法为例说明 C/C++语言描述算法的一般形式,该算法如图 1.16 所示。

算法的返回值:正确执行时返回真,否则返回假　　　　算法的形参

```
int Sum1(int n,int s)
{    int i;
     if (n<=0) return 0;        //当参数错误时返回假
     s=0;
     for (i=1;i<=n;i++)
          s+=i;
     return 1;                  //当参数正确并产生正确结果时返回真
}
```

图 1.16　算法描述的一般形式

通常用函数的返回值表示算法能否正确执行,有时当算法只有一个返回值或者返回值可以区分算法是否正确执行时,用函数返回值来表示算法的执行结果,另外还可以带有形参表示算法的输入输出。任何算法(用函数描述)都是被调用的(在 C/C++语言中除 main 函数外任何一个函数都会被其他函数调用,如果一个函数不被调用,这样的函数是没有意义的)。在 C 语言中调用函数时只有从实参到形参的单向值传递,执行函数时如果改变了形参,对应的实参不会同步改变。例如,设计以下主函数调用图 1.16 中的 Sum1 函数。

```
int main()
{    int a=10,b=0;
     if (Sum1(a,b)) printf("%d\n",b);
     else printf("参数错误\n");
}
```

执行时发现输出结果为 0。这是因为 b 对应的形参为 s(在内存中 b 和 s 存放在不同的位置),Sum1 函数执行后 $s=55$,但 s 并没有回传给 b,b 的值仍然为 0。在 C 语言中可以用传指针方式来实现形参的回传,但增加了函数设计的复杂性。为此 C++语言中增加了引用型参数的概念,引用型参数名前需加上 &,表示这样的形参在执行后会将结果回传给对应的实参。上例采用的 C++语言描述算法如图 1.17 所示。

当将形参 s 改为引用类型的参数后,执行时 main 函数的输出结果就正确了,即输出 55。由于 C 语言不支持引用类型,C++语言支持引用类型,所以本书算法描述语言为 C/C++语言,实际上除引用类型外,其他均用 C 语言的语句。

需要注意的是,在 C/C++语言中,数组本身就是一种引用类型,所以当数组作为形参需要回传数据时,其数组名之前不需要加引用等 &,它自动将形参数组的值回传给实参数组。

算法中引用型参数的作用如图 1.18 所示。在设计算法时,如果某个形参需要将执行结果回传给实参,需要将该形参设计为引用型参数,否则不能实现回传。

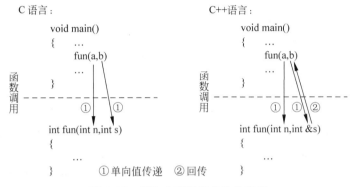

算法的返回值：正确执行时返回真，否则返回假　　　　算法的形参，s为引用型参数

```
int Sum1(int n,int &s)
{    int i;
     if (n<=0) return 0;        //当参数错误时返回假
     s=0;
     for (i=1;i<=n;i++)
          s+=i;
     return 1;                  //当参数正确并产生正确结果时返回真
}
```

图 1.17　带引用型参数的算法描述

C语言：

```
void main()
{    …
     fun(a,b)
     …
}

int fun(int n,int s)
{    …
}
```
　　　①单向值传递

C++语言：

```
void main()
{    …
     fun(a,b)
     …
}

int fun(int n,int &s)
{    …
}
```
　　①单向值传递　②回传

图 1.18　算法中引用型参数的作用

说明：C 语言没有提供实参到形参的双向传递，可以说这是 C 语言的一个缺陷，在很多计算机语言中都改进了这一点，例如在 C++中提供了引用类型，通过将函数形参定义为引用类型以实现实参到形参的双向传递。

所以在设计一个算法时，先要弄清楚哪些是算法的输入，哪些是算法的输出。将输入采用输入型参数表示(每个参数含数据类型和参数名称)，而输出采用输出型参数表示，输出型参数名称的前面加上引用符号"&"。有些情况下，输入和输出是合为一体的，此时将其作为输出型参数处理。

例如，交换两个整数 x 和 y 的值，对于算法 swap 而言，x 和 y 既是输入又是输出，需要将它们设计成引用型参数，算法如下。

```
void swap(int &x,int &y)
{    int tmp=x;
     x=y; y=x;
}
```

1.2.2　算法分析

计算机资源主要包括计算时间和内存空间。算法分析是分析算法占用计算机资源的情况，所以算法分析的两个主要方面是分析算法的时间复杂度和空间复杂度，其目的不是分析算法是否正确或是否容易阅读，主要是考察算法的时间和空间效率，以求改进算法或对不同

扫一扫

视频讲解

的算法进行比较。

那么如何评价算法的效率呢？通常有两种衡量算法效率的方法：事后统计法和事前分析估算法。前者存在这些缺点：一是必须执行程序，二是存在其他因素掩盖算法本质。所以下面均采用事前分析估算法来分析算法效率。

1. 算法时间复杂度分析

一个算法用高级语言实现后，在计算机上运行时所消耗的时间与很多因素有关，如计算机的运行速度、编写程序采用的计算机语言、编译产生的机器语言代码质量和问题的规模等。在这些因素中，前三个都与具体的机器有关。撇开这些与计算机硬件、软件有关的因素，仅考虑算法本身的效率高低，可以认为一个特定算法的"运行工作量"的大小，只依赖于问题的规模（通常用整数量 n 表示），或者说，它是问题规模的函数，这就是事前分析估算法的基本思路。

一个算法是由控制结构（顺序、分支和循环三种）和原操作（指固有数据类型的操作）构成的，算法的运行时间取决于两者的综合效果。例如，如图 1.19 所示是算法 Solve，其中形参 a 是一个 m 行 n 列的数组，当 a 是一个方阵（$m=n$）时求主对角线所有元素之和并返回 1，否则返回 0。从中看到该算法由 4 部分组成，包含两个顺序结构、一个分支结构和一个循环结构。

算法的执行时间主要与问题规模有关，例如数组的元素个数、矩阵的阶数等都可作为问题规模。所谓一个语句的**频度**，即指该语句在算法中被重复执行的次数。算法中所有语句的频度之和记作 $T(n)$，它是问题规模 n 的函数。一个算法的语句的频度之和 $T(n)$ 与算法的执行时间成正比，所以可以将 $T(n)$ 看作算法的执行时间。当问题规模 n 趋向无穷大时，$T(n)$ 的数量级称为渐进时间复杂度，简称为**时间复杂度**，记作 $T(n)=O(f(n))$。

上述大 O 表示法中"O"的含义是为 $T(n)$ 找到了一个上界 $f(n)$，其严格的数学定义是：$T(n)$ 表示为 $O(f(n))$ 是指存在正常量 c 和 n_0（为一个足够大的正整数），使得当 $n \geqslant n_0$ 时，总有 $T(n) \leqslant cf(n)$ 成立，如图 1.20 所示。可以利用极限来证明，即如果 $\lim\limits_{n \to \infty} \dfrac{T(n)}{f(n)} \neq \infty$，则 $T(n)=O(f(n))$。

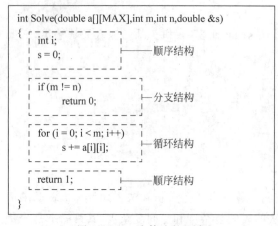

图 1.19　一个算法的组成

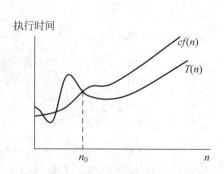

图 1.20　$T(n)=O(f(n))$ 的含义

例如某算法 A 的所有语句的频度之和为 $T_A(n)=5n^3-2n^2+3n-100$,可以表示为 $T_A(n)=O(n^3)$,因为 $\lim\limits_{n\to\infty}\dfrac{T_A(n)}{n^3}=5\neq\infty$。一个函数的上界可能不止一个,如 $T_A(n)=O(n^4)$ 也成立,因为 $\lim\limits_{n\to\infty}\dfrac{T_A(n)}{n^4}=0\neq\infty$。通常采用大 O 表示法时给出的是所有上界中最小的那个上界,所以这里应该表示为 $T_A(n)=O(n^3)$ 而不是 $T_A(n)=O(n^4)$。

另外,由于算法的时间复杂度是 $T(n)$ 数量级,而算法中基本运算语句的频度与 $T(n)$ 同数量级,所以通常采用算法中基本运算语句的频度来分析算法的时间复杂度,被视为算法基本运算的语句一般是最深层循环内的语句,如图 1.19 所示的算法中 $s+=a[i][i]$ 就是该算法的基本运算语句。

用 $O(f(n))$ 表示算法执行时间 $T(n)$ 的时候,函数 $f(n)$ 通常取较简单的形式,如 $O(1)$、$O(\log_2 n)$、$O(n)$、$O(n\log_2 n)$、$O(n^2)$、$O(n^3)$、$O(2^n)$ 等。在 n 较大的情况下,常见的时间复杂度之间存在下列关系。

$$O(1)<O(\log_2 n)<O(n)<O(n\log_2 n)<O(n^2)<O(n^3)<O(2^n)<O(n!)$$

对于求 $1+2+\cdots+n$ 值,如图 1.17 所示的算法(称为算法 1,用返回值表示累加结果,返回 0 表示参数 n 错误)不如下面的算法(称为算法 2)好。

```
int Sum2(int n)
{   if (n<0) return 0;
    else return n * (n+1)/2;
}
```

因为算法 1 的时间复杂度为 $O(n)$,而算法 2 的时间复杂度为 $O(1)$。

一般地,若 $T_1(n)$、$T_2(n)$ 是程序段 P_1、P_2 的执行时间,并且 $T_1(n)=O(f(n))$,$T_2(n)=O(g(n))$,则先执行 P_1,再执行 P_2 的总执行时间是 $T_1(n)+T_2(n)=O(\mathrm{MAX}(f(n),g(n)))$(其中 MAX 为取最大值函数),这称为加法规则。乘法规则是,$T_1(n)\times T_2(n)=O(f(n)\times g(n))$,用于多重循环的情况。

例如,每个简单语句,如赋值语句、输入输出语句,它们的执行时间与问题规模无关,对应的时间复杂度为 $O(1)$。对于条件语句 if(条件)子句 1 else 子句 2,if 的条件判断通常为 $O(1)$,对应的时间复杂度为 MAX(O(子句 1),O(子句 2))。循环语句往往与问题规模 n 相关,一重循环对应的时间复杂度为 $O(n)$,对于多重循环,应分析其中基本运算语句的执行次数,以此求出对应的时间复杂度。

【例 1.7】　分析以下算法的时间复杂度。

扫一扫

视频讲解

```
void add(int n,a[N][N],b[N][N],int c[N][N])
{   int i,j;
    for (i=0;i<n;i++)                        //①
    {   for (j=0;j<n;j++)                    //②
        {   c[i][j]=0;                       //③
            for (k=0;k<n;k++)                //④
                c[i][j]=c[i][j]+a[i][k] * b[k][j];   //⑤
        }
    }
}
```

解 本算法用于计算两个 n 阶方阵 a 和 b 相乘,并将结果存放到方阵 c 中。这里采用两种方法分析算法的时间复杂度。

方法 1:从求算法中所有语句的频度来分析算法时间复杂度。语句①的执行频度为 $n+1$(注意 $i<n$ 判断语句需执行 $n+1$ 次);语句②的执行频度为 $n(n+1)$;语句③的执行频度为 n^2;语句④的执行频度为 $n^2(n+1)$;语句⑤的执行频度为 n^3。

算法的执行时间是其中所有语句频度之和,故:

$$T(n)=2n^3+3n^2+2n+1=O(n^3)$$

方法 2:从算法中基本运算的频度来分析算法时间复杂度。本算法中的基本运算是语句⑤,其执行频度为 n^3。则:

$$T(n)=n^3=O(n^3)$$

从中看到,两种方法的结果相同,而第二种方法更加简洁。

【例 1.8】 程序段如下:

```
i=n; x=0;
do
{   x=x+5*i;
    i--;
} while (i>0);
```

该程序段的时间复杂度为_____。

  A. $O(1)$ B. $O(n)$ C. $O(n^2)$ D. $O(n^3)$

解 该程序段中 while 循环内的语句为基本运算语句,设其运算次数为 $T(n)$,i 从 n 开始,直到 $i=0$ 结束,所以 $T(n)=n=O(n)$。本题答案为 B。

【例 1.9】 给出以下算法的时间复杂度。

```
void func(int n)
{   int i=1, k=100;
    while (i<=n)
    {   k++;
        i+=2;
    }
}
```

解 其中基本运算语句是 while 循环内的语句。设 while 循环语句执行的次数为 m,i 从 1 开始递增,最后取值为 $1+2m$,有:

$$i=1+2m\leqslant n$$

即

$$T(n)=m\leqslant (n-1)/2=O(n)$$

该算法的时间复杂度为 $O(n)$。

2. 算法空间复杂度分析

一个算法的存储量包括形参所占空间和临时变量所占空间等。在对算法进行存储空间分析时,只考察临时变量所占空间,如图 1.21 所示,其中临时空间为变量 i、maxi 占用的空间。所以,空间复杂度是对一个算法在运行过程中临时占用的存储空间大小的量度,一般也作为问题规模 n 的函数,以数量级形式给出,记作:$S(n)=O(g(n))$,其中,"O"的含义与时间复杂度中的含义相同。

```
int max(int a[],int n)
{    int i,maxi=0;
     for (i=1;i<n;i++)
     {
            if (a[i]>a[maxi])
                maxi=i;
     }
     return a[maxi];
}
```

函数体内分配的变量空间为临时空间，不计形参占用的空间，这里的仅计 i、maxi 变量的空间，其空间复杂度为 $O(1)$。

图 1.21　一个算法的临时空间

若所需临时空间相对于输入数据量来说是常数，则称此算法为**原地工作**或**就地工作**。若所需临时空间依赖于特定的输入，则通常按最坏情况来考虑。

为什么算法占用的空间只考虑临时空间，而不必考虑形参的空间呢？这是因为形参的空间会在调用该算法的算法中考虑，例如，以下 maxfun 算法调用图 1.21 的 max 算法：

```
void maxfun()
{    int b[]={1,2,3,4,5},n=5;
     printf("Max=%d\n",max(b,n));
}
```

maxfun 算法中为 b 数组分配了相应的内存空间，其空间复杂度为 $O(n)$，如果在 max 算法中再考虑形参 a 的空间，这样就重复计算了占用的空间。实际上，在 C/C++ 语言中，maxfun 调用 max 时，max 的形参 a 只是一个指向实参 b 数组的指针，形参 a 只分配一个地址大小的空间，并非另外分配 5 个整型单元的空间。

【例 1.10】　分析例 1.7 和例 1.9 算法的空间复杂度。

解　这两个算法中，需临时分配空间的变量只有固定几个变量，故它们的空间复杂度均为 $O(1)$，即这些算法均为原时工作算法。

1.3　数据结构程序设计

1.3.1　数据结构程序设计步骤

扫一扫

视频讲解

一个数据结构程序用于求解一个数据结构问题，其设计的一般步骤如下。

第一步：分析求解问题的数据和求解功能，采用抽象数据类型来描述求解问题，主要包括数据逻辑结构和运算定义。

第二步：设计逻辑结构对应的存储结构。

第三步，在存储结构上设计实现运算定义的算法。

一种数据逻辑结构可以映射成多种存储结构，同一运算定义不仅在不同的存储结构上实现可以对应多种算法，而且在同一种存储结构上实现也可能有多种算法，那么哪一个算法更好呢？

从前面的介绍看出,算法的评价标准就是算法占用计算机资源的多少,占用计算机资源越多的算法就越坏,反之占用计算机资源越少的算法就越好。这是通过算法的时间复杂度和空间复杂度分析来完成的,所以设计好算法的过程如图1.22所示。

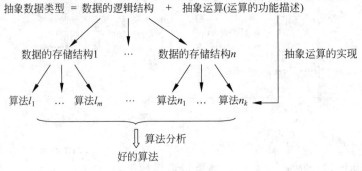

图1.22　设计好算法的过程

另外,数据结构程序设计的三个步骤是不是独立的呢?结论是这些步骤不是独立的,因为不可能设计出一大堆算法后再从中找出一个好的算法,而好的算法在很大程度上取决于描述实际问题的存储结构,也就是说必须以设计好算法为目标来设计存储结构,因为数据存储结构会影响算法的好坏,因此设计存储结构是很关键的一步,在选择存储结构时需要考虑其对算法设计的影响。

1.3.2　应用程序的结构

在设计好存储结构的基础上设计求解问题的应用程序时,应遵循结构化程序设计方法(若采用面向对象编程应遵循面向对象的程序设计方法),先提炼出基本运算功能的算法,设计出相应的函数,然后应用程序调用这些基本运算函数完成其求解问题的功能,应用程序的一般结构如图1.23所示。

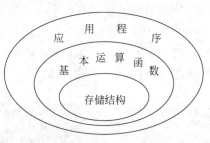

图1.23　应用程序的一般结构

【例1.11】　设计实现例1.4功能的完整程序。

解　设计求解本例应用程序 SetApp 的过程如下。

📖 **问题描述**

见例1.4的抽象数据类型 ASet 和 BSet。

🗄 **设计存储结构**

可以用一个整型数组存放 ASet 中的数据元素集合 D,即单个集合的元素。由于 C/C++语言中数组并没有一个标识数组中实际元素个数的值,为此用一个整型变量 length 表示数组中的实际元素个数,设计集合类型 Set 如下。

```
typedef struct                    //集合结构体类型
{   int data[MaxSize];            //存放集合中的元素,其中 MaxSize 为常量
    int length;                   //存放集合中实际元素个数
} Set;                            //将集合结构体类型用一个新类型名 Set 表示
```

采用 Set 类型的变量存储一个集合。

⌨ **设计运算算法**

ASet 抽象数据类型中的运算算法对应的函数如下。

```
void cset(Set &s,int a[ ],int n)              //由数组 a 创建集合 s
{   for (int i=0;i<n;i++)
        s.data[i]=a[i];
    s.length=n;
}
void dispset(Set s)                           //输出集合 s 中的所有元素
{   for (int i=0;i<s.length;i++)
        printf("%d ",s.data[i]);
    printf("\n");
}
int inset(Set s,int e)                        //判断 e 是否在集合 s 中
{   for (int i=0;i<s.length;i++)
    {   if (s.data[i]==e)
            return 1;
    }
    return 0;
}
```

BSet 抽象数据类型中的运算算法对应的函数如下。

```
void add(Set s1,Set s2,Set &s3)              //求集合的并集
{   int i;
    for (i=0;i<s1.length;i++)                //将集合 s1 的所有元素复制到 s3 中
        s3.data[i]=s1.data[i];
    s3.length=s1.length;
    for (i=0;i<s2.length;i++)                //将 s2 中不在 s1 中出现的元素复制到 s3 中
    {   if (!inset(s1,s2.data[i]))
        {   s3.data[s3.length]=s2.data[i];
            s3.length++;
        }
    }
}
void sub(Set s1,Set s2,Set &s3)              //求集合的差集
{   s3.length=0;
    for (int i=0;i<s1.length;i++)            //将 s1 中不出现在 s2 中的元素复制到 s3 中
    {   if (!inset(s2,s1.data[i]))
        {   s3.data[s3.length]=s1.data[i];
            s3.length++;
        }
    }
}
void intersection(Set s1,Set s2,Set &s3)    //求集合的交集
{   s3.length=0;
    for (int i=0;i<s1.length;i++)            //将 s1 中出现在 s2 中的元素复制到 s3 中
    {   if (inset(s2,s1.data[i]))
        {   s3.data[s3.length]=s1.data[i];
            s3.length++;
        }
    }
}
```

📖 **设计主函数**

在所有基本运算设计好后,为了求两个集合{1,4,2,6,8}和{2,5,3,6}的并集、交集和差集,设计相关的主函数如下。

```
int main()
{   int a[]={1,4,2,6,8};
    int b[]={2,5,3,6};
    Set s1,s2,s3;
    cset(s1,a,5);
    cset(s2,b,4);
    printf("集合 s1:"); dispset(s1);
    printf("集合 s2:"); dispset(s2);
    add(s1,s2,s3);
    printf("集合 s1 和 s2 的并集:"); dispset(s3);
    sub(s1,s2,s3);
    printf("集合 s1 和 s2 的差集:"); dispset(s3);
    intersection(s1,s2,s3);
    printf("集合 s1 和 s2 的交集:"); dispset(s3);
}
```

从中看到,求解本例应用程序 SetApp 的结构如图 1.24 所示,该结构清楚地反映了各种函数的调用关系。

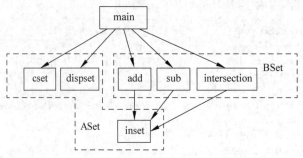

图 1.24　应用程序 SetApp 的结构

🖥 **程序执行结果**

上述程序的执行结果如下。

```
集合 s1: 1 4 2 6 8
集合 s2:2 5 3 6
集合 s1 和 s2 的并集:1 4 2 6 8 5 3
集合 s1 和 s2 的差集:1 4 8
集合 s1 和 s2 的交集:2 6
```

〜〜 小　　结 〜〜

(1) 数据结构是相互之间存在一种或多种特定关系的数据元素的集合。数据是由数据元素组成的,数据元素可以由若干数据项组成,数据元素是数据的基本单位,数据项是数据的最小单位。

(2) 数据结构一般包括数据逻辑结构、数据存储结构和数据运算三方面。数据运算包括定义(运算功能描述)和实现两个层面。

(3) 数据的逻辑结构分为集合、线性结构、树形结构和图形结构。树形结构和图形结构统称为非线性结构。

(4) 数据的存储结构分为顺序存储结构、链式存储结构、索引存储结构和哈希(散列)存储结构。

(5) 设计数据的存储结构时,既要存储逻辑结构中的每个元素,还要存储元素之间的逻辑关系。同一逻辑结构可以设计相对应的多个存储结构。

(6) 描述一个问题的抽象数据类型由数据逻辑结构和抽象运算组成。

(7) 算法是对特定问题求解步骤的一种描述,它是指令的有限序列。运算实现通过算法来表示。

(8) 算法具有有限性、确定性、可行性、输入性和输出性5个重要特性。

(9) 算法满足有限性,程序不一定满足有限性。算法可以直接用计算机程序来描述,但算法必须用程序设计语言来描述是错误的。

(10) 当用C/C++语言描述算法时,通常算法采用C/C++函数的形式来描述,复杂算法可能需要多个函数来表示。

(11) 在设计一个算法时,先要弄清哪些是算法输入,哪些是要求解的结果即算法输出,通常将它们设计成函数形参,求解的结果可以作为引用型参数或函数返回值。

(12) 对于一个算法给定的条件,需要判断其有效性,通常当条件有效并正确执行时返回1(真),否则返回0(假)。

(13) 算法分析包括时间复杂度和空间复杂度分析,其目的是分析算法的效率以求改进。

(14) 在分析算法的时间复杂度时,通常选取算法中的基本运算,求出其频度,取最高阶并置系数为1作为该算法的时间复杂度。

(15) 通常算法是建立在数据存储结构之上的,设计好的存储结构可以提高算法的效率。

(16) 求解问题的一般步骤是,建立其抽象数据类型,针对运算的实现设计出合理的存储结构,在此基础上设计尽可能高效的算法。

练 习 题

练习题

自测题

上 机 实 验 题

上机实验题

作者寄语

老师教给我们的是知识,而解决问题需要能力,能力是个性化的,只有通过自己的实训才能得到。对于一个计算机专业的学生,只有编写和调试非常多的程序,才会获得程序设计的能力,继而具备初步的软件设计和开发基础,别无他法。只想听几堂课而不经过大量课外研习和上机实践就想获取这种"能力"是不可能的。

第 2 章

线性表

线性表是最简单且最常用的一种数据结构。本章介绍线性表的概念、线性表的两种存储方法和在各种存储方法上实现线性表基本运算的算法,最后通过一个综合示例说明线性表的应用。

2.1 线性表的基本概念 ✳

2.1.1 线性表的定义

线性表是由 $n(n \geqslant 0)$ 个相同类型数据元素组成的有限序列。当 $n=0$ 时为空表,记为( )或 Φ;当 $n>0$ 时,线性表的逻辑表示为 $(a_1, a_2, \cdots, a_i, \cdots, a_n)$,也可以用如图 2.1 所示的逻辑结构图表示。

图 2.1 线性表的逻辑结构图

在线性表逻辑表示中,a_1 称为开始元素,a_n 称为终端元素(或尾元素)。元素 a_i 在线性表中的逻辑序号或位置为 i。对于任意一对相邻元素 $<a_i, a_{i+1}>(1 \leqslant i < n)$,$a_i$ 称为 a_{i+1} 的前驱元素(或结点),a_{i+1} 称为 a_i 的后继元素。

线性表的逻辑特征是:若至少含有一个元素,则只有唯一的开始元素和终端元素,除了开始元素外其他元素有且仅有一个前驱元素;除了终端结点外其他元素有且仅有一个后继元素。

线性表中的每个元素有唯一的序号,同一个线性表中可以存在值相同的多个元素,但它们的序号是不同的。

例如,马路上排列成一排行驶的汽车就是一个汽车线性表,如图 2.2 所示。

图 2.2 一个汽车线性表

在不同的实际问题中,线性表中数据元素的类型可以不同,但要求同一个线性表中的所有数据元素具有相同的类型(比如数据项的个数相同,对应数据项的类型相同等)。

2.1.2 线性表的基本运算

通常线性表 List 的基本运算如下。

(1)初始化 InitList(L)。其作用是建立一个空表 L(即建立线性表的某种存储结果,但不含任何数据元素)。

(2)销毁线性表 DestroyList(L)。其作用是释放线性表 L 的内存空间。

(3)求线性表的长度 GetLength(L)。其作用是返回线性表 L 的长度。

(4)求线性表中第 i 个元素 GetElem(L, i, e)。其作用是返回线性表 L 的第 i 个数据元素。

(5)按值查找 Locate(L, x)。若 L 中存在一个或多个值与 x 相等的元素,则其作用是

返回第一个值为 x 的元素的逻辑序号。

（6）插入元素 InsElem(L,x,i)。其作用是在线性表 L 的第 i 个位置上增加一个以 x 为值的新元素，使 L 由 $(a_1,\cdots,a_{i-1},a_i,\cdots,a_n)$ 变为 $(a_1,\cdots,a_{i-1},x,a_i,\cdots,a_n)$。其中，参数 i 的合法取值范围是 $1 \leqslant i \leqslant n+1$。

（7）删除元素 DelElem(L,i)。其作用是删除线性表 L 的第 i 个元素 a_i，使 L 由 $(a_1,\cdots,a_{i-1},a_i,a_{i+1},\cdots,a_n)$ 变为 $(a_1,\cdots,a_{i-1},a_{i+1},\cdots,a_n)$。其中，参数 i 的合法取值范围是 $1 \leqslant i \leqslant n$。

（8）输出元素值 DispList(L)。其作用是按前后次序输出线性表 L 的所有元素值。

包含基本运算的线性表如图 2.3 所示，其中，$op_1 \sim op_8$ 表示上述 8 个基本运算。

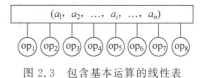

图 2.3　包含基本运算的线性表

说明：线性表抽象数据类型由线性表中元素的逻辑结构和基本运算定义构成，为了突出后者，这里将两者分小节讨论，本书后面介绍各种数据结构时均采用这种表述方式。

使用以上基本运算可以实现线性表的更复杂的其他运算，如求任一给定数据元素的后继或前驱元素，将两个线性表合并成一个线性表或将一个线性表拆分成两个线性表等。另一方面，在实际应用中，可以根据具体需要选择适当的基本运算。

【例 2.1】　利用线性表 List 的基本运算，设计一个在线性表 A 中删除线性表 B 中出现的元素的算法。

解　本题的算法思路是：依次检查线性表 B 中的每个元素 x，看它是否在线性表 A 中。若 x 在线性表 A 中，则将其从 A 中删除。本题的算法如下。

```
void Delete(List &A, List B)          //A 为引用型参数
{   int i,k; ElemType x;
    for (i=1;i<=GetLength(B);i++)
    {   x=GetElem(B,i);               //依次获取线性表 B 中的元素,存放在 x 中
        k=Locate(A,x);               //在线性表 A 中查找 x
        if (k>0) DelElem(A,k);       //若在线性表 A 中找到了,将其删除
    }
}
```

【例 2.2】　利用线性表 List 的基本运算，设计一个由线性表 A 和表 B 中的公共元素产生线性表 C 的算法。

解　本题的算法思路是：先初始化线性表 C，然后依次检查线性表 A 中的每个元素 x，看它是否在线性表 B 中；若 x 在线性表 B 中，则将其插入线性表 C 中。本题的算法如下。

```
void Commelem(List A, List B, List &C)   //C 为引用型参数
{   int i,k,j=1; ElemType x;
    InitList(C);
    for (i=1;i<=GetLength(A);i++)
    {   x=GetElem(A,i);                  //依次获取线性表 A 中的元素,存放在 x 中
        k=Locate(B,x);                  //在线性表 B 中查找 x
        if (k>0)
        {   InsElem(C,x,j);
```

```
        j++;                              //若在线性表 B 中找到了,将其插入 C 中
      }
    }
}
```

从以上示例看到,一旦线性表及其基本运算算法实现好后,利用线性表求解实际问题就变得十分方便快捷。

2.2　顺　序　表　✳

扫一扫

视频讲解

线性表的存储结构主要分为顺序存储结构和链式存储结构两类,前者简称为顺序表。本节主要介绍顺序表及其线性表基本运算在顺序表上实现的算法。

2.2.1　顺序表的定义

顺序表是线性表采用顺序存储结构在计算机内存中的存储方式,它由多个连续的存储单元构成,每个存储单元存放线性表的一个元素,逻辑上相邻的数据元素在内存中也是相邻的,不需要额外的内存空间来存放元素之间的逻辑关系。顺序表称为线性表的直接映射。

假定线性表的数据元素的类型为 ElemType(在实际应用中,此类型应根据实际问题中的数据元素的特性具体定义,如为 int、char 类型等),在 C/C++ 语言中,声明顺序表类型如下。

```
#define MaxSize 100
typedef int ElemType;                     //假设顺序表中所有元素为 int 类型
typedef struct
{    ElemType data[MaxSize];              //存放顺序表的元素
     int length;                          //顺序表的实际长度
} SqList;                                  //顺序表类型
```

其中,数据域 data 是一个一维数组,线性表的第 $1,2,\cdots,n$ 个元素分别存放在此数组的第 $0,1,\cdots,n-1$ 个单元中;数据域 length 表示线性表当前的长度,顺序表的示意图如图 2.4 所示。常数 MaxSize 称为顺序表的容量,其值通常根据具体问题的需要取为线性表实际可能达到的最大长度。length~MaxSize-1 下标为顺序表当前的空闲区(或称备用区)。

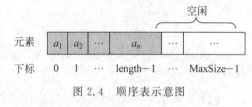

图 2.4　顺序表示意图

注意:在算法设计时,应遵守相应的语法规定。例如,L 被声明为 SqList 类型的变量,即为一个顺序表,其表长应写为 $L.\text{length}$。另外,线性表的元素 $a_i(1 \leqslant i \leqslant n)$ 存放在 data 数组的 $\text{data}[i-1]$ 中,也就是说,逻辑序号为 i 的元素在顺序表中对应的物理下标(或物理序号)为 $i-1$。

由于顺序表采用数组存放元素,而数组具有随机存取特性,所以以顺序表具有随机存取特性。

2.2.2　线性表基本运算在顺序表上的实现

所谓实现运算就是用 C/C++ 语言给出完整的求解步骤即算法,因此运算实现必须以存储结构的类型定义为前提。上面已经给出了顺序表的类型定义,在此基础上可以进一步讨论线性表的基本运算在顺序表上的实现。

下面讨论顺序表中线性表基本运算算法的实现过程。

扫一扫
视频讲解

1. 顺序表的基本运算算法

1) 初始化线性表运算算法

将顺序表 L 的 length 域置为 0,对应的算法如下。

```
void InitList(SqList &L)          //初始化的顺序表 L 要回传给实参,所以用引用类型
{
    L.length=0;
}
```

本算法的时间复杂度为 $O(1)$。

2) 销毁线性表运算算法

这里顺序表 L 作为自动变量,其内存空间是由系统自动分配的,在不再需要时会由系统自动释放其空间,所以对应的函数不含任何语句。对应的算法如下。

```
void DestroyList(SqList L)
{  }
```

3) 求线性表长度运算算法

返回顺序表 L 的 length 域值,对应的算法如下。

```
int GetLength(SqList L)
{
    return L.length;
}
```

本算法的时间复杂度为 $O(1)$。

4) 求线性表中第 i 个元素运算算法

对于顺序表 L,算法在逻辑序号 i 无效时返回特殊值 0(假),有效时返回 1(真),并用引用型形参 e 返回第 i 个元素的值。对应的算法如下。

```
int GetElem(SqList L, int i, ElemType &e)
{   if (i<1 || i>L.length)          //无效的 i 值返回 0
        return 0;
    else
    {   e=L.data[i-1];              //取元素值并返回 1
        return 1;
    }
}
```

本算法的时间复杂度为 $O(1)$。

5) 按值查找运算算法

在顺序表 L 中找第一个值为 x 的元素,找到后返回其逻辑序号,否则返回 0(由于线性

表的逻辑序号从 1 开始,这里用 0 表示没有找到值为 x 的元素)。对应的算法如下。

```
int Locate(SqList L,ElemType x)
{   int i=0;
    while (i<L.length && L.data[i]!=x)
        i++;                            //查找第 1 个值为 x 的元素,查找范围 0~L.length−1
    if (i>=L.length) return(0);         //未找到返回 0
    else return(i+1);                   //找到后返回其逻辑序号
}
```

本算法的时间复杂度为 $O(n)$,其中,n 为 L 中的元素个数。

6) 插入元素运算算法

将新元素 x 插入顺序表 L 中逻辑序号为 i 的位置(如果插入成功,元素 x 成为线性表的第 i 个元素)。当 i 无效时返回 0(表示插入失败),i 有效时将 $L.data[i-1..L.length-1]$[①]均后移一个位置,再在 $L.data[i-1]$ 处插入 x,顺序表长度增 1,并返回 1(表示插入成功),如图 2.5 所示(图中 n 表示顺序表 L 的长度)。对应的算法如下。

```
int InsElem(SqList &L,ElemType x,int i)
{   int j;
    if (i<1 || i>L.length+1 || L.length==MaxSize)   //无效的参数 i
        return 0;
    for (j=L.length;j>=i;j−−)                        //将位置为 i 的元素及之后的元素均后移
        L.data[j]=L.data[j−1];
    L.data[i−1]=x;                                   //在位置 i 处放入 x
    L.length++;                                      //线性表长度增 1
    return 1;
}
```

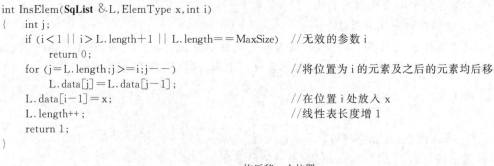

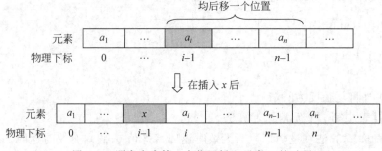

图 2.5 顺序表中第 i 个位置插入元素 x 的过程

对于插入算法 InsElem()来说,在顺序表 L 中插入新元素共有 $n+1$ 种情况,如图 2.6 所示。元素 x 插入不同的位置,顺序表中元素移动的次数是不同的。当 $i=n+1$ 时(插入尾元素),移动次数为 0,呈现最好的情况;当 $i=1$ 时(插入第一个元素),移动次数为 n,呈现最坏的情况。

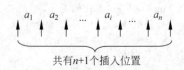

共有 $n+1$ 个插入位置

图 2.6 在顺序表中插入新元素共有 $n+1$ 种情况

对于一般情况,在位置 i 插入新元素 x,需要将 $a_i \sim$

---

① 对于数组 a,符号 $a[i..j]$ 表示 a 中 $a[i]$ 到 $a[j]$ 的所有元素。

a_n 的元素均后移一次,移动次数为 $n-i+1$。假设 $p_i\left(\text{在等概率下},p_i=\dfrac{1}{n+1}\right)$ 是在第 i 个位置上插入一个元素的概率,则在长度为 n 的线性表 L 中插入一个元素时,所需移动元素的平均次数为:

$$
\begin{aligned}
\sum_{i=1}^{n+1} p_i(n-i+1) &= \sum_{i=1}^{n+1}\frac{1}{n+1}(n-i+1)\\
&=\frac{1}{n+1}\sum_{i=1}^{n+1}(n-i+1)\\
&=\frac{1}{n+1}\times\frac{n(n+1)}{2}=\frac{n}{2}
\end{aligned}
$$

而插入算法的主要时间花费在元素移动上,所以算法 InsElem() 的平均时间复杂度为 $O(n)$。

7) 删除元素运算算法

删除顺序表 L 中逻辑序号为 i 的元素。在 i 无效时返回 0(表示删除失败),i 有效时将 $L.\text{data}[i..L.\text{length}-1]$ 均前移一个位置,顺序表长度减 1,并返回 1(表示删除成功),如图 2.7 所示(图中 n 表示顺序表 L 的长度)。对应的算法如下。

```
int DelElem(SqList &L,int i)
{    int j;
     if (i<1 || i>L.length)                //无效的参数 i
         return 0;
     for (j=i;j<L.length;j++)              //将位置 i 的元素之后的元素均前移
         L.data[j-1]=L.data[j];
     L.length--;                          //线性表长度减 1
     return 1;
}
```

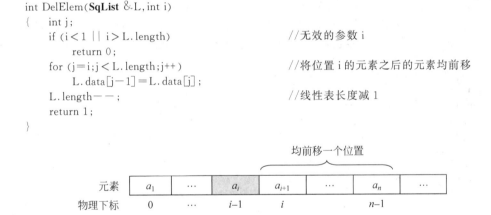

图 2.7　顺序表中删除第 i 个元素的过程

对于删除算法 DelElem() 来说,在顺序表 L 中删除已存在的元素共有 n 种情况,如图 2.8 所示。删除元素的位置不同,顺序表中元素移动的次数是不同的。当 $i=n$ 时(删除尾元素),移动次数为 0;当 $i=1$ 时(删除第一个元素),移动次数为 $n-1$。

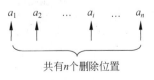

图 2.8　在顺序表中删除元素共有 n 种情况

对于一般情况,删除位置 i 的元素 a_i,需要将 $a_{i+1}\sim a_n$ 的元素均前移一次,移动次数为 $n-(i+1)+1=n-i$。假设

$p_i\left(\text{在等概率下},p_i=\dfrac{1}{n}\right)$是删除第 i 个位置上元素的概率,则在长度为 n 的线性表中删除一个元素时所需移动元素的平均次数为:

$$\sum_{i=1}^{n}p_i(n-i)=\sum_{i=1}^{n}\frac{1}{n}(n-i)=\frac{1}{n}\sum_{i=1}^{n}(n-i)=\frac{1}{n}\times\frac{n(n-1)}{2}=\frac{n-1}{2}$$

而删除算法的主要时间花费在元素移动上,所以删除算法的平均时间复杂度为 $O(n)$。

从以上分析看到,当线性表采用顺序表存储时,插入、删除算法的平均性能不太理想,主要是需要移动几乎一半的元素。

8) 输出元素值运算算法

从头到尾扫描(或者称为遍历)顺序表 L,输出各元素值。对应的算法如下。

```
void DispList(SqList L)
{    int i;
     for (i=0;i<L.length;i++)
         printf("%d ",L.data[i]);
     printf("\n");
}
```

本算法的时间复杂度为 $O(n)$,其中,n 为 L 中的元素个数。

提示:将顺序表类型声明及其基本运算函数存放在 SqList.cpp 文件中。

当顺序表的基本运算设计好后,给出以下主函数调用这些基本运算函数,读者可以对照程序执行结果进行分析,进一步体会顺序表各种操作的实现过程。

```
#include "SqList.cpp"                //包括前面的顺序表基本运算函数
int main()
{    int i; ElemType e;
     SqList L;                       //定义一个顺序表 L
     InitList(L);                    //初始化顺序表 L
     InsElem(L,1,1);                 //插入元素 1
     InsElem(L,3,2);                 //插入元素 3
     InsElem(L,1,3);                 //插入元素 1
     InsElem(L,5,4);                 //插入元素 5
     InsElem(L,4,5);                 //插入元素 4
     InsElem(L,2,6);                 //插入元素 2
     printf("线性表:");DispList(L);
     printf("长度:%d\n",GetLength(L));
     i=3;GetElem(L,i,e);
     printf("第%d 个元素:%d\n",i,e);
     e=1;
     printf("元素%d 是第%d 个元素\n",e,Locate(L,e));
     i=4;printf("删除第%d 个元素\n",i);
     DelElem(L,i);
     printf("线性表:");DispList(L);
     DestroyList(L);
}
```

以上程序的执行结果如图 2.9 所示。

2. 整体创建顺序表的算法

可以通过调用基本运算算法来创建顺序表,其过程是先

```
线性表:1 3 1 5 4 2
长度:6
第3个元素:1
元素1是第1个元素
删除第4个元素
线性表:1 3 1 4 2
```

图 2.9　程序执行结果

初始化一个顺序表,然后向其中一个一个地插入元素。这里介绍的是快速创建整体顺序表的算法,也称为整体建表。假设给定一个含有 $n(n \leqslant \text{MaxSize})$ 个元素的数组,由它来创建顺序表,对应的算法如下。

```
void CreateList(SqList &L,ElemType a[ ],int n)
{   int i,k=0;                                      //k 累计顺序表 L 中的元素个数
    for (i=0;i<n;i++)
    {   L.data[k]=a[i];                             //向 L 中添加一个元素
        k++;                                        //L 中元素个数增 1
    }
    L.length=k;                                     //设置 L 的长度
}
```

算法的时间复杂度为 $O(n)$。

说明:尽管该算法只是简单地将 $a[0..n-1]$ 的元素复制到 L 的 data 数组中,但可以体会到整体创建顺序表 L 的过程。实际上,可以通过修改插入元素的条件使得仅仅将满足条件的元素插入 L 中。

2.2.3 顺序表的算法设计示例

1. 基于顺序表基本操作的算法设计

这类算法设计中包括顺序表元素的查找、插入和删除等。

【例 2.3】 假设有一个顺序表 L,其中元素为整数且所有元素值均不相同。设计一个算法将最大值元素与最小值元素交换。

扫一扫

视频讲解

解 用 maxi 和 mini 记录顺序表 L 中最大值元素和最小值元素的下标,初始时 maxi = mini = 0,i 从 1 开始扫描 L.data 的所有元素:当 $L.\text{data}[i] > L.\text{data}[\text{maxi}]$ 时置 maxi = i;否则若 $L.\text{data}[i] < L.\text{data}[\text{mini}]$ 时置 mini = i。扫描完毕时,$L.\text{data}[\text{maxi}]$ 为最大值元素,$L.\text{data}[\text{mini}]$ 为最小值元素,将它们交换。对应的算法如下。

```
void swap(ElemType &x,ElemType &y)              //交换 x 和 y
{   ElemType tmp=x;
    x=y;
    y=tmp;
}
void Swapmaxmin(SqList &L)                      //交换 L 中最大值元素与最小值元素
{   int i,maxi,mini;
    maxi=mini=0;
    for (i=1;i<L.length;i++)
    {   if (L.data[i]>L.data[maxi])
            maxi=i;
        else if (L.data[i]<L.data[mini])
            mini=i;
    }
    swap(L.data[maxi],L.data[mini]);
}
```

上述算法的时间复杂度为 $O(n)$。

【例 2.4】 设计一个算法,从线性表中删除自第 i 个元素开始的 k 个元素,其中,线性

表用顺序表 L 存储。

解 本题将线性表中 $a_i \sim a_{i+k-1}$ 元素(对应 $L.\text{data}[i-1..i+k-2]$ 的元素)删除,即将 $a_{i+k} \sim a_n$ (对应 $L.\text{data}[i+k-1..n-1]$)的所有元素依次前移 k 个位置,如图 2.10 所示(这里的 n 表示顺序表 L 的长度)。对应的算法如下。

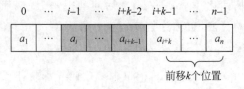

图 2.10 在顺序表中删除若干元素

```
int Deletek(SqList &L, int i, int k)
{   int j;
    if (i<1 || k<1 || i+k−1>L.length)
        return 0;                        //i 和 k 参数不合法时返回 0
    for (j=i+k−1;j<L.length;j++)          //将元素前移 k 个位置
        L.data[j−k]=L.data[j];
    L.length−=k;                          //L 的长度减 k
    return 1;                             //成功删除返回 1
}
```

本算法的时间复杂度为 $O(n)$。

【例 2.5】 假设有一个顺序表 L,其中元素为整数且所有元素值均不相同。设计一个尽可能高效的算法将所有奇数移到所有偶数的前面。

解 采用前后元素交换的算法设计思路:置 $i=0,j=n-1$,在顺序表 L 中从前向后找到偶数 $L.\text{data}[i]$,从后向前找到奇数 $L.\text{data}[j]$,将两者交换;循环这个过程直到 i 等于 j 为止。对应的算法如下。

```
void Move(SqList &L)
{   int i=0,j=L.length−1;
    while (i<j)
    {   while (L.data[i]%2==1) i++;       //从前向后找偶数
        while (L.data[j]%2==0) j−−;       //从后向前找奇数
        if (i<j)
            swap(L.data[i], L.data[j]);   //交换这两个元素
    }
}
```

本算法正好扫描了顺序表中每个元素一次,所以时间复杂度为 $O(n)$,算法中只定义了固定几个临时变量,所以算法的空间复杂度为 $O(1)$。

扫一扫

视频讲解

2. 基于整体建表的算法设计

这类算法设计中需要根据条件产生新的结果顺序表。

【例 2.6】 已知一个整数线性表采用顺序表 L 存储。设计一个尽可能高效的算法删除其中所有值为 x 的元素(假设 L 中值为 x 的元素可能有多个)。

解 由于删除所有 x 元素后得到的结果顺序表可以与原 L 共享存储空间,求解问题转化为新建结果顺序表。采用整体创建顺序表的算法思路,将插入元素的条件设置为"不等于 x",即仅将不等于 x 的元素插入 L 中。用 k 记录结果顺序表中元素个数(初始值为 0),扫描 L,将 L 中所有不为 x 的元素重新插入 L 中,每插入一个元素 k 增加 1,最后置 L 的长度为 k。对应的算法如下。

```
void Deletex(SqList &L,ElemType x)
{   int i,k=0;
    for (i=0;i<L.length;i++)
    {   if (L.data[i]!=x)              //将不为 x 的元素插入 L 中
        {   L.data[k]=L.data[i];
            k++;
        }
    }
    L.length=k;                        //重置 L 的长度
}
```

上述算法的时间复杂度为 $O(n)$,空间复杂度为 $O(1)$,属于高效的算法。如果另外创建一个临时顺序表 L_1,将 L 中所有不为 x 的元素插入 L_1 中,再将 L_1 复制回 L,对应算法的空间复杂度为 $O(n)$。如果在扫描 L 时对每个等于 x 的元素都采用移动方式实现删除操作,每删除一个 x 元素的时间为 $O(n)$,对应算法的时间复杂度为 $O(n^2)$。这两个算法都不是高效的算法。

【例2.7】 已知一个整数线性表采用顺序表 L 存储。设计一个尽可能高效的算法删除其中所有值为负整数的元素(假设 L 中值为负整数的元素可能有多个)。

解 采用例2.6的思路,仅将插入元素的条件设置为“元素值≥0”即可。对应的算法如下。

```
void Deleteminus(SqList &L)
{   int i,k=0;
    for (i=0;i<L.length;i++)
    {   if (L.data[i]>=0)             //将不为负数的元素插入 L 中
        {   L.data[k]=L.data[i];
            k++;
        }
    }
    L.length=k;                        //重置 L 的长度
}
```

3. 有序顺序表的二路归并算法

有序表是指按元素值递增或者递减排列的线性表,有序顺序表是有序表的顺序存储结构。对于有序表,可以利用其元素的有序性提高相关算法的效率,二路归并就是有序表的一种经典算法。

【例2.8】 有两个按元素值递增有序的顺序表 A 和 B,设计一个算法将顺序表 A 和 B 的全部元素归并到一个按元素递增有序的顺序表 C 中。并分析算法的空间复杂度和时间复杂度。

解 算法设计思路是:用 i 扫描顺序表 A,用 j 扫描顺序表 B。当 A 和 B 都未扫描完时,比较两者的当前元素,总是将较小者复制到 C 中。最后将尚未扫描完的顺序表的余下元素均复制到顺序表 C 中。这一过程称为**二路归并**,如图2.11所示。

对应的算法如下。

```
void Merge(SqList A,SqList B,SqList &C)    //C 为引用型参数
{   int i=0,j=0,k=0;                       //k 记录顺序表 C 中的元素个数
    while (i<A.length && j<B.length)
    {   if (A.data[i]<B.data[j])
```

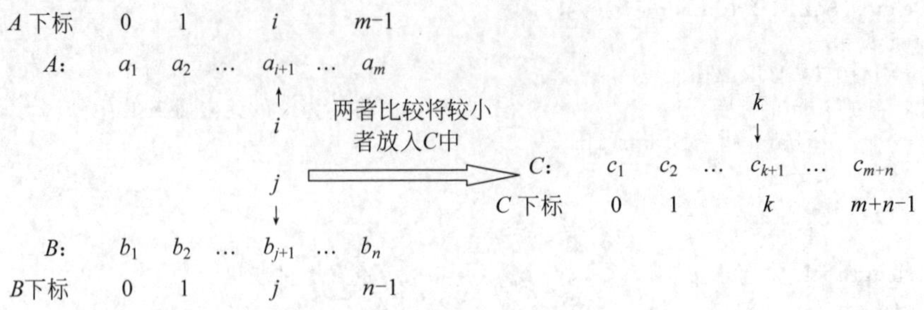

A 下标　　0　　1　　　i　　　$m-1$
A:　　a_1　　a_2　…　a_{i+1}　…　a_m

　　　　　　　　　$\uparrow$
　　　　　　　　　i　　　两者比较将较小　　　　　　　　　　　　k
　　　　　　　　　　　　　者放入C中　　　　　　　　　　　　　$\downarrow$
$\Rightarrow$　　　　　C:　　c_1　　c_2　…　c_{k+1}　…　c_{m+n}
　　　　　　　　　j　　　　　　　　　　C 下标　　0　　1　　　k　　　$m+n-1$
　　　　　　　　　$\downarrow$
B:　　b_1　　b_2　…　b_{j+1}　…　b_n
B 下标　　0　　1　　　j　　　$n-1$

图 2.11　二路归并过程

```
    {   C.data[k]=A.data[i];
        i++;k++;
    }
    else                              //A.data[i]>=B.data[j]
    {   C.data[k]=B.data[j];
        j++;k++;
    }
}
while (i<A.length)                    //将 A 中剩余的元素复制到 C 中
{   C.data[k]=A.data[i];
    i++;k++;
}
while (j<B.length)                    //将 B 中剩余的元素复制到 C 中
{   C.data[k]=B.data[j];
    j++;k++;
}
C.length=k;                           //指定顺序表 C 的实际长度
}
```

本算法的空间复杂度为 $O(1)$，时间复杂度为 $O(m+n)$，其中，m 和 n 分别为顺序表 A 和 B 的长度。

　　说明：上述算法是新建有序顺序表 C，它是采用整体建表实现的。插入 C 中的元素是按二路归并即比较后得到的较小的元素。

　　【例 2.9】　有两个递增有序顺序表 A 和 B，设计一个算法由顺序表 A 和 B 的所有公共元素产生一个顺序表 C。并分析该算法的空间复杂度和时间复杂度。

　　解　本算法仍采用二路归并的思路，用 i、j 分别扫描有序顺序表 A、B，跳过不相等的元素，将两者相等的元素（即公共元素）放置到顺序表 C 中。对应的算法如下。

```
void Commelem(SqList A,SqList B,SqList &C)     //C 为引用型参数
{   int i=0,j=0,k=0;                           //k 记录顺序表 C 中的元素个数
    while (i<A.length && j<B.length)
    {   if (A.data[i]<B.data[j])
            i++;
        else if (A.data[i]>B.data[j])
            j++;
        else                                   //A.data[i]=B.data[j],即公共元素
        {   C.data[k]=A.data[i];
            i++; j++; k++;
        }
```

```
        }
        C.length=k;                        //指定顺序表 C 的实际长度
    }
```

本算法的空间复杂度为 $O(1)$，时间复杂度为 $O(m+n)$，其中，m 和 n 分别为顺序表 A 和 B 的长度。和例 2.2 算法相比，它们的功能相同，但例 2.2 算法的时间复杂度为 $O(m \times n)$，所以本例算法更优，这是因为本例中顺序表的元素是有序的。

【例 2.10】 有两个递增有序顺序表 A 和 B，分别含有 m 和 n 个整数元素（最大的元素不超过 32 767），假设这 $m+n$ 个元素均不相同。设计一个尽可能高效的算法求这 $m+n$ 个元素中第 k 小的元素。如果参数 k 错误，算法返回 0，否则算法返回 1，并且用参数 e 表示求出的第 k 小的元素。

解 本算法仍采用二路归并的思路。若 $k<1$ 或者 $k>A.length+B.length$，表示参数 k 错误，返回 0。否则，用 i、j 分别扫描有序顺序表 A、B，当两个顺序表均没有扫描完时，比较它们的当前元素，每比较一次 k 减 1，当 $k=0$ 时，较小的元素就是最终结果 e，找到这样的 e 后返回 1。如果没有找到 e，若顺序表 A 没有扫描完，e 就是 $A.data[i+k-1]$；若顺序表 B 没有扫描完，e 就是 $B.data[j+k-1]$。对应的算法如下。

```
int Topk1(SqList A, SqList B, int k, ElemType &e)
{    int i=0,j=0;
     if (k<1 || k>A.length+B.length)
          return 0;                        //参数错误返回 0
     while (i<A.length && j<B.length)
     {    k--;                             //每次归并一个元素,k 减 1
          if (A.data[i]<B.data[j])         //归并较小的元素为 A.data[i]
          {    if (k==0)                   //k 为 0 时当前归并的元素就是原第 k 小元素
               {    e=A.data[i];
                    return 1;
               }
               i++;
          }
          else                             //归并较小的元素为 B.data[j]
          {    if (k==0)
               {    e=B.data[j];           //k 为 0 时当前归并的元素就是原第 k 小元素
                    return 1;
               }
               j++;
          }
     }
     if (i<A.length)                       //A 没有扫描完毕(一定有 k>A.length)
          e=A.data[i+k-1];
     else if (j<B.length)                  //B 没有扫描完毕(一定有 k>B.length)
          e=B.data[j+k-1];
     return 1;
}
```

上述算法需要考虑三种情况：A、B 均没有扫描完，A 没有扫描完和 B 没有扫描完。由于 A、B 均没有扫描完时总是比较找最小元素，并且最大元素值为 INF（如取值为 32767），可以这样简化判断：x 表示当前 A 的元素，当 A 扫描完时取 x 为 INF，y 表示当前 B 的元素，当 B 扫描完时取 y 为 INF，从而简化为总是进行 x、y 的元素比较。对应的简化算法如下。

```
#define INF 32767                              //最大元素值
int Topk2(SqList A,SqList B,int k,ElemType &e)
{    int i=0,j=0;
     if (k<1 || k>A.length+B.length)
         return 0;                              //参数错误返回 0
     while(true)                                //参数 k 正确时一定会执行循环中的某个 return 语句
     {    k--;
          int x=(i<A.length?A.data[i]:INF);
          int y=(j<B.length?B.data[j]:INF);
          if (x<y)
          {    if (k==0)
               {    e=x;
                    return 1;
               }
               i++;
          }
          else
          {    if (k==0)
               {    e=y;
                    return 1;
               }
               j++;
          }
     }
}
```

说明： 本题仅求第 k 小的元素，没有必要将 A、B 中所有元素二路归并到临时表 C 中，再在 C 中求出 $e=C.data[k-1]$，这样做算法的空间复杂度为 $O(m+n)$，从空间角度看，不如 Topk1 和 Topk2 算法高效。

2.3　单链表和循环单链表

线性表可以采用链式存储结构进行存储，链式存储结构主要有单链表和双链表等，本节主要介绍单链表和循环单链表。

2.3.1　单链表的定义

从 2.2 节看出，线性表顺序存储结构的空间是整体分配的，逻辑关系上相邻的两个元素在物理上也相邻，因此存取表中任一元素十分简单，但插入和删除运算需要移动大量的元素。而线性表的链式存储结构中每个元素的存储空间作为一个结点单独分配，因此逻辑上相邻的元素对应的结点在物理上不一定是相邻的，通过增加指针域表示逻辑关系，在插入和删除操作时只需要修改相应的指针域，从而克服了顺序表中插入和删除操作需要移动大量的元素的缺点，但同时也失去了顺序表可随机存取的优点。

本节讨论线性表的单链表存储方法，它是一种最基本的链式存储结构。**单链表**中每个结点存放一个数据元素，并用一个指针表示结点间的逻辑关系，即每个结点的指针域存放后继结点的地址(线性表中每个元素有唯一的后继元素)。因此单链表的一个存储结点包含两

部分,结点的基本形式如下:

data	next

其中,data 部分称为**数据域**,用于存储线性表的一个数据元素,也就是说在单链表中一个结点存放一个数据元素;next 部分称为**指针域**或**链域**,用于指向后继元素对应的结点。

单链表分为带头结点和不带头结点两种类型。在许多情况下,带头结点的单链表能够简化运算的实现过程。因此本章讨论的单链表除特别指出外均指带头结点的单链表。

另外,在单链表中尾结点之后不再有任何结点,那么它的 next 域设置为什么值呢? 有以下两种方式。

(1) 将尾结点的 next 域用一个特殊值 NULL(空指针,不指向任何结点,只起标志尾结点的作用)表示,这样的单链表为非循环单链表。通常所说的单链表都是指这种类型的单链表。

(2) 将尾结点的 next 域指向头结点,这样可以通过尾结点移动到头结点,从而构成一个查找环,将这样的单链表称为**循环单链表**。

仍假设数据元素的类型为 ElemType,单链表的结点类型声明如下。

```
typedef struct node
{   ElemType data;                      //数据域
    struct node * next;                 //指针域
} SLinkNode;                            //单链表结点类型声明
```

说明:上述 SLinkNode 类型声明是合法的,实际上是给 struct node 结构体类型取了一个别名 SLinkNode,这样使算法书写更简洁。另外,如果其中 next 不是指针变量,如改为:

```
typedef struct node1
{   ElemType data;
    struct node1 next;
} SLinkNode1;                           //不正确的单链表结点类型声明
```

这样就出错了,这里 SLinkNode1 类型声明是递归的,C/C++中不允许类型递归声明。这是因为类型是用来定义变量的,如果类型声明是递归的,则无法给变量分配空间。对于正确的 SLinkNode 类型,如果执行 SLinkNode * p=(SLinkNode *)malloc(sizeof(SLinkNode)) 语句,其空间分配如图 2.12 所示,其中,next 只分配一个地址大小的空间,如 32 位机中,每个地址固定占用 4B,所以能够正确地为变量 p 分配所指向的内存空间,其大小为 sizeof(ElemType)+4。

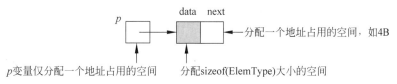

图 2.12　给变量 p 分配一个结点空间

如果改为 SLinkNode1 * p1=(SLinkNode1 *)malloc(sizeof(SLinkNode1))语句,$p1$ 指针变量分配的空间大小应该为 sizeof(ElemType)+sizeof(SLinkNode1),而此时 sizeof(SLinkNode1)是不能确定的,所以无法为 $p1$ 分配指向的空间。

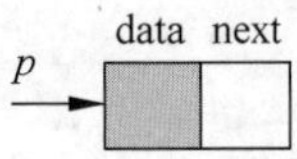

图 2.13 简化的指针
变量示意图

需要注意变量 p 的空间和 p 所指向的空间的区别，p 变量本身仅占用一个地址空间，如 4B，而它所指向的空间可能很大。可以这样理解，前面定义指针变量 p 并分配所指空间的语句中，(SLinkNode ＊) malloc(sizeof(SLinkNode))部分由计算机分配一个没有名字的内存空间，通过将其首地址放到变量 p 中，程序员就可以用变量 p 间接地操作这块内存空间了，称为 p 结点[①]。为了简化，通常不画出 p 变量的空间，图 2.10 可以用图 2.13 的方式来简化表示。

2.3.2 线性表基本运算在单链表上的实现

在带头结点的单链表中，头结点的 data 域通常不存储任何信息，头结点的 next 域指向第一个数据结点，即存放第一个数据结点的地址。通过头结点的指针 L（称为头指针）来标识整个单链表。

如图 2.14 所示是一个带头结点 L 的单链表，这样的单链表中实际存放的数据元素为 n 个，即一个头结点，n 个数据结点。头结点指针称为**头指针**，这里是通过头指针标识单链表的。第一个数据结点称为首结点，首结点指针称为**首指针**（对于不带头结点的单链表，一般是通过首指针标识单链表）。最后一个结点称为**尾结点**，尾结点指针称为**尾指针**。

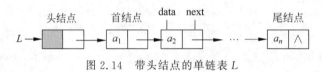

图 2.14 带头结点的单链表 L

说明：尽管后面算法设计中使用的链表一般是带头结点的，有时根据实际需要也可以设计成不带头结点的链表，需要读者在掌握带头结点链表算法设计的基础上，领会不带头结点链表算法设计方法。

下面讨论单链表中线性表基本运算算法的实现过程。

1. 单链表的基本运算算法

1）初始化线性表运算算法

创建一个空的单链表，它只有一个头结点，由 L 指向它。该结点的 next 域为空，data 域未设定任何值，如图 2.15 所示。对应的算法如下。

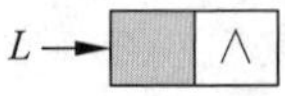

L ➔ ⬜ ∧

图 2.15 一个空的单链表 L

```
void InitList(SLinkNode ＊&L)              //L 为引用型参数
{    L＝(SLinkNode ＊)malloc(sizeof(SLinkNode));    //创建头结点 L
     L—>next＝NULL;                        //头结点 next 置为空表示空单链表
}
```

本算法的时间复杂度为 $O(1)$。

说明：

(1) 在单链表算法中，大量用到指针运算，读者应充分理解指针运算的含义，如

① 为了简便，对于结点指针 p，书中"p 结点"或者"结点 p"均表示 p 指向的结点。

SLinkNode * p, * q, * r 语句定义了三个相同类型的指针变量,它们可以指向同一个结点,也可以指向不同的结点(这些结点类型必须相同),但一个指针变量任何时刻只能指向一个结点。

如图 2.16 所示,p、q 指向不同的结点,当执行 $p->\text{next}=q$ 语句时,计算机先求出赋值符号右边的表达式值(称为右值),这里是结点值为 b 的结点的地址,存放在指针变量 q 中,赋值符号左边的值(称为左值,一定是有地址含义的表达式如变量名)$p->\text{next}$ 被修改为 q 的值,也就是说,p 所指结点的 next 域存放值为 b 的结点的地址。

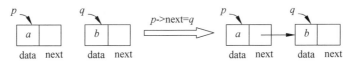

图 2.16   执行 $p->\text{next}=q$ 的结果

(2) InitList 算法中的形参 L 为引用类型,引用类型的含义在第 1 章中介绍过,这里再强调一下。任何算法都是用来被调用的(试想象一下,在 C/C++ 程序中,除了 main() 函数外,设计一个没有被调用的函数,这个函数显然是不会被执行的),例如以下主函数中调用了单链表中的几个基本运算函数。

```
void main()
{   SLinkNode * h;                    //定义一个指针变量 h
    InitList(h);                      //初始化单链表 h
    InsElem(h, x, 1);                 //插入一个值为 x 的结点作为首结点
    ...
}
```

其中,h 是实参,在执行 SLinkNode * h 语句时仅为指针变量 h 分配了一个地址空间,其值是没有意义的,如果 InitList(L) 函数中形参 L 不是引用类型,当执行 InitList(h) 语句后,形参 L 的值不会回传给实参 h,也就是说 h 中还是先前没有意义的值,再执行 InsElem (h, x, 1) 语句(功能是在单链表 h 的第一个位置上插入一个值为 x 的结点)时一定出错,因为希望初始化的单链表 h 实际上不存在。只有将 InitList(L) 函数中 L 设计为引用类型,执行 InitList(h) 语句后形参 L 的值才会回传给实参 h,h 才真正指向一个单链表的头结点,后面才会正确执行单链表的运算。

2)销毁线性表运算算法

一个单链表 L 中的所有结点空间都是通过 malloc 函数分配的(即程序员自己手工分配的),在不再需要 L 时系统不会自动释放这些结点空间,程序员必须通过调用 free 函数释放所有结点的空间(即程序员自己手工分配的空间需要程序员自己手工释放)。其实现过程是,先让 pre 指向头结点,p 指向首结点(pre 和 p 是一对相邻结点指针),如图 2.17 所示,当 p 不为 NULL 时循环:释放 pre 所指结点空间,让 pre、p 指针沿 next 域同步后移一个结点。当循环结束,p 为 NULL,此时再释放 pre 所指的尾结点。对应的算法如下。

视频讲解

```
void DestroyList(SLinkNode * &L)
{   SLinkNode * pre=L, * p=pre->next;
    while (p!=NULL)
    {   free(pre);                     //释放 pre 结点空间
```

```
        pre=p; p=p-> next;                    //pre、p同步后移
    }
    free(pre);                                 //释放 pre 指向的尾结点空间
}
```

本算法的时间复杂度为 $O(n)$，其中，n 为单链表 L 中数据结点的个数。

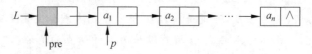

图 2.17　pre、p 指针指向两个相邻的结点

3）求线性表的长度运算算法

不同于顺序表，在单链表中没有直接保存长度信息，需要通过扫描方式求长度。设置一个整型变量 i 作为计数器，i 初值为 0，p 初始时指向首结点。然后沿 next 域逐个往后查找，每移动一次，i 值增 1。当 p 所指结点为空时，结束这个过程，i 的值即为表长（数据结点个数，不计头结点）。对应的算法如下。

```
int GetLength(SLinkNode * L)
{   int i=0;
    SLinkNode * p=L-> next;                    //p指向首结点,i置为0
    while (p!=NULL)
    {   i++;
        p=p-> next;                            //p移到下一个结点,i++
    }
    return i;                                   //p为空时,i即为数据结点个数
}
```

本算法的时间复杂度为 $O(n)$，其中，n 为单链表 L 中数据结点的个数。

4）求线性表中第 i 个元素运算算法

用 p 从头开始扫描单链表 L 中的结点，用计数器 j 累计扫描过的结点，其初值为 0，在扫描中 j 等于 i 时，若 p 不为空，则 p 所指结点即为要找的结点，查找成功，算法返回 1，如图 2.18 所示；否则算法返回 0，表示未找到这样的结点。

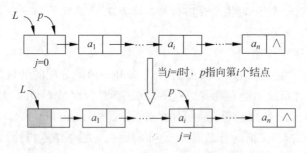

图 2.18　查找第 i 个结点的过程

对应的算法如下。

```
int GetElem(SLinkNode * L, int i, ElemType &e)
{   int j=0;
    SLinkNode * p=L;                           //p指向头结点,计数器j置为0
```

```
    if (i<=0) return 0;                          //参数 i 错误返回 0
    while (p!=NULL && j<i)
    {    j++;
        p=p->next;
    }
    if (p==NULL) return 0;                        //未找到返回 0
    else
    {    e=p->data;
        return 1;                                //找到后返回 1
    }
}
```

本算法的时间复杂度为 $O(n)$，其中，n 为单链表 L 中数据结点的个数。

说明：在顺序表中该运算的时间复杂度为 $O(1)$，表明顺序表具有随机存取特性。而单链表中该运算的时间复杂度为 $O(n)$，表明单链表不具有随机存取特性，这是两种存储结构的重要差别之一。

5）按值查找运算算法

在单链表 L 中从首结点开始查找第一个值域与 e 相等的结点，若存在这样的结点，则返回其逻辑序号，如图 2.19 所示；否则返回 0。对应的算法如下。

```
int Locate(SLinkNode * L, ElemType e)
{    SLinkNode * p=L->next;
    int j=1;                                      //p 指向首结点,j 置为其序号 1
    while (p!=NULL && p->data!=e)
    {    p=p->next;
        j++;
    }
    if (p==NULL) return(0);                       //未找到返回 0
    else return(j);                              //找到后返回其序号
}
```

本算法的时间复杂度为 $O(n)$，其中，n 为单链表 L 中数据结点的个数。

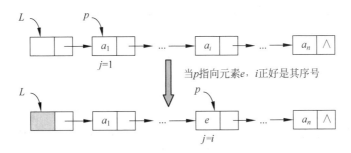

图 2.19   查找值为 e 的结点的过程

6）插入元素运算算法

先在单链表 L 中查找第 $i-1$ 个结点，若未找到返回 0；找到后由 p 指向该结点，创建一个以 x 为值的新结点 s，将其插入 p 结点之后。在 p 结点之后插入 s 结点的操作如下。

① 将结点 s 的 next 域指向结点 p 的下一个结点($s->next=p->next$)。

② 将结点 p 的 next 域改为指向新结点 s($p->next=s$)。

插入结点的过程如图 2.20 所示,从中看到,在单链表中插入一个结点需找到其前驱结点,在插入一个新结点时只需修改前驱结点和新插入结点的 next 域,不像顺序表那样需要移动大量的元素。

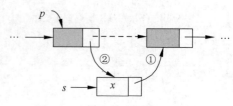

图 2.20　在 p 结点后插入 s 结点

注意:插入操作的①和②执行顺序不能颠倒,否则若先执行 $p->\mathrm{next}=s$,由于先修改 $p->$ next 值使原 p 结点的后继结点的地址丢失了,会导致插入错误。

对应的算法如下。

```
int InsElem(SLinkNode  * &L, ElemType x, int i)     //插入结点值为 x 的结点
{   int j=0;
    SLinkNode  * p=L, * s;
    if (i<=0) return 0;                             //参数 i 错误返回 0
    while (p!=NULL && j<i-1)                         //查找第 i-1 个结点 p
    {   j++;
        p=p->next;
    }
    if (p==NULL)
        return 0;                                   //未找到第 i-1 个结点时返回 0
    else                                            //找到第 i-1 个结点 p
    {   s=(SLinkNode  * )malloc(sizeof(SLinkNode)); //创建存放元素 x 的新结点 s
        s->data=x;
        s->next=p->next;                            //将 s 结点插入 p 结点之后
        p->next=s;
        return 1;                                   //插入运算成功,返回 1
    }
}
```

本算法的时间复杂度为 $O(n)$,其中,n 为单链表 L 中数据结点的个数。

7) 删除元素运算算法

先在单链表 L 中查找第 $i-1$ 个结点,若未找到返回 0,找到后由 p 指向该结点,然后让 q 指向后继结点(即要删除的结点),若 q 所指结点为空则返回 0;否则删除 q 结点并释放其占用的空间。

删除 p 指结点的后继结点的过程如图 2.21 所示,其操作如下。

$$p->\mathrm{next}=q->\mathrm{next};$$

从中看到,在单链表中删除一个结点和插入一个结点一样,需要找到其前驱结点,而且删除结点不像在顺序表中删除一个元素需要移动大量的元素。

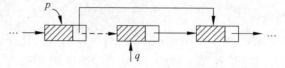

图 2.21　删除 p 结点的后继结点

对应的算法如下。

```
int DelElem(SLinkNode * &L,int i)              //删除结点
{    int j=0;
     SLinkNode * p=L, * q;
     if (i<=0) return 0;                       //参数i错误返回0
     while (p!=NULL && j<i-1)                   //查找第i-1个结点
     {    j++;
          p=p->next;
     }
     if (p==NULL) return 0;                     //未找到第i-1个结点时返回0
     else                                       //找到第i-1个结点p
     {    q=p->next;                            //q指向被删结点
          if (q==NULL) return 0;                //没有第i个结点时返回0
          else
          {    p->next=q->next;                 //从单链表中删除结点q
               free(q);                         //释放其空间
               return 1;
          }
     }
}
```

本算法的时间复杂度为 $O(n)$,其中,n 为单链表 L 中数据结点的个数。

8) 输出线性表运算算法

从首结点开始,沿 next 域逐个往下扫描,输出每个扫描到结点的 data 域,直到尾结点为止。对应的算法如下。

```
void DispList(SLinkNode * L)                   //输出单链表
{    SLinkNode * p=L->next;
     while (p!=NULL)
     {    printf("%d ",p->data);
          p=p->next;
     }
     printf("\n");
}
```

本算法的时间复杂度为 $O(n)$,其中,n 为单链表 L 中数据结点的个数。

提示:将单链表结点类型声明及其基本运算函数存放在 SLinkNode.cpp 文件中。

当单链表的基本运算设计好后,给出以下主函数调用这些基本运算函数,读者可以对照程序执行结果进行分析,进一步体会单链表各种操作的实现过程。

```
#include "SLinkNode.cpp"                        //包括前面的单链表基本运算函数
int main()
{    int i; ElemType e;
     SLinkNode * L;
     InitList(L);                               //初始化单链表L
     InsElem(L,1,1);                            //插入元素1
     InsElem(L,3,2);                            //插入元素3
     InsElem(L,1,3);                            //插入元素1
     InsElem(L,5,4);                            //插入元素5
     InsElem(L,4,5);                            //插入元素4
     InsElem(L,2,6);                            //插入元素2
```

```
printf("线性表:");DispList(L);
printf("长度:%d\n",GetLength(L));
i=3;GetElem(L,i,e);
printf("第%d个元素:%d\n",i,e);
e=1;
printf("元素%d是第%d个元素\n",e,Locate(L,e));
i=4;printf("删除第%d个元素\n",i);
DelElem(L,i);
printf("线性表:");DispList(L);
DestroyList(L);
}
```

上述程序的执行结果如图 2.9 所示。

2. 整体创建单链表的算法

可以通过调用基本运算算法来创建单链表,其过程是先初始化一个单链表,然后向其中一个一个地插入元素。这里介绍的是快速整体创建单链表的算法,也称为整体建表。假设给定一个含有 n 个元素的数组,由它来整体创建单链表,这种建立单链表的常用方法有如下两种。

1) 头插法建表

该方法从一个空单链表(含头结点 L,并且置 $L->$ next 为 NULL)开始,读取数组 a
(含有 n 个元素)中的一个元素,创建一个新结点 s,将读取的数据元素存放到该结点的数据域中,然后将其插入当前链表的表头上(操作语句是 $s->$ next $= L->$ next;$L->$ next $= s$;),如图 2.22 所示。

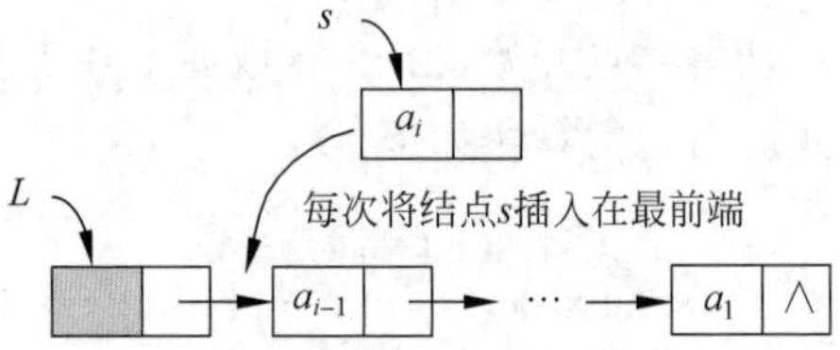

再读取数组 a 的下一个元素,采用相同的操作建立新结点 s 并插入单链表 L 中,直到数组 a 中所有元素读完为止。

图 2.22 头插法建立单链表

采用头插法建表的算法如下。

```
void CreateListF(SLinkNode * &L,ElemType a[],int n)
{    SLinkNode * s;
     L=(SLinkNode * )malloc(sizeof(SLinkNode));    //创建头结点
     L->next=NULL;                                 //头结点的 next 域置空,表示一个空表
     for (int i=0;i<n;i++)                          //扫描 a 数组所有元素
     {    s=(SLinkNode * )malloc(sizeof(SLinkNode));
          s->data=a[i];                             //创建存放 a[i]元素的新结点 s
          s->next=L->next;                          //将 s 结点插入头结点之后
          L->next=s;
     }
}
```

本算法的时间复杂度为 $O(n)$。

若数组 a 包含 4 个元素 1、2、3 和 4,则调用 CreateListF(L,a,4)建立的单链表如图 2.23 所示,从中看到,单链表 L 中数据结点的次序与数组 a 的元素次序正好相反。

图 2.23　一个单链表 L

2）尾插法建表

该方法从一个空单链表（含头结点 L，$L->$ next 不必置为 NULL）开始，读取数组 a（含有 n 个元素）中的一个元素，生成一个新结点 s，将读取的数据元素存放到该结点的数据域中，然后将其链接到单链表 L 的表尾，如图 2.24 所示。由于尾插法建表每次将新结点链接到表尾，而单链表 L 中并没有保存尾结点的地址信息，为此增加一个尾指针 tc，使其始终指向当前单链表的尾结点，初始时只有一个头结点 L，则置 tc=L，这样将新结点 s 链接到表尾的操作是：tc$->$ next=s，此时结点 s 变成新的尾结点，所以还需要置 tc=s。

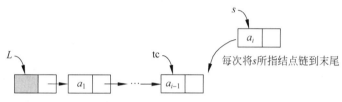

图 2.24　尾插法建立单链表

再读取数组 a 的下一个元素，采用相同的操作建立新结点 s 并插入单链表 L 中，直到数组 a 中所有元素读完为止。与头插法不同，尾插法最后还需要将尾结点的 next 域置为 NULL，即 tc$->$ next=NULL。

采用尾插法建表的算法如下。

```
void CreateListR(SLinkNode * &L,ElemType a[ ],int n)
{   SLinkNode * s, * tc;
    L=(SLinkNode * )malloc(sizeof(SLinkNode));       //创建头结点
    tc=L;                                            //tc 始终指向尾结点,初始时指向头结点
    for (int i=0;i<n;i++)
    {   s=(SLinkNode * )malloc(sizeof(SLinkNode));
        s->data=a[i];                                //创建存放 a[i]元素的新结点 s
        tc->next=s;                                  //将结点 s 插入 tc 之后
        tc=s;                                        //结点 s 变成新的尾结点,让 tc 指向它
    }
    tc->next=NULL;                                   //尾结点 next 域置为 NULL
}
```

本算法的时间复杂度为 $O(n)$。

若数组 a 包含 4 个元素 1、2、3 和 4，则调用 CreateListR(L,a,4)建立的单链表如图 2.25 所示，从中看到，单链表 L 中数据结点的次序与数组 a 的元素次序相同。

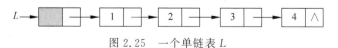

图 2.25　一个单链表 L

提示：将单链表的两个整体建表函数也存放在 SLinkNode. cpp 文件中。

2.3.3 单链表的算法设计示例

1. 基于单链表基本操作的算法设计

这类算法设计中包括单链表结点的查找、插入和删除等。

【例 2.11】 设计一个算法,通过一趟扫描确定单链表 L(至少含两个数据结点)中第一个元素值最大的结点。

解 用 p 扫描单链表,在扫描时用 maxp 指向 data 域值最大的结点(maxp 的初值为 p)。当单链表扫描完毕,最后返回 maxp。对应的算法如下。

```
SLinkNode * Maxnode(SLinkNode * L)
{    SLinkNode * p=L−>next, * maxp=p;
     while (p!=NULL)                    //扫描所有的结点
     {    if (maxp−>data < p−>data)     //如果将<改为<=,则找最后一个最大值结点
              maxp=p;                    //当 p 指向更大的结点时,将其赋给 maxp
          p=p−>next;                     //p 沿 next 域下移一个结点
     }
     return maxp;                        //返回第一个最大值的结点
}
```

本算法的时间复杂度为 $O(n)$,其中,n 为单链表 L 中数据结点的个数。

【例 2.12】 设计一个算法,通过一趟扫描求单链表 L(至少含两个数据结点)中第一个值最大结点的前驱结点,若存在这样的结点,返回其指针(地址),否则返回 NULL。

解 以 p 扫描单链表,pre 指向 p 结点的前驱结点,在扫描时用 maxp 指向 data 域值最大的结点(maxp 的初值为 p),maxpre 指向 maxp 结点的前驱结点(maxpre 的初值为 pre)。当单链表扫描完毕,最后返回 maxpre。对应的算法如下。

```
SLinkNode * Premaxnode(SLinkNode * L)
{    SLinkNode * p=L−>next, * pre=L, * maxp=p, * maxpre=pre;
     while (p!=NULL)
     {    if (maxp−>data < p−>data)
          {    maxp=p;                   //当 p 结点值更大时,将其赋给 maxp
               maxpre=pre;               //当 p 结点值更大时,将 pre 赋给 maxpre
          }
          pre=p;                         //pre、p 同步后移
          p=p−>next;
     }
     if (maxpre==L) return NULL;         //不存在这样的结点则返回 NULL
     else return maxpre;
}
```

本算法的时间复杂度为 $O(n)$,其中,n 为单链表 L 中数据结点的个数。

【例 2.13】 设计一个算法,删除一个单链表 L(至少含两个数据结点)中第一个值最大的结点。

解 在单链表中删除一个结点先要找到它的前驱结点。以 p 扫描单链表,pre 指向 p 结点的前驱结点,在扫描时用 maxp 指向 data 域值最大的结点,maxpre 指向 maxp 结点的前驱结点。当单链表扫描完毕,通过 maxpre 结点删除其后的结点,即删除了元素值最大的结点。对应的算法如下。

```
void Delmaxnode(SLinkNode * &L)
{   SLinkNode * p=L->next, * pre=L, * maxp=p, * maxpre=pre;
    while (p!=NULL)
    {   if (maxp->data < p->data)
        {   maxp=p;
            maxpre=pre;
        }
        pre=p;                          //pre,p 同步后移
        p=p->next;
    }
    maxpre->next=maxp->next;            //删除 maxp 结点
    free(maxp);                         //释放 maxp 结点
}
```

本算法的时间复杂度为 $O(n)$。

2. 基于整体建表的算法设计

这类算法设计中需要根据条件产生新的结果单链表,而创建结果单链表的方法有头插法和尾插法。

【例 2.14】 设计一个算法,将一个单链表 L(至少含两个数据结点)中所有结点逆置。并分析算法的时间复杂度。

扫一扫

视频讲解

解 先将单链表 L 拆分成两部分,一部分是只有头结点 L 的空表(结果单链表),另一部分是由 p 指向首结点的单链表。然后扫描 p,将 p 所指结点逐一采用头插法插入 L 单链表中,由于头插法的特点是建成的单链表结点次序与插入次序正好相反,从而达到结点逆置的目的。对应的算法如下。

```
void Reverse(SLinkNode * &L)
{   SLinkNode * p=L->next, * q;
    L->next=NULL;                       //将 L 置为空单链表
    while (p!=NULL)                     //扫描所有数据结点
    {   q=p->next;                      //q 临时保存 p 结点之后的结点
        p->next=L->next;                //将结点 p 插入头结点之后
        L->next=p;
        p=q;
    }
}
```

本算法正好扫描了 L 中所有数据结点一次,所以时间复杂度为 $O(n)$,其中,n 为单链表 L 中的数据结点个数。

【例 2.15】 假设有一个单链表 L,其中元素为整数且所有元素值均不相同。设计一个尽可能高效的算法将所有奇数移到所有偶数的前面。

解 先将单链表 L 拆分成两部分,一部分是只有头结点 L 的空表(结果单链表),另一部分是由 p 指向首结点的单链表。然后扫描 p,将奇数结点 p 采用头插法插入 L 的开头,将偶数结点 p 采用尾插法插入 L 的末尾。为此设置一个尾结点指针 tc,初始时 tc 指向头结点,每次插入一个偶数结点时会移动 tc,但插入一个奇数结点时不会移动 tc,这会导致插入一个奇数结点后再插入一个偶数结点出现错误,所以在第一个插入的结点为奇数结点 p 时,除了头插法插入结点 p,还需置 tc=p(若此时后面插入连续若干奇数结点,tc 指向的

仍然是正确的尾结点)。对应的算法如下。

```
void Move1(SLinkNode * &L)
{   SLinkNode * p=L->next, * q, * tc;
    L->next=NULL;                       //将结果单链表 L 置为空表
    tc=L;                               //tc 为尾结点指针
    while (p!=NULL)                     //扫描所有数据结点
    {   if (p->data%2==1)               //找到奇数结点
        {   q=p->next;                  //q 临时保存结点 p 的后继结点
            if (L->next==NULL)          //L 为空表
            {   p->next=L->next;        //将 p 结点插入表头
                L->next=p;
                tc=p;                   //p 结点作为尾结点
            }
            else                        //L 不为空表
            {   p->next=L->next;        //将 p 结点插入表头
                L->next=p;
            }
            p=q;
        }
        else                            //找到偶数结点
        {   tc->next=p;                 //采用尾插法插入结点 p
            tc=p;
            p=p->next;
        }
    }
    tc->next=NULL;                      //尾结点 next 置为空
}
```

本算法正好扫描了单链表中每个结点一次,所以时间复杂度为 $O(n)$,算法中只定义了固定几个临时变量,所以算法的空间复杂度为 $O(1)$。

3. 有序单链表的二路归并算法

有序单链表是有序表的单链表存储结构,同样可以利用有序表元素的有序性提高相关算法的效率。当数据采用单链表存储时,对应的二路归并就是单链表二路归并算法。

【例 2.16】 设 ha 和 hb 分别是两个带头结点的递增有序单链表。设计一个算法,将这两个有序链表的所有数据结点合并成一个递增有序的单链表 hc,并分析算法的时间和空间复杂度。要求 hc 单链表仍使用原来两个链表的存储空间,不另外占用其他的存储空间,ha 和 hb 两个表中允许有重复的数据结点。

解 采用二路归并的思路,用 pa 扫描 ha 的数据结点,pb 扫描 hb 的数据结点,将 ha 头结点用作新单链表 hc 的头结点,让 tc 始终指向 hc 的尾结点(初始时指向 hc)。当 pa 和 pb 均不为空时循环:比较 pa 与 pb 的 data 值,将较小者链接到单链表 hc 的末尾。如此重复直到 ha 或 hb 为空,再将余下的链表结点链接到单链表 hc 的末尾。对应的算法如下。

```
void Merge(SLinkNode * ha, SLinkNode * hb, SLinkNode * &hc)
{   SLinkNode * pa=ha->next, * pb=hb->next, * tc;
    hc=ha;                              //将 ha 的头结点用作 hc 的头结点
    tc=hc;                             //tc 总是指向结果单链表 hc 的尾结点
    free(hb);                          //释放 hb 的头结点
    while (pa!=NULL && pb!=NULL)
```

```
    {  if (pa—>data < pb—>data)
       {   tc—>next=pa;tc=pa;                          //将 pa 结点链接到 tc 结点之后
           pa=pa—>next;
       }
       else if (pa—>data > pb—>data)
       {   tc—>next=pb;tc=pb;                          //将 pb 结点链接到 tc 结点之后
           pb=pb—>next;
       }
    }
    tc—>next=NULL;
    if (pa!=NULL) tc—>next=pa;                         //ha 单链表没有扫描完时
    if (pb!=NULL) tc—>next=pb;                         //hb 单链表没有扫描完时
}
```

设两个有序单链表中数据结点个数分别为 m 和 n，算法中仅对两个单链表中所有结点扫描一遍，所以算法的时间复杂度为 $O(m+n)$。算法中仅定义固定个数的临时变量，所以算法的空间复杂度为 $O(1)$。

注意：本例是由 ha 和 hb 创建 hc，而 hc 没有另外分配存储空间，而是利用 ha 和 hb 的所有结点重新链接产生 hc 的，所以算法的空间复杂度为 $O(1)$，但当 hc 建成后，ha 和 hb 被破坏了，即调用本算法后，ha 和 hb 不再存在。

【**例 2.17**】 设 ha 和 hb 分别是两个带头结点的递增有序单链表。设计一个算法，由表 ha 和表 hb 的所有公共结点（两单链表中 data 值相同的结点）产生一个递增有序单链表 hc，分析算法的时间和空间复杂度。要求不破坏原来两个链表 ha 和 hb 的存储空间。

解 本算法仍采用二路归并的思路，用 pa、pb 分别扫描单链表 ha、hb，只不过仅仅将公共的结点复制并链接到单链表 hc 的末尾，结果单链表 hc 采用尾插法创建。对应的算法如下。

```
void Commelem(SLinkNode * ha, SLinkNode * hb, SLinkNode * &hc)
{   SLinkNode * pa=ha—>next, * pb=hb—>next, * tc, * s;
    hc=(SLinkNode * )malloc(sizeof(SLinkNode));        //创建 hc 头结点
    tc=hc;                                             //tc 指向新建单链表 hc 的尾结点
    while (pa!=NULL && pb!=NULL)
    {   if (pa—>data < pb—>data)
            pa=pa—>next;
        else if (pa—>data > pb—>data)
            pb=pb—>next;
        else                                           //pa—>data==pb—data
        {   s=(SLinkNode * )malloc(sizeof(SLinkNode)); //创建 s 结点
            s—>data=pa—>data;                          //复制 data 域
            tc—>next=s;tc=s;                           //将 s 结点链接到 tc 结点的后面
            pa=pa—>next;pb=pb—>next;
        }
    }
    tc—>next=NULL;                                     //尾结点 next 域置空
}
```

设两个有序单链表中数据结点个数分别为 m 和 n，算法中最多仅对两个单链表中所有结点扫描一遍，所以算法的时间复杂度为 $O(m+n)$。设 ha 和 hb 中公共结点个数为 k，算法中新建了 $k+1$ 结点（含 hc 的头结点），k 最大值为 $\min(m,n)$，所以算法的空间复杂度为

$O(\min(m,n))$。

注意：本例是由 ha 和 hb 创建 hc，示例要求不破坏 ha 和 hb，这样必须采用结点复制的方法，所以算法的空间复杂度不再为 $O(1)$。

4. 单链表的排序算法

在很多情况下，单链表中结点有序时可以提高相应算法的效率。这里通过一个示例讨论单链表的递减排序过程。

【例 2.18】 设计一个完整的程序，根据用户输入的学生人数 $n(n \geqslant 3)$ 及每个学生姓名和成绩建立一个单链表，并按学生成绩递减排序，然后按名次输出所有学生的姓名和成绩。

解 (1) 设计存储结构。

依题意，声明学生单链表结点类型为 StudList：

```
typedef struct node
{    char name[10];                                        //姓名
     int score;                                            //成绩域
     struct node * next;                                   //指针域
} StudList;                                                 //学生单链表结点类型声明
```

例如，有 4 个学生记录，其姓名和成绩分别为：(Mary,75),(John,90),(Smith,85),(Harry,95)，其构建的带头结点的单链表如图 2.26 所示。

图 2.26   学生单链表

(2) 设计基本运算算法。

设计基本运算算法如下。

① void CreateStudent(StudList * &sl)：采用交互式方式创建学生单链表。

② void DestroyList(StudList * &L)：销毁学生单链表。

③ void DispList(StudList * L)：输出学生单链表。

④ void SortList(StudList * &L)：将学生单链表按成绩递减排序。

采用尾插法创建学生单链表的算法如下。

```
void CreateStudent(StudList * &sl)                          //采用尾插法创建学生单链表
{    int n,i;
     StudList * s, * tc;
     sl=(StudList * )malloc(sizeof(StudList));              //创建头结点
     tc=sl;                                                 //tc 始终指向尾结点,开始时指向头结点
     printf("   学生人数:");
     scanf("%d",&n);
     for (i=0;i<n;i++)
     {   s=(StudList * )malloc(sizeof(StudList));           //创建新结点 s
         printf("   第%d 个学生姓名和成绩:",i+1);
         scanf("%s",s->name);                              //输入姓名和成绩
         scanf("%d",&s->score);
         tc->next=s;                                        //将 s 结点插入 tc 结点之后
         tc=s;
     }
```

```
        tc->next=NULL;                              //尾结点 next 域置为 NULL
    }
```

销毁学生单链表的算法如下。

```
void DestroyList(StudList * &L)                      //销毁学生单链表
{   StudList * pre=L, * p=pre->next;
    while (p!=NULL)
    {   free(pre);
        pre=p; p=p->next;                           //pre、p 同步后移
    }
    free(pre);
}
```

输出学生单链表的算法如下。

```
void DispList(StudList * L)                          //输出学生单链表
{   StudList * p=L->next;
    int i=1;
    printf("  名次  姓名  成绩\n");
    while (p!=NULL)
    {   printf("  %d\t\t",i++);
        printf("%s\t\t",p->name);
        printf("%d\n",p->score);
        p=p->next;
    }
}
```

对学生单链表按成绩递减排序是一个比较复杂的过程,先将该单链表拆分成两部分,如图 2.27 所示,一部分是只有一个数据结点的有序单链表,另一部分是余下的数据结点,由 p 所指向。

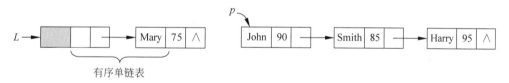

图 2.27 该单链表拆分成两部分

然后将 p 结点通过比较插入有序单链表中,在插入时要找插入的前驱结点 pre,pre 开始时指向头结点,通过 pre->next->score 与 p->score 比较,当前者大于后者时,pre 向后移一个结点,如此直到 pre->next 为 NULL 或者 pre->next->score < p->score 成立,即找到第一个分数小于或等于结点 p 的 pre->next 结点,最后将 p 结点插入 pre 结点之后,如图 2.28 所示是插入 Smith 结点的情况。

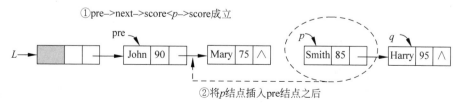

图 2.28 将 p 结点插入有序表中

学生单链表按成绩递减排序的算法如下。

```
void SortList(StudList * &L)                //将学生单链表按成绩递减排序
{   StudList * p, * pre, * q;
    p=L—>next—>next;                        //p指向L的第2个数据结点
    L—>next—>next=NULL;                     //构造只含一个数据结点的有序表
    while (p! =NULL)
    {   q=p—>next;                          //q保存p结点后继结点的指针
        pre=L;                              //从有序表开头进行比较,pre指向插入p结点的前驱结点
        while (pre—>next! =NULL && pre—>next—>score>p—>score)
            pre=pre—>next;                  //在有序表中找插入p结点的前驱结点pre
        p—>next=pre—>next;                  //在pre结点之后插入p结点
        pre—>next=p;
        p=q;                                //扫描原单链表余下的结点
    }
}
```

(3) 设计主函数。

最后设计如下主函数。

```
int main()
{   StudList * st;
    printf("(1)建立学生单链表\n");
    CreateStudent(st);
    printf("(2)按成绩递减排序\n");
    SortList(st);
    printf("(3)排序后的结果\n"); DispList(st);
    printf("(4)销毁学生单链表\n");   DestroyList(st);
}
```

(4) 执行结果。

本程序的一次执行结果如下(下画线部分表示用户输入,↙表示 Enter 键)。

```
(1)建立学生单链表
    学生人数:4↙
    第1个学生姓名和成绩:Mary 75 ↙
    第2个学生姓名和成绩:John 90 ↙
    第3个学生姓名和成绩:Smith 85 ↙
    第4个学生姓名和成绩:Harry 95 ↙
(2)按成绩递减排序
(3)排序后的结果
        名次      姓名      成绩
        1        Harry     95
        2        John      90
        3        Smith     85
        4        Mary      75
(4)销毁学生单链表
```

2.3.4　循环单链表

扫一扫

视频讲解

循环单链表是由单链表改造而来的,将单链表中尾结点的 next 域由原来为 NULL 改为指向头结点,这样整个链表形成一个环。循环单链表的特点是从任一结点出发都可以找

到表中其他结点。

循环单链表的结点类型与单链表的结点类型相同,也采用前面声明的 SLinkNode 类型。如图 2.29 所示是一个带头结点的有 n 个数据结点的循环单链表 L。

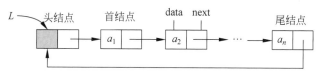

图 2.29 带头结点的循环单链表

从图中看出,在循环单链表 L 中,p 所指结点为尾结点的条件是 $p->\text{next}==L$。

循环单链表的整体建表算法也分为头插法建表和尾插法建表,和单链表的相似,只需在建立后将尾结点 next 域指向头结点即可,这里不再介绍。

在循环单链表中线性表基本运算算法的实现如下。

1. 初始化线性表运算算法

创建一个空的循环单链表,它只有头结点,由 L 指向它。该结点的 next 域指向该头结点,data 域未设定任何值,如图 2.30 所示。对应的算法如下。

```
void InitList(SLinkNode * &L)           //L为引用型参数
{   L=(SLinkNode *)malloc(sizeof(SLinkNode));
    L->next=L;
}
```

图 2.30 一个空的循环单链表

本算法的时间复杂度为 $O(1)$。

2. 销毁线性表运算算法

一个循环单链表 L 中的所有结点空间都是通过 malloc 函数分配的,在不再需要时需通过 free 函数释放所有结点的空间。其实现过程是,先让 pre 指向头结点,p 指向首结点,当 p 不为头结点时循环:释放 pre 所指结点空间,让 pre、p 指针沿 next 域同步后移一个结点。当循环结束,p 指向头结点,此时再释放 pre 所指的尾结点。对应的算法如下。

```
void DestroyList(SLinkNode * &L)
{   SLinkNode * pre=L, * p=pre->next;
    while (p!=L)
    {   free(pre);
        pre=p; p=p->next;                //pre、p同步后移
    }
    free(pre);
}
```

本算法的时间复杂度为 $O(n)$,其中,n 为单链表 L 中数据结点的个数。

3. 求线性表的长度运算算法

设置一个整型变量 i 作为计数器,i 初值为 0,p 初始时指向第一个结点。然后沿 next 域逐个往后移动,每移动一次,i 值增 1。当 p 所指结点为头结点时这一过程结束,i 的值即为表长。对应的算法如下。

```
int GetLength(SLinkNode * L)
```

```
{   int i=0;
    SLinkNode * p=L->next;
    while (p!=L)
    {   i++;
        p=p->next;
    }
    return i;
}
```

本算法的时间复杂度为 $O(n)$,其中,n 为循环单链表 L 中数据结点的个数。

4. 求线性表中第 *i* 个元素运算算法

用 p 从头开始扫描循环单链表 L 中的结点(初值指向首结点),用计数器 j 累计扫描过的结点,其初值为 1。当 p 不为 L 且 $j<i$ 时循环,p 后移一个结点,j 增 1。当循环结束时,若 p 指向头结点时表示查找失败返回 0,否则 p 所指结点即为要找的结点,查找成功,算法返回 1。对应的算法如下。

```
int GetElem(SLinkNode * L,int i,ElemType &e)
{   int j=1;
    SLinkNode * p=L->next;                  //p指向首结点,计数器j置为1
    if (i<=0) return 0;                      //参数i错误返回0
    while (p!=L && j<i)                      //找第i个结点p
    {   j++;
        p=p->next;
    }
    if (p==L) return 0;                      //未找到返回0
    else
    {   e=p->data;
        return 1;                            //找到后返回1
    }
}
```

本算法的时间复杂度为 $O(n)$,其中,n 为循环单链表 L 中数据结点的个数。

5. 按值查找运算算法

用 i 累计查找数据结点的个数,从首结点开始,由前往后依次比较单链表中各结点数据域的值,若某结点数据域的值等于给定值 x,则返回 i;否则继续向后比较。若整个单链表中没有这样的结点,则返回 0。对应的算法如下。

```
int Locate(SLinkNode * L,ElemType x)
{   int i=1;
    SLinkNode * p=L->next;
    while (p!=L && p->data!=x)               //从首结点开始查找 data 域为 x 的结点
    {   p=p->next;
        i++;
    }
    if (p==L) return 0;                      //未找到值为 x 的结点返回 0
    else return i;                           //找到第一个值为 x 的结点返回其序号
}
```

本算法的时间复杂度为 $O(n)$,其中,n 为循环单链表 L 中数据结点的个数。

6. 插入元素运算算法

在循环单链表 L 中查找第 i 个结点 p 及其前驱结点 pre,若没有这样的结点 p 返回 0;否则创建一个以 x 为值的新结点 s,将结点 s 插在 pre 结点之后,如图 2.31 所示,返回 1。

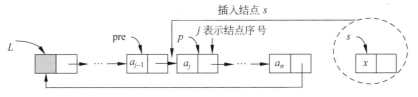

图 2.31　在循环单链表中插入结点 s

对应的算法如下。

```
int InsElem(SLinkNode * &L, ElemType x, int i)        //插入结点算法
{   int j=1;
    SLinkNode * pre=L, * p=pre->next, * s;
    if (i<=0) return 0;                               //参数 i 错误返回 0
    while (p!=L && j<i)                               //查找第 i 个结点 p 和其前驱结点 pre
    {   j++;
        pre=p; p=p->next;                             //pre、p 同步后移一个结点
    }
    if (p==L && i>j+1) return 0;                      //参数 i>n+1 时错误返回 0
    else                                             //成功查找到第 i 个结点的前驱结点 pre
    {   s=(SLinkNode * )malloc(sizeof(SLinkNode));
        s->data=x;                                    //创建新结点用于存放元素 x
        s->next=pre->next;                            //将 s 结点插入 pre 结点之后
        pre->next=s;
        return 1;                                     //插入运算成功,返回 1
    }
}
```

本算法的时间复杂度为 $O(n)$,其中,n 为循环单链表中数据结点的个数。

说明:在循环单链表中,用 p 指针扫描所有结点时,方式有两种:一是以 $p!=L$ 作为循环条件,当 $p==L$ 时循环结束,此时 p 回过来指向头结点,所以 p 应该初始化指向首结点而不是头结点,否则循环内的语句不会执行。二是扫描指针 p 的初始化为 $p=L$,循环的条件应该为 $p->\text{next}!=L$,当 $p->\text{next}==L$ 时循环结束,此时 p 指向尾结点。上述插入元素运算算法中采用前一种方式查找第 $i-1$ 个结点,后面删除元素运算算法中采用后一种方式查找第 i 个结点。

7. 删除元素运算算法

在循环单链表 L 中查找第 $i-1$ 个结点,若不存在这样的结点返回 0;否则让 p 指向第 $i-1$ 个结点,post 指向后继结点,当 post 为 L 时返回 0,否则将 post 所指结点删除并释放其空间,返回 1。对应的算法如下。

```
int DelElem(SLinkNode * &L, int i)
{   int j=0;
    SLinkNode * p=L, * post;                          //p 指向头结点
    if (i<=0) return 0;                               //参数 i 错误返回 0
```

```
    while (p->next!=L && j<i-1)              //查找第 i-1 个结点 p
    {   j++;
        p=p->next;
    }
    if (p->next==L) return 0;                //未找到返回 0
    else
    {   post=p->next;                        //post 指向被删结点
        if (post==L)
            return 0;                        //没有第 i 个结点时返回 0
        else
        {   p->next=post->next;              //从单链表中删除 post 结点
            free(post);                      //释放其空间
            return 1;                        //成功删除返回 1
        }
    }
}
```

本算法的时间复杂度为 $O(n)$,其中,n 为循环单链表 L 中数据结点的个数。

8. 输出线性表运算算法

从首结点开始,沿 next 域逐个往下扫描,输出每个扫描到结点的 data 域,直到头结点为止。对应的算法如下。

```
void DispList(SLinkNode * L)                 //输出线性表
{   SLinkNode * p=L->next;
    while (p!=L)
    {   printf("%d ",p->data);
        p=p->next;
    }
    printf("\n");
}
```

本算法的时间复杂度为 $O(n)$,其中,n 为循环单链表 L 中数据结点的个数。

说明:将循环单链表结点类型声明及其基本运算函数存放在 CSLinkNode.cpp 文件中。

从以上看到,单链表与循环单链表的结点类型完全相同,实现基本运算的算法也很相似。实际上,循环链表和对应的非循环链表的运算基本一致,差别仅在于算法中的循环条件不是判断 p 或 $p->$next 是否为空,而是判断它们是否等于头结点的指针。

当循环单链表的基本运算设计好后,给出主函数调用这些基本运算函数,读者可以对照程序执行结果进行分析,进一步体会循环单链表各种操作的实现过程。

```
#include "CSLinkNode.cpp"                    //包含循环单链表的基本运算函数
int main()
{   int i; ElemType e;
    SLinkNode * L;
    InitList(L);                             //初始化循环单链表 L
    InsElem(L,1,1);                          //插入元素 1
    InsElem(L,3,2);                          //插入元素 3
    InsElem(L,1,3);                          //插入元素 1
    InsElem(L,5,4);                          //插入元素 5
    InsElem(L,4,5);                          //插入元素 4
```

```
InsElem(L,2,6);                           //插入元素 2
printf("线性表:");DispList(L);
printf("长度:%d\n",GetLength(L));
i=3;GetElem(L,i,e);
printf("第%d 个元素:%d\n",i,e);
e=1;
printf("元素%d 是第%d 个元素\n",e,Locate(L,e));
i=4;printf("删除第%d 个元素\n",i);
DelElem(L,i);
printf("线性表:");DispList(L);
DestroyList(L);
}
```

上述程序的执行结果如图 2.9 所示。

2.3.5 循环单链表的算法设计示例

【例 2.19】 设计一个算法求一个循环单链表 L 中所有值为 x 的结点个数。

解 用指针 p 扫描循环单链表 L 的所有结点,用 i(初值为 0)累加值为 x 的结点个数,最后返回 i。对应的算法如下。

```
int Nodes(SLinkNode * L,ElemType x)
{   int i=0;
    SLinkNode * p=L->next;
    while (p!=L)                           //扫描所有数据结点
    {   if (p->data==x) i++;
        p=p->next;
    }
    return i;
}
```

【例 2.20】 有一个递增有序的循环单链表 L,设计一个算法删除其中所有值为 x 的结点,并分析算法的时间复杂度。

解 若循环单链表 L 是递增有序的,则所有值为 x 的结点必然是相邻的。先找到第一个值为 x 的结点 p,让 pre 指向其前驱结点。然后通过 pre 结点删除 p 结点及其后面连续值为 x 的结点。对应的算法如下。

```
int Delallx(SLinkNode * &L,ElemType x)
{   SLinkNode * pre=L, * p=L->next;          //pre 指向 p 结点的前驱结点
    while (p!=L && p->data!=x)               //找第一个值为 x 的结点 p
    {   pre=p;
        p=p->next;
    }
    if (p==L) return 0;                       //没有找到值为 x 的结点返回 0
    while (p!=L && p->data==x)                //查找所有值为 x 的结点
    {   pre->next=p->next;                    //通过 pre 删除 p 结点
        free(p);
        p=pre->next;
    }
    return 1;                                  //成功删除返回 1
}
```

本算法的时间复杂度为 $O(n)$，其中，n 为循环单链表 L 中数据结点的个数。

【例 2.21】 编写一个程序求解约瑟夫(Joseph)问题。有 n 个小孩围成一圈，给他们从 1 开始依次编号，从编号为 1 的小孩开始报数，数到第 $m(m \geqslant 2)$ 个小孩出列，然后从出列的下一个小孩重新开始报数，数到第 m 个小孩又出列，……，如此反复直到所有的小孩全部出列为止，求整个出列序列。如当 $n=6, m=5$ 时的出列序列是 5,4,6,2,3,1。

解 (1) 设计存储结构。

本题采用循环单链表存放小孩圈，其结点类型如下。

```
typedef struct node
{   int no;                              //小孩编号
    struct node * next;                  //指向下一个结点指针
} Child;                                 //结点类型声明
```

依本题操作，小孩圈构成一个循环单链表，例如，$n=6$ 时的初始循环单链表如图 2.32 所示，L 指向开始报数的小孩结点。

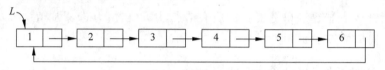

图 2.32　$n=6$ 时的初始循环单链表

注意：前面介绍的循环单链表都是带头结点，而这里的循环单链表是不带头结点，因为本题中循环单链表带头结点会导致循环查找数据结点更复杂，为此在算法设计中需要针对不带头结点的情况做相应的修改。

(2) 设计基本运算算法。

设计两个基本运算算法。由指定的 n 采用尾插法创建不带头结点的小孩圈循环单链表 L 的算法如下。

```
void CreateList(Child * &L,int n)        //建立有 n 个结点的不带头结点的循环单链表
{   int i;
    Child * p, * tc;                     //tc 指向新建循环单链表的尾结点
    L=(Child * )malloc(sizeof(Child));
    L->no=1;                             //先建立只有一个 no 为 1 结点的单链表
    tc=L;
    for (i=2;i<=n;i++)
    {   p=(Child * )malloc(sizeof(Child));
        p->no=i;                         //建立一个存放编号 i 的结点
        tc->next=p; tc=p;                //将 p 结点链到末尾
    }
    tc->next=L;                          //构成一个首结点为 L 的循环单链表
}
```

由指定的 n 和 m 输出约瑟夫序列的算法如下。

```
void Joseph(int n,int m)                 //求解约瑟夫序列
{   int i,j;
    Child * L, * p, * q;
    CreateList(L,n);                     //创建 n 个小孩的循环单链表 L
    for (i=1;i<=n;i++)                   //出列 n 个小孩
```

```
{   p=L; j=1;
    while (j<m−1)                        //从 L 结点开始报数,报到第 m−1 个结点
    {    j++;                             //报数递增
         p=p−>next;                      //移到下一个结点
    }
    q=p−>next;                          //q 指向第 m 个结点
    printf("%d ",q−>no);                //该结点出列
    p−>next=q−>next;                    //删除 q 结点
    free(q);                            //释放其空间
    L=p−>next;                          //L 指向下一个结点
    }
}
```

（3）设计主函数。

设计如下主函数求解 $n=6, m=5$ 的约瑟夫序列。

```
int main()
{   int n=6,m=5;
    printf("n=%d,m=%d 的约瑟夫序列:",n,m);
    Joseph(n,m); printf("\n");
}
```

（4）执行结果。

本程序的执行结果如下。

n=6,m=5 的约瑟夫序列:5 4 6 2 3 1

2.4 双链表和循环双链表

本节介绍另一种链式存储结构即双链表,包括双链表和循环双链表。

2.4.1 双链表的定义

扫一扫

视频讲解

2.3 节讨论的单链表是用一个后继指针表示结点间的逻辑关系。本节介绍的双链表是用两个指针表示结点间的逻辑关系(因为线性表中每个元素的前驱元素和后继元素是唯一的),因此称为**双链表**。

在单链表中,每个结点的指针指向其后继结点,故从任一结点找其后继结点很方便,但要找前驱结点比较困难。在双链表中,增加了一个指向其前驱结点的指针域 prior,这样形成的链表就有两条不同方向的链,使得从给定结点出发查找其前驱结点和查找其后继结点一样方便。

仍假设数据元素的类型为 ElemType,双链表中结点的类型声明如下。

```
typedef struct node
{   ElemType data;                       //数据域
    struct node * prior, * next;         //分别指向前驱结点和后继结点的指针
} DLinkNode;                             //双链表结点类型
```

与单链表一样,双链表也分为非循环双链表(简称为双链表)和循环双链表两种。除特

别指出外,本章讨论的双链表均指带头结点的双链表。

2.4.2　线性表基本运算在双链表上的实现

在带头结点的双链表中,通常头结点的数据域不存储任何特定的信息,尾结点的 next 域置为 NULL。如图 2.33 所示是一个带头结点的双链表,通过头结点指针 L(头指针)标识该双链表,其中含一个头结点和 n 个数据结点。

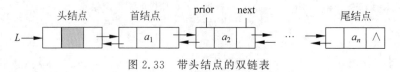

图 2.33　带头结点的双链表

下面讨论双链表中线性表基本运算算法的实现过程。

1. 双链表基本运算算法

在双链表中实现线性表基本运算算法如下。

1) 初始化线性表运算算法

创建一个空的双链表,它只有一个头结点,由 L 指向它,该结点的 next 域和 prior 域均为空,data 域未设定任何值,如图 2.34 所示。对应的算法如下。

图 2.34　一个空的双链表

```
void InitList(DLinkNode * &L)
{   L=(DLinkNode * )malloc(sizeof(DLinkNode));    //创建头结点 L
    L->prior=L->next=NULL;
}
```

本算法的时间复杂度为 $O(1)$。

2) 销毁线性表运算算法

销毁一个双链表中的所有结点的算法思路与单链表的销毁算法相同,对应的算法如下。

```
void DestroyList(DLinkNode * &L)
{   DLinkNode * pre=L, * p=pre->next;
    while (p!=NULL)
    {   free(pre);
        pre=p; p=p->next;                        //pre、p 同步后移
    }
    free(pre);
}
```

本算法的时间复杂度为 $O(n)$,其中,n 为双链表 L 中数据结点的个数。

3) 求线性表长度运算算法

其设计思路与单链表的求表长算法完全相同,对应的算法如下。

```
int GetLength(DLinkNode * L)
{   int i=0;
    DLinkNode * p=L->next;                        //p 指向首结点
    while (p!=NULL)
    {   i++;                                      //i 累加数据结点个数
        p=p->next;
```

```
    }
    return i;
}
```

本算法的时间复杂度为 $O(n)$，其中，n 为双链表 L 中数据结点的个数。

4）求线性表中第 i 个元素运算算法

其设计思路与单链表的求线性表中第 i 个元素运算算法完全相同，对应的算法如下。

```
int GetElem(DLinkNode * L, int i, ElemType &e)
{    int j=0;
     DLinkNode * p=L;                        //p 指向头结点,计数器 j 置为 0
     if (i<=0) return 0;                     //参数 i 错误返回 0
     while (p!=NULL && j<i)
     {    j++;
          p=p->next;
     }
     if (p==NULL) return 0;                  //未找到返回 0
     else
     {    e=p->data;
          return 1;                          //找到后返回 1
     }
}
```

本算法的时间复杂度为 $O(n)$，其中，n 为双链表 L 中数据结点的个数。

5）按值查找运算算法

其设计思路与单链表的按值查找运算算法完全相同，对应的算法如下。

```
int Locate(DLinkNode * L, ElemType e)
{    DLinkNode * p=L->next;
     int i=1;                                //p 指向首结点,i 置为其序号 1
     while (p!=NULL && p->data!=e)
     {    p=p->next;
          i++;
     }
     if (p==NULL) return 0;                  //未找到返回 0
     else return i;                          //找到后返回其序号
}
```

本算法的时间复杂度为 $O(n)$，其中，n 为双链表 L 中数据结点的个数。

6）插入元素运算算法

先在双链表中查找到第 $i-1$ 个结点，若成功找到这样的结点 p，创建一个以 x 为值的新结点 s，在 p 结点之后插入 s 结点。在双链表中 p 结点之后插入 s 结点的操作如图 2.35 所示，其步骤如下。

（1）将结点 s 的 next 域指向结点 p 的下一个结点（$s->next=p->next$）。

（2）若结点 p 不是尾结点（若结点 p 是尾结点，只插入结点 s 作为新尾结点），则将结点 p 的后继结点的 prior 域指向结点 s（$p->next->prior=s$）。

（3）结点 s 的 prior 域指向 p 结点（$s->prior=p$）。

（4）将结点 p 的 next 域指向结点 s（$p->next=s$）。

注意：上述插入步骤中，通常将 $p->next$ 域的修改尽可能放在后面执行，否则可能出现由于找不到其后继结点而导致的插入错误。

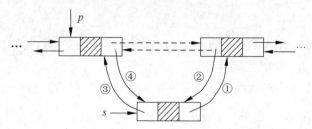

图 2.35　在双链表的 p 结点之后插入新结点 s

对应的算法如下。

```
int InsElem(DLinkNode * &L, ElemType x, int i)
{    int j=0;
     DLinkNode * p=L, * s;
     if (i<=0) return 0;                    //参数 i 错误返回 0
     while (p!=NULL && j<i−1)               //查找第 i−1 个结点 p
     {    j++;
          p=p−>next;
     }
     if (p==NULL) return 0;                 //未找到返回 0
     else
     {    s=(DLinkNode * )malloc(sizeof(DLinkNode));
          s−>data=x;                        //创建一个存放元素 x 的新结点
          s−>next=p−>next;                  //对应插入操作的步骤①
          if (p−>next!=NULL)                //对应插入操作的步骤②
             p−>next−>prior=s;             //仅在 p−>next 存在时才修改其 prior 域指向 s 结点
          s−>prior=p;                       //对应插入操作的步骤③
          p−>next=s;                        //对应插入操作的步骤④
          return 1;                         //插入运算成功,返回 1
     }
}
```

本算法的时间复杂度为 $O(n)$,其中,n 为双链表 L 中数据结点的个数。

说明:在双链表中可以通过一个结点找到其前驱结点,所以插入算法也可以改为:在双链表中找到第 i 个结点 p,然后在 p 结点之前插入新结点。

7) 删除结点运算算法

先在双链表中查找到第 i 个结点,若成功找到这样的结点 p,通过前驱结点和后继结点的指针域改变来删除 p 结点。在双链表中删除 p 结点(其前驱结点为结点 pre)的操作如图 2.36 所示,其步骤如下。

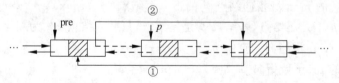

图 2.36　在双链表中删除 p 结点

（1）若结点 p 不是尾结点，则将其后继结点的 prior 域指向 pre 结点（$p->next->$ prior＝pre）。

（2）将结点 pre 结点的 next 域改为指向 p 结点的后继结点（pre$->$next＝$p->$next）。

对应的算法如下。

```
int DelElem(DLinkNode * &L, int i)
{    int j=0;
     DLinkNode * p=L, * pre;
     if (i<=0) return 0;                    //参数 i 错误返回 0
     while (p!=NULL && j<i)                 //查找第 i 个结点 p
     {    j++;
          p=p->next;
     }
     if (p==NULL) return 0;                 //未找到第 i 个结点时返回 0
     else
     {    pre=p->prior;                     //pre 指向被删结点的前驱结点
          if (p->next!=NULL)                //从双链表中删除 p 结点
              p->next->prior=pre;           //仅当 p->next 存在时才修改其 prior 域指向 pre 结点
          pre->next=p->next;
          free(p);                          //释放其空间
          return 1;
     }
}
```

本算法的时间复杂度为 $O(n)$，其中，n 为双链表 L 中数据结点的个数。

8）输出线性表运算算法

其设计思路与单链表的输出元素值运算算法完全相同，对应的算法如下。

```
void DispList(DLinkNode * L)
{    DLinkNode * p=L->next;
     while (p!=NULL)
     {    printf("%d ", p->data);
          p=p->next;
     }
     printf("\n");
}
```

本算法的时间复杂度为 $O(n)$，其中，n 为双链表 L 中数据结点的个数。

说明：将双链表结点类型声明及其基本运算函数存放到 DLinkNode.cpp 文件中。

当双链表的基本运算设计好后，给出以下主函数调用这些基本运算函数，读者可以对照程序执行结果进行分析，进一步体会双链表各种操作的实现过程。

```
#include "DLinkNode.cpp"                    //包含双链表的基本运算函数
int main()
{    int i; ElemType e;
     DLinkNode * L;
     InitList(L);                           //初始化双链表 L
     InsElem(L,1,1);                        //插入元素
     InsElem(L,3,2);                        //插入元素 3
     InsElem(L,1,3);                        //插入元素 1
     InsElem(L,5,4);                        //插入元素 5
```

```
    InsElem(L,4,5);                        //插入元素 4
    InsElem(L,2,6);                        //插入元素 2
    printf("线性表:");DispList(L);
    printf("长度:%d\n",GetLength(L));
    i=3;GetElem(L,i,e);
    printf("第%d 个元素:%d\n",i,e);
    e=1;
    printf("元素%d 是第%d 个元素\n",e,Locate(L,e));
    i=4;printf("删除第%d 个元素\n",i);
    DelElem(L,i);
    printf("线性表:");DispList(L);
    DestroyList(L);
}
```

上述程序的执行结果如图 2.9 所示。

扫一扫
视频讲解

2. 创建整体双链表的算法

假设通过一个含有 n 个数据的数组来建立整个双链表。建立整体双链表的常用方法
有如下两种。

1)头插法建表

该方法从一个空双链表(仅含一个 L 指向的头结点)开始,读取数组 a(含有 n 个元素)
中的一个元素,生成一个新结点 s,将读取的数据元素存放到新结点的数据域中,然后将新
结点 s 插入当前链表的表头;再读取数组 a 的下一个元素,采用相同的操作建立新结点 s
并插入双链表 L 中,直到数组 a 中所有元素读完为止。

采用头插法建表的算法如下。

```
void CreateListF(DLinkNode * &L,ElemType a[],int n)
{   DLinkNode * s;int i;
    L=(DLinkNode * )malloc(sizeof(DLinkNode));     //创建头结点
    L->next=NULL;
    for (i=0;i<n;i++)
    {   s=(DLinkNode * )malloc(sizeof(DLinkNode)); //创建新结点 s
        s->data=a[i];
        s->next=L->next;                            //将结点 s 插入头结点之后
        s->prior=L;
        if (L->next!=NULL)                          //若结点 s 不是第一个插入的结点
            L->next->prior=s;
        L->next=s;
    }
}
```

本算法的时间复杂度为 $O(n)$。

若数组 a 包含 4 个元素 1、2、3 和 4,则调用 CreateListF(L,a,4)建立的双链表如图 2.37
所示,从中看到,双链表 L 中数据结点的次序与数组 a 的元素次序正好相反。

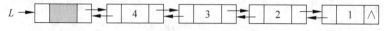

图 2.37　采用头插法建立的双链表 L

2）尾插法建表

该方法从一个空双链表（仅含一个 L 指向的头结点）开始，读取数组 a（含有 n 个元素）中的一个元素，生成一个新结点 s，将读取的数据元素存放到新结点的数据域中，然后将新结点 s 插入当前链表的表尾上；再读取数组 a 的下一个元素，采用相同的操作建立新结点 s 并插入双链表 L 中，直到数组 a 中所有元素读完为止。

由于尾插法每次将新结点插到当前链表的表尾上，为此增加一个尾指针 tc，使其始终指向当前链表的尾结点。

采用尾插法建表的算法如下。

```
void CreateListR(DLinkNode * &L,ElemType a[],int n)
{    DLinkNode * s, * tc; int i;
     L＝(DLinkNode * )malloc(sizeof(DLinkNode));      //创建头结点
     tc＝L;                                           //tc 始终指向尾结点,开始时指向头结点
     for (i＝0;i＜n;i++)
     {    s＝(DLinkNode * )malloc(sizeof(DLinkNode)); //创建新结点 s
          s－>data＝a[i];
          tc－>next＝s;                                //将结点 s 插入 tc 之后
          s－>prior＝tc;
          tc＝s;
     }
     tc－>next＝NULL;                                  //尾结点 next 域置为 NULL
}
```

本算法的时间复杂度为 $O(n)$。

若数组 a 包含 4 个元素 1、2、3 和 4，则调用 CreateListR(L,a,4)建立的双链表如图 2.38 所示，从中看到，双链表 L 中数据结点的次序与数组 a 的元素次序相同。

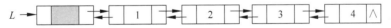

图 2.38 采用尾插法建立的双链表 L

2.4.3 双链表的算法设计示例

【例 2.22】 假设一个整数序列采用双链表 L 存储，设计一个算法删除其中第一个最大值的结点。

解 用 p 扫描双链表 L，用 maxp 保存找到的第一个最大值的结点（初值为 p）。最后通过其前驱结点 pre 和后继结点 post 删除 maxp 结点并释放其空间，如图 2.39 所示。对应的算法如下。

```
void Delmax(DLinkNode * &L)
{    DLinkNode * p＝L－>next, * maxp＝p, * pre, * post;
     while (p!＝NULL)                                  //查找第一个最大值的结点 maxp
     {    if (p－>data＞maxp－>data)
              maxp＝p;
          p＝p－>next;
     }
     pre＝maxp－>prior;                                //指向被删结点的前驱结点
     post＝maxp－>next;                                //指向被删结点的后继结点
```

```
    pre—> next=post;                        //删除 maxp 结点
    if (post!=NULL)
        post—> prior=pre;
    free(maxp);                             //释放其空间
}
```

从本例算法看出,在双链表中删除一个结点不必像单链表中一样要已知其前驱结点,只需找到这个被删结点即可(实际上在双链表找到被删结点后,就可以通过其 prior、next 域找到其前驱和后继结点,然后通过修改前驱和后继结点的相关指针域实现删除操作)。

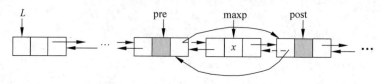

图 2.39　删除第一个最大值的结点

【例 2.23】　设有一个双链表 L,设计一个算法查找第一个元素值为 x 的结点,将其与后继结点进行交换。

解　先找到第一个元素值为 x 的结点 p,post 指向其后继结点,如图 2.40 所示。再删除 p 结点,将 p 结点插入 post 结点之后。

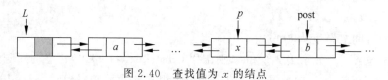

图 2.40　查找值为 x 的结点

对应的算法如下。

```
int Swap(DLinkNode * L, ElemType x)
{   DLinkNode * p=L—> next, * post;
    while (p!=NULL && p—> data!=x)
        p=p—> next;
    if (p==NULL)                            //未找到值为 x 的结点
        return 0;
    else
    {   post=p—> next;                      //post 指向结点 p 的后继结点
        if (post!=NULL)
        {   p—> prior—> next=post;          //先删除 p 结点
            post—> prior=p—> prior;
            p—> next=post—> next;           //将 p 结点插入 post 结点之后
            if (post—> next!=NULL)          //若 post 结点存在后继结点
                post—> next—> prior=p;
            post—> next=p;
            p—> prior=post;
            return 1;
        }
        else return 0;                      //表示值为 x 的结点是尾结点
    }
}
```

2.4.4　循环双链表

与循环单链表一样,也可以将双链表改造为循环双链表,即将双链表中尾结点的 next 域由原来为 NULL 改为指向头结点,将头结点的 prior 域由原来未使用改为指向尾结点,这样得到循环双链表。

扫一扫

视频讲解

循环双链表的结点类型与双链表的结点类型相同,也采用前面声明的 **DLinkNode** 类型。如图 2.41 所示是一个带头结点的含 n 个数据结点的循环双链表。

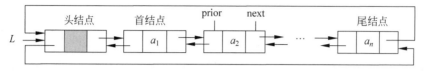

图 2.41　带头结点的循环双链表

在循环双链表中有两个环,从任一给定的结点出发可以找到表中其他结点。实际上与双链表相比,循环双链表的最大特点是可以快速找到尾结点,查找时间为 $O(1)$。

循环双链表的整体建表算法也分为头插法建表和尾插法建表,和双链表的相似,这里不再介绍。

在循环双链表中线性表基本运算算法的实现如下。

1. 初始化线性表运算算法

创建一个空的循环双链表,它只有一个头结点,由 L 指向它,该结点的 next 域和 prior 域均指向该头结点,data 域未设定任何值,如图 2.42 所示。对应的算法如下。

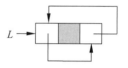

图 2.42　一个空的循环双链表

```
void InitList(DLinkNode * &L)
{   L=(DLinkNode * )malloc(sizeof(DLinkNode));
    L−>prior=L−>next=L;
}
```

本算法的时间复杂度为 $O(1)$。

2. 销毁线性表运算算法

销毁一个循环双链表中的所有结点的算法思路与循环单链表的销毁算法相同,对应的算法如下。

```
void DestroyList(DLinkNode * &L)
{   DLinkNode * pre=L, * p=pre−>next;
    while (p!=L)
    {   free(pre);
        pre=p; p=p−>next;                        //pre、p 同步后移
    }
    free(pre);
}
```

本算法的时间复杂度为 $O(n)$,其中,n 为循环双链表 L 中数据结点的个数。

3. 求线性表长度运算算法

其设计思路与循环单链表的求表长算法完全相同,对应的算法如下。

```
int GetLength(DLinkNode * L)                           //求表长运算
{   int i=0;
    DLinkNode * p=L->next;
    while (p!=L)
    {   i++;
        p=p->next;
    }
    return i;
}
```

本算法的时间复杂度为 $O(n)$,其中,n 为循环双链表 L 中数据结点的个数。

4. 求线性表中第 i 个元素运算算法

其设计思路与循环单链表中求线性表中第 i 个元素运算算法完全相同,对应的算法如下。

```
int GetElem(DLinkNode * L, int i, ElemType &e)
{   int j=1;
    DLinkNode * p=L->next;                             //p指向首结点,计数器j置为1
    if (i<=0) return 0;                                //参数i错误返回0
    while (p!=L && j<i)
    {   j++;
        p=p->next;
    }
    if (p==L) return 0;                                //未找到返回0
    else
    {   e=p->data;
        return 1;                                      //找到后返回1
    }
}
```

本算法的时间复杂度为 $O(n)$,其中,n 为循环双链表 L 中数据结点的个数。

5. 按值查找运算算法

其设计思路与循环单链表中按值查找运算算法完全相同,对应的算法如下。

```
int Locate(DLinkNode * L, ElemType x)
{   int i=1;
    DLinkNode * p=L->next;
    while (p!=L && p->data!=x)                         //从首结点开始查找 data 域为 x 的结点
    {   p=p->next;
        i++;
    }
    if (p==L) return 0;
    else return i;
}
```

本算法的时间复杂度为 $O(n)$,其中,n 为循环双链表 L 中数据结点的个数。

6. 插入元素运算算法

其设计思想是:先在循环双链表 L 中查找第 i 个结点 p,用 j 记录 p 结点的序号,当 $p==L$ 且 $i>j+1$ 时表示 i 参数错误(如循环双链表中只有三个结点,当 $i>4$ 时出现这种错误),当成功找到第 i 个结点 p 时,创建 data 域为 x 的结点 s,让 pre 指向 p 结点的前驱结点,在 pre 结点之后插入 s 结点。对应的算法如下。

```
int InsElem(DLinkNode * &L,ElemType x,int i)
{   int j=1;
    DLinkNode * p=L->next, * pre, * s;           //p 从首结点开始扫描
    if (i<=0) return 0;                          //参数 i 错误返回 0
    while (p!=L && j<i)                          //查找第 i 个结点 p
    {   j++;
        p=p->next;
    }
    if (p==L && i>j+1) return 0;                 //参数 i 错误返回 0
    else                                         //成功查找到第 i 个结点 p
    {   s=(DLinkNode * )malloc(sizeof(DLinkNode));
        s->data=x;                               //创建新结点 s 用于存放元素 x
        pre=p->prior;                            //将 s 结点插入 pre 结点之后
        s->prior=pre;      pre->next=s;
        p->prior=s; s->next=p;
        return 1;                                //插入运算成功,返回 1
    }
}
```

本算法的时间复杂度为 $O(n)$,其中,n 为循环双链表 L 中数据结点的个数。

7. 删除元素运算算法

其设计思想是:先在循环双链表 L 中查找第 i 个结点 p,若成功找到后通过其前驱结点 pre 将 p 结点删除。对应的算法如下。

```
int DelElem(DLinkNode * &L,int i)
{   int j=1;
    DLinkNode * p=L->next, * pre;                //p 从首结点开始扫描
    if (i<=0) return 0;                          //参数 i 错误返回 0
    if (L->next==L) return 0;                    //空表不能删除,返回 0
    while (p!=L && j<i)                          //查找第 i 个结点 p
    {   j++;
        p=p->next;
    }
    if (p==L) return 0;                          //未找到第 i 个结点返回 0
    else
    {   pre=p->prior;                            //pre 指向被删结点的前驱结点
        p->next->prior=pre;
        pre->next=p->next;
        free(p);                                 //释放其空间
        return 1;
    }
}
```

本算法的时间复杂度为 $O(n)$,其中,n 为循环双链表 L 中数据结点的个数。

8. 输出线性表运算算法

其设计思路与循环单链表的输出元素值运算算法完全相同,对应的算法如下。

```
void DispList(DLinkNode * L)
{    DLinkNode * p=L->next;
     while (p!=L)
     {    printf("%d ",p->data);
          p=p->next;
     }
     printf("\n");
}
```

本算法的时间复杂度为 $O(n)$,其中,n 为循环双链表 L 中数据结点的个数。

说明:将循环双链表结点类型声明及其基本运算函数存放在 CDLinkNode.cpp 文件中。

当循环双链表的基本运算设计好后,给出以下主函数调用这些基本运算函数,读者可以对照程序执行结果进行分析,进一步体会循环双链表各种操作的实现过程。

```
#include "CDLinkNode.cpp"                    //包含循环双链表的基本运算函数
int main()
{    int i; ElemType e;
     DLinkNode * L;
     InitList(L);                            //初始化循环双链表 L
     InsElem(L,1,1);                         //插入元素
     InsElem(L,3,2);                         //插入元素 3
     InsElem(L,1,3);                         //插入元素 1
     InsElem(L,5,4);                         //插入元素 5
     InsElem(L,4,5);                         //插入元素 4
     InsElem(L,2,6);                         //插入元素 2
     printf("线性表:");DispList(L);
     printf("长度:%d\n",GetLength(L));
     i=3;GetElem(L,i,e);
     printf("第%d 个元素:%d\n",i,e);
     e=1;
     printf("元素%d 是第%d 个元素\n",e,Locate(L,e));
     i=4;printf("删除第%d 个元素\n",i);
     DelElem(L,i);
     printf("线性表:");DispList(L);
     DestroyList(L);
}
```

上述程序的执行结果如图 2.9 所示。

2.4.5 循环双链表的算法设计示例

【例 2.24】 设计一个算法将带头结点的循环双链表 L 的所有结点逆置。

解 先建立一个空的循环双链表 L(结果循环双链表),用 p 扫描余下的数据结点,依次将 p 结点采用头插法插入 L 中。对应的算法如下。

视频讲解

```
void Reverse(DLinkNode * &L)
{    DLinkNode * p=L->next, * q;            //p 指向首结点
```

```
        L—>next=L—>prior=L;                  //构造一个空的循环双链表
        while (p!=L)
        {   q=p—>next;                        //q临时保存p结点的后继结点
            p—>next=L—>next;                  //将p结点插入表头
            L—>next—>prior=p;
            L—>next=p;
            p—>prior=L;
            p=q;
        }
    }
```

【例 2.25】 有一个带头结点的循环双链表 L,其结点 data 域值为整数,设计一个算法,判断其所有元素是否对称。如果从前向后读和从后向前读得到的数据序列相同,表示是对称的;否则是不对称的。

解 先让 p 指向首结点,q 指向尾结点,当两者所指结点值不相等时返回 0,否则 p 后移一个结点,q 前移一个结点,依次比较下去,直到 $p->next==q$ 或 $p==q$,如图 2.43 所示。循环结束后返回 1。

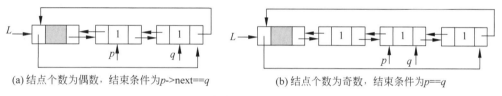

(a) 结点个数为偶数,结束条件为 $p->next==q$ (b) 结点个数为奇数,结束条件为 $p==q$

图 2.43 判断循环双链表是否对称

对应的算法如下。

```
int Symmetric(DLinkNode * L)
{   int flag=1;
    DLinkNode * p=L—>next, * q=L—>prior;
    while (flag==1)                           //flag 为 1 时循环
    {   if (p—>data!=q—>data)                 //对应结点值不同时退出循环
            flag=0;
        else
        {   if (p==q || p—>next==q)
                break;                        //是对称的情况
            p=p—>next;                        //从前向后移动
            q=q—>prior;                       //从后向前移动
        }
    }
    return flag;
}
```

线性表除了采用前面介绍的顺序表和各种链表存储外,还有一种称为**静态链表**的存储结构,它采用一个一维数组表示线性表,每个数组元素存储一个线性表元素,同时使用游标(数组元素下标)代替指针以指示元素在数组中的位置,元素的插入和删除操作类似于单链表,不需要移动大量元素,但同时也失去了数组的随机存取特性。静态链表的相关算法这里不再讨论。

2.5　线性表的应用

2.5.1　设计线性表应用程序的一般步骤

当通过分析确定了求解问题中数据逻辑结构为线性关系时,设计线性表应用程序的一般步骤如下:

(1) 根据求解功能的特点设计相应的存储结构。

(2) 设计相应的基本运算算法。

(3) 设计求解问题的主程序。

线性表的主要存储结构如图 2.44 所示,分为顺序存储结构和链式存储结构两类,每一类又有若干种具体实现方式,这两类存储结构的优缺点如表 2.1 所示。

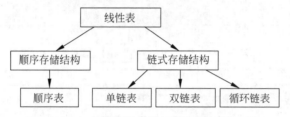

图 2.44　线性表的主要存储结构

在实际求解问题中应根据求解功能的特点来选择合适的存储结构,例如:

(1) 若线性表需要频繁查找,很少进行插入和删除操作,宜采用顺序存储结构。

(2) 若线性表需要频繁插入和删除操作,宜采用链式存储结构。

(3) 当线性表中元素个数变化较大或难以确定时,宜采用链式存储结构。

表 2.1　两类存储结构特点的比较

特点	顺序存储结构	链式存储结构
优点	(1) 无须为表示线性表中元素之间的逻辑关系而增加额外的存储空间,存储密度大。 (2) 具有随机存储特性	(1) 由于采用结点的动态分配方式,具有良好的适应性。 (2) 插入和删除操作只需修改相关指针域,不需要移动大量元素
缺点	(1) 插入和删除操作需要移动大量元素。 (2) 如果采用静态数组存储线性表元素,其空间大小分配难以掌握,分大了浪费空间,分小了易发生上溢出;如果采用动态数组存储线性表元素,其算法设计比较复杂	(1) 为表示线性表中元素之间的逻辑关系而需要增加额外的存储空间(指针域),存储密度小。 (2) 不具有随机存储特性

2.5.2　线性表应用示例

本节通过实现计算两个多项式相加运算的示例介绍线性表的应用。

1. 问题描述

假设一个多项式形式为 $p(x)=c_1x^{e_1}+c_2x^{e_x}+\cdots+c_mx^{e_m}$,其中,$e_i(1\leqslant i\leqslant m)$ 为整数类型的指数,$c_i(1\leqslant i\leqslant m)$ 为实数类型的系数。为了简便,假设每个多项式按指数递减排列,并且没有相同指数的多项式项。编写求两个多项式相加的程序。

例如,两个多项式分别为 $p(x)=3.2x^5+2x^3-6x+10$,$q(x)=1.8x^5-2.5x^4-2x^3+x^2+6x-5$,则相加后的结果为 $r(x)=p(x)+q(x)=5x^5-2.5x^4+x^2+5$。

说明: 本示例讨论的两个多项式相加运算是一种符号运算,而不是直接求多项式的值,即不是数值运算。

2. 设计存储结构

一个多项式由多个 $c_ix^{e_i}(1\leqslant i\leqslant m)$ 多项式项组成,这些多项式项之间构成一种线性关系,所以一个多项式可以看成是由多个多项式项元素构成的线性表。

线性表可以采用顺序表和各种链表存储,由于本例中每个多项式的项数难以确定,所以采用带头结点的单链表存储多项式。也就是说,一个多项式的存储结构对应一个带头结点的单链表,每个多项式项采用以下结点类型进行存储:

coef	exp	next

其中,coef 数据域存放系数 c_i;exp 数据域存放指数 e_i;next 域是一个链域,指向下一个结点。这样的单链表结点的类型声明如下。

```
typedef struct node
{   float coef;                              //系数
    int exp;                                 //指数
    struct node  * next;                     //指向下一个结点的指针
} PolyNode;
```

例如,前面的两个多项式 $p(x)$、$q(x)$ 的存储结构如图 2.45 所示。

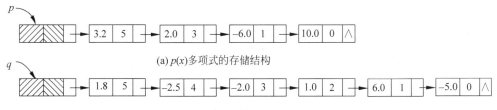

(a) $p(x)$ 多项式的存储结构

(b) $q(x)$ 多项式的存储结构

图 2.45   两个多项式单链表

3. 设计基本运算算法

在多项式单链表上设计如下基本运算算法。

1)建立多项式单链表

由数组 a 指定一个多项式的系数,数组 b 指定指数,共有 n 个多项式项 $(a[0],b[0])$,$(a[1],b[1]),\cdots,(a[n-1],b[n-1])$ 构成一个多项式(所有的多项式项构成一种线性关系),假设多项式的指数是按递减排列的(如果多项式不按指数递减排列,可以采用单链表排序算法使之这样排列)。采用尾插法建立对应的多项式单链表 L 的算法如下。

```
void CreateListR(PolyNode * &L,double a[],int b[],int n)
{   PolyNode * s, * tc;
    L=(PolyNode * )malloc(sizeof(PolyNode));
    tc=L;                                          //tc 始终指向尾结点,初始时指向头结点
    for (int i=0;i<n;i++)
    {   s=(PolyNode * )malloc(sizeof(PolyNode));
        s->coef=a[i];                              //新建结点 s
        s->exp=b[i];
        tc->next=s;                                //将假设 s 插入 tc 结点之后
        tc=s;
    }
    tc->next=NULL;                                 //尾结点 next 域置为 NULL
}
```

2) 销毁多项式单链表

销毁多项式单链表 *L* 的算法如下(与销毁一般单链表的过程相同)。

```
void DestroyList(PolyNode * &L)
{   PolyNode * pre=L, * p=pre->next;
    while (p!=NULL)
    {   free(pre);
        pre=p; p=p->next;
    }
    free(pre);
}
```

3) 输出多项式单链表

输出多项式单链表 *L* 的算法如下。

```
void DispPoly(PolyNode * L)
{   PolyNode * p=L->next;
    while (p!=NULL)
    {   printf("(%gx^%d) ",p->coef,p->exp);
        p=p->next;
    }
    printf("\n");
}
```

4) 两个有序多项式单链表相加运算

对于 ha 和 hb 两个有序多项式单链表(按指数递减排列),采用二路归并实现多项式相加运算(产生有序单链表 hc)的过程如下。

```
pa 指向 ha 的首结点,pb 指向 hb 的首结点;
创建 hc 的头结点,设置尾结点指针 tc,初始时 tc 指向该头结点;
while (pa、pb 均不为空)
{   if (pa->exp > pb->exp)
        由 pa 结点复制建立一个新结点 s,将结点 s 链到 hc 末尾,pa 后移一个结点;
    else if (pa->exp < pb->exp)
        由 pb 结点复制建立一个新结点 s,将结点 s 链到 hc 末尾,pb 后移一个结点;
    else                        //两结点的指数相同
        求两结点的系数和 c,若不为 0,新建一个结点 s,其 coef 域为 c,
        将结点 s 链到 hc 末尾,pa、pb 均后移一个结点,如图 2.46 所示。
}
此时 pa、pb 中至少有一个为空,将另一个未扫描完的结点逐一复制并链接到 hc 末尾;
置 hc 尾结点 next 域为空。
```

示意图如图 2.46 所示。

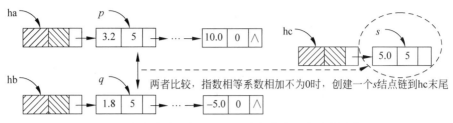

图 2.46　由有序单链表 ha、hb 二路归并产生有序单链表 hc

对应的算法如下。

```
void Add(PolyNode * ha, PolyNode * hb, PolyNode * &hc)
{    PolyNode * pa=ha->next, * pb=hb->next, * s, * tc;
     double c;
     hc=(PolyNode * )malloc(sizeof(PolyNode));
     tc=hc;
     while (pa!=NULL && pb!=NULL)
     {    if (pa->exp>pb->exp)
          {    s=(PolyNode * )malloc(sizeof(PolyNode));
               s->exp=pa->exp;s->coef=pa->coef;
               tc->next=s;tc=s;
               pa=pa->next;
          }
          else if (pa->exp<pb->exp)
          {    s=(PolyNode * )malloc(sizeof(PolyNode));
               s->exp=pb->exp;s->coef=pb->coef;
               tc->next=s; tc=s;
               pb=pb->next;
          }
          else                              //pa->exp=pb->exp
          {    c=pa->coef+pb->coef;
               if (c!=0)                     //系数之和不为0时创建新结点
               {    s=(PolyNode * )malloc(sizeof(PolyNode));
                    s->exp=pa->exp;s->coef=c;
                    tc->next=s; tc=s;
               }
               pa=pa->next;                  //pa 和 pb 均后移一个结点
               pb=pb->next;
          }
     }
     if (pb!=NULL) pa=pb;                     //复制余下的结点
     while (pa!=NULL)
     {    s=(PolyNode * )malloc(sizeof(PolyNode));
          s->exp=pa->exp;
          s->coef=pa->coef;
          tc->next=s;tc=s;
          pa=pa->next;
     }
     tc->next=NULL;
}
```

4. 设计主程序

设计主函数调用上述算法实现前面的两个多项式 $p(x)$、$q(x)$ 相加功能。其执行过程是，调用 CreateListR() 函数两次创建两个多项式单链表 Poly1 和 Poly2，调用 DispPoly() 函数两次输出这两个多项单链表，调用 Add(Poly1,Poly2,Poly3) 函数由 Poly1 和 Poly2 相加得到结果多项式单链表 Poly3，再调用 DispPoly() 函数输出 Poly3。最后调用 DestroyList() 函数三次销毁三个多项式单链表。对应的主函数如下。

```
int main()
{    PolyNode * Poly1, * Poly2, * Poly3;
     double a[MAX];
     int b[MAX],n;
     //－－－－创建第1个多项式单链表－－－－－
     a[0]=3.2;    b[0]=5;
     a[1]=2.0;    b[1]=3;
     a[2]=-6.0;  b[2]=1;
     a[3]=10.0;  b[3]=0;              //a,b数组的元素可以改为由用户交互式输入
     n=4;
     CreateListR(Poly1,a,b,n);
     printf("第1个多项式: ");DispPoly(Poly1);
     //－－－－创建第2个多项式单链表－－－－－
     a[0]=1.8;    b[0]=5;
     a[1]=-2.5;  b[1]=4;
     a[2]=-2.0;  b[2]=3;
     a[3]=1.0;    b[3]=2;
     a[4]=6.0;    b[4]=1;
     a[5]=-5.0;  b[5]=0;
     n=6;
     CreateListR(Poly2,a,b,n);
     printf("第2个多项式: ");DispPoly(Poly2);
     Add(Poly1,Poly2,Poly3);
     printf("相加后多项式: ");DispPoly(Poly3);
     DestroyList(Poly1);
     DestroyList(Poly2);
     DestroyList(Poly3);
}
```

5. 程序运行结果

本程序的执行结果如图 2.47 所示，从中看到上述两个多项式相加的结果为：

$$5x^5 - 2.5x^4 + x^2 + 5$$

```
第1个多项式: (3.2^5) (2x^3) (-6^1) (10x^0)
第2个多项式: (1.8^5) (-2.5x^4) (-2x^3) (1x^2) (6x^1) (-5x^0)
相加后多项式: (5x^5) (-2.5x^4) (1x^2) (5x^0)
```

图 2.47　两个多项式相加运算的程序执行结果

小 结

（1）线性表是由 $n(n \geqslant 0)$ 个数据元素组成的有限序列,所有元素类型相同,元素之间呈现线性关系,即除开始元素外,每个元素只有唯一的前驱,除终端元素外,每个元素只有唯一的后继。

（2）顺序表采用数组存放元素,既可以顺序查找(依序查找),也可以随机查找(对于给定的序号 i,在常量时间内找到对应的元素值)。

（3）分配给顺序表的内存单元地址必须是连续的。

（4）从一个长度为 n 的顺序表中删除第 i 个元素 $(1 \leqslant i \leqslant n)$ 时,需向前移动 $n-i$ 个元素,所以删除算法的时间复杂度为 $O(n)$。

（5）在一个长度为 n 的顺序表中插入第 i 个元素 $(1 \leqslant i \leqslant n+1)$ 时,需向后移动 $n-i+1$ 个元素,所以插入算法的时间复杂度为 $O(n)$。

（6）链表是由若干结点构成,结点的次序由地址确定,并通过指针域反映数据的逻辑关系。

（7）一个链表的所有结点的地址既可以连续,也可以不连续。

（8）对链表的查找是按序进行的,即只能顺序查找,不能随机查找。

（9）链表中插入或删除结点不需要数据移动,但需要调整指针。

（10）在单链表中,存储每个结点有两个域,一个是数据域,另一个是指针域,指针域指向该结点的后继结点。

（11）在带头结点的单链表中,通常用头结点指针标识整个单链表；在不带头结点的单链表中,通常用首结点指针标识整个单链表。

（12）单链表只能从前向后一个方向扫描。

（13）在单链表中,插入一个新结点需修改两个指针,删除一个结点需修改一个指针。

（14）双链表可以从前向后或从后向前两个方向扫描。

（15）在双链表中,插入一个新结点需修改 4 个指针,删除一个结点需修改两个指针。

（16）循环链表分为循环单链表和循环双链表,循环单链表的结点构成一个查找环路,循环双链表的结点构成两个查找环路。

（17）在循环单链表中任何一个结点的指针域都不为空。

（18）在循环双链表中,删除最后一个结点,其算法的时间复杂度为 $O(1)$。

（19）线性表除了顺序表和链表两类存储结构外,还可以设计成静态链表,静态链表采用数组存储,其中元素采用链表方式操作。静态链表不再具有随机查找特性。

（20）有序表是一种元素按值有序排序的线性表,可以采用顺序表或链表存储。对于有序表的归并,可以采用二路或多路归并算法提高效率。

练 习 题

扫一扫

练习题

扫一扫

自测题

上机实验题

扫一扫

上机实验题

计算机科学家—姚期智先生简介

　　姚期智先生 1946 年出生于中国上海,1972 年获得哈佛大学物理博士学位,1975 年获得伊利诺伊大学计算机科学博士学位,之后先后在美国麻省理工学院数学系、斯坦福大学计算机系、加州大学伯克利分校计算机系任助理教授、教授。1998 年当选为美国国家科学院院士,2000 年获得计算机最高奖——图灵奖,是目前唯一获得该奖的华人学者。2004 年起任清华大学任全职教授,2016 年放弃美国国籍成为中国公民,正式转为中国科学院院士。姚先生的研究方向包括计算理论及其在密码学和量子计算中的应用 。

第 3 章　栈和队列

栈和队列是两种特殊的线性表。从数据逻辑结构角度看,栈和队列的元素均呈现一种线性关系;从运算的角度看,栈和队列是操作受限的线性表。本章介绍栈和队列的概念、存储结构和基本运算的实现算法。

扫一扫

视频讲解

3.1　栈

3.1.1　栈的基本概念

栈是一种特殊的线性表,其特殊性体现在元素插入和删除运算上,它的插入和删除运算仅限定在表的某一端进行,不能在表中间和另一端进行。允许进行插入和删除的一端称为**栈顶**,另一端称为**栈底**。栈的插入操作称为**进栈**(或入栈),删除操作称为**出栈**(或退栈)。处于栈顶位置的数据元素称为栈顶元素。不含任何数据元素的栈称为空栈。

正是这种受限的元素插入和删除运算,使得栈表现出**先进后出**或者**后进先出**的特点。举一个例子进行说明,假设有一个很窄的死胡同,胡同里能容纳若干人,但每次只能容许一个人进出。现有 5 个人,分别编号为①～⑤,按编号的顺序依次进入此死胡同,如图 3.1(a)所示。此时若编号为④的人要退出死胡同,必须等⑤退出后才可以。若①要退出,则必须等到⑤、④、③、②依次都退出后才行,如图 3.1(b)所示。这里人进出死胡同的原则是先进去的后出来。

(a) 进死胡同　　　　(b) 出死胡同

图 3.1　死胡同示意图

在该例中,死胡同就看作是一个栈,栈顶相当于死胡同口,栈底相当于死胡同的另一端,进、出死胡同可看作进栈、出栈操作。插入栈的示意图如图 3.2 所示。

栈的基本运算主要包括以下 6 种。

(1) 初始化栈 InitStack(st):建立一个空栈 st。

(2) 销毁栈 DestroyStack(st):释放栈 st 占用的内存空间。

(3) 进栈 Push(st,x):将元素 x 插入栈 st 中,使 x 成为栈 st 的栈顶元素。

(4) 出栈 Pop(st,x):当栈 st 不空时,将栈顶元素赋给 x,并从栈中删除当前栈顶元素。

(5) 取栈顶元素 GetTop(st,x):若栈 st 不空,取栈顶元素 x 并返回1;否则返回 0。

(6) 判断栈空 StackEmpty(st):判断栈 st 是否为空栈。

包含基本运算的栈如图 3.3 所示,其中,$op_1 \sim op_6$ 表示上述 6 个基本运算。

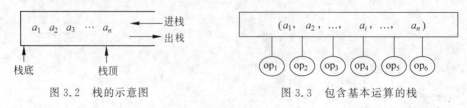

图 3.2　栈的示意图　　　　　　　　图 3.3　包含基本运算的栈

【例 3.1】　设一个栈的输入序列为 a、b、c、d,借助一个栈(假设栈大小足够大)所得到的出栈序列不可能是_____。

A. a、b、c、d   B. b、d、c、a   C. a、c、d、b   D. d、a、b、c

解 a、b、c、d 序列经过栈的情况如图 3.4 所示,根据栈的特点,很容易得出 d、a、b、c 是不可能的,因为 d 先出栈,说明 a、b、c 均已在栈中,按照进栈顺序,从栈顶到栈底的顺序应为 c、b、a,出栈的顺序只能是 d、c、b、a。所以不可能的出栈序列是 D。

【例 3.2】 已知一个栈的进栈序列是 $1,2,3,\cdots,n$,其出栈序列是 $p_1,p_2,\cdots,p_n$,若 $p_1=n$,则 p_i 的值为_____。

A. i B. $n-i$ C. $n-i+1$ D. 不确定

解 $p_1=n$,则出栈序列是唯一的,即为 $n,n-1,\cdots,2,1$,这样有 $p_i+i=n+1$,由此推出 $p_i=n-i+1$。本题答案为 C。

【例 3.3】 元素 a、b、c、d、e 依次进入初始为空的栈中,假设栈大小足够大。若元素进栈后可停留、可立即出栈,直到所有的元素都出栈,则所有可能的出栈序列中,以元素 d 开头的出栈序列个数是_____。

A. 3   B. 4   C. 5   D. 6

解 若元素 d 第一个出栈,则 a、b、c 均在栈中,从栈顶到栈底的顺序应为 c、b、a,如图 3.5 所示,此后合法的栈操作如下。

(1) e 进栈,e 出栈,c 出栈,b 出栈,a 出栈,得到的出栈序列 decba。

(2) c 出栈,e 进栈,e 出栈,b 出栈,a 出栈,得到的出栈序列 dceba。

(3) c 出栈,b 出栈,e 进栈,e 出栈,a 出栈,得到的出栈序列 dcbea。

(4) c 出栈,b 出栈,a 出栈,e 进栈,e 出栈,得到的出栈序列 dcbae。

以元素 d 开头的出栈序列个数为 4,本题答案为 B。

图 3.4　序列经过一个栈的情况

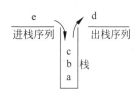

图 3.5　元素出栈的情况

3.1.2　栈的顺序存储结构

栈是一种特殊的线性表,和线性表存储结构类似,栈也有两种存储结构:顺序存储结构和链式存储结构。

栈的顺序存储结构称为**顺序栈**。顺序栈通常由一个一维数组 data 和一个记录栈顶元素位置的变量 top 组成。习惯上将栈底放在数组下标小的那端,栈顶元素由栈顶指针 top 所指向。顺序栈类型声明如下。

```
#define MaxSize 100              //顺序栈的初始分配空间大小
typedef struct
{   ElemType data[MaxSize];       //保存栈中元素,这里假设 ElemType 为 char 类型
    int top;                       //栈顶指针
} SqStack;
```

在上述顺序栈定义中,ElemType 为栈元素的数据类型,MaxSize 为一个常量,表示 data

数组中最多可放的元素个数,data 元素的下标范围为 0~MaxSize−1。当 top=−1 时表示栈空;当 top=MaxSize−1 时表示栈满。

图 3.6 说明了顺序栈 st 的几种状态(假设 MaxSize=5)。图 3.6(a)表示顺序栈为栈空,这也是初始化运算得到的结果。此时栈顶指针 top=−1。如果做出栈运算,则会"下溢出"。

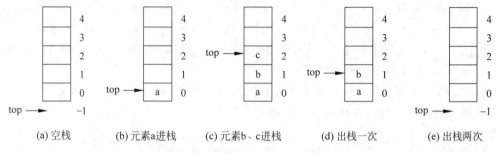

(a) 空栈　　　　(b) 元素a进栈　　　(c) 元素b、c进栈　　　(d) 出栈一次　　　(e) 出栈两次

图 3.6　顺序栈的几种状态

图 3.6(b)表示栈中只含一个元素 a,在图 3.6(a)的基础上执行进栈运算 Push(st,'a') 可以得到这种状态。此时栈顶指针 top=0。

图 3.6(c)表示在图 3.6(b)基础上又有两个元素 b、c 先后进栈,此时栈顶指针 top=2。

图 3.6(d)表示在图 3.6(c)状态下执行一次 Pop(st,x)运算得到。此时栈顶指针 top=1。故 b 为当前的栈顶元素。

图 3.6(e)表示在图 3.6(d)状态下执行两次 Pop(st,x)运算得到。此时栈顶指针 top=−1,又变成栈空状态。

归纳起来,对于顺序栈 st,其初始时置 st.top=−1,它的 4 个要素如下。

(1) 栈空条件:st.top==−1。

(2) 栈满条件:st.top==MaxSize−1。

(3) 元素 x 进栈操作:st.top++;将元素 x 存放在 st.data[st.top]中。

(4) 出栈元素 x 操作:取出栈元素 x=st.data[st.top];st.top−−。

顺序栈的基本运算算法如下。

1. 初始化栈运算算法

其主要操作是设定栈顶指针 top 为−1,对应的算法如下。

```
void InitStack(SqStack &st)              //st 为引用型参数
{
    st.top=−1;
}
```

2. 销毁栈运算算法

这里顺序栈的内存空间是由系统自动分配的,在不再需要时由系统自动释放其空间。对应的算法如下。

```
void DestroyStack(SqStack st)
{  }
```

3. 进栈运算算法

其主要操作是：栈顶指针加 1，将进栈元素存放在栈顶处。对应的算法如下。

```
int Push(SqStack &st, ElemType x)
{    if (st.top==MaxSize-1)              //栈满上溢出返回 0
         return 0;
     else
     {   st.top++;
         st.data[st.top]=x;
         return 1;                       //成功进栈返回 1
     }
}
```

4. 出栈运算算法

其主要操作是：先将栈顶元素取出，然后将栈顶指针减 1。对应的算法如下。

```
int Pop(SqStack &st, ElemType &x)        //x 为引用型参数
{    if (st.top==-1)                     //栈空返回 0
         return 0;
     else
     {   x=st.data[st.top];
         st.top--;
         return 1;                       //成功出栈返回 1
     }
}
```

5. 取栈顶元素运算算法

其主要操作是：将栈顶指针 top 处的元素取出赋给变量 x，top 保持不动。对应的算法如下。

```
int GetTop(SqStack st, ElemType &x)      //x 为引用型参数
{    if (st.top==-1)                     //栈空返回 0
         return 0;
     else
     {   x=st.data[st.top];
         return 1;                       //成功取栈顶元素返回 1
     }
}
```

6. 判断栈空运算算法

其主要操作是：若栈为空（top==-1）则返回值 1，否则返回值 0。对应的算法如下。

```
int StackEmpty(SqStack st)
{    if (st.top==-1) return 1;           //栈空返回 1
     else return 0;                      //栈不空返回 0
}
```

提示：将顺序栈类型声明和栈基本运算函数存放在 SqStack.cpp 文件中。

当顺序栈的基本运算函数设计好后，给出以下程序调用这些基本运算函数，读者可以对照程序执行结果进行分析，进一步体会顺序栈的各种运算的实现过程。

```
#include "SqStack.cpp"                    //包含前面的顺序栈基本运算函数
int main()
{   SqStack st;                           //定义一个顺序栈 st
    ElemType e;
    printf("初始化栈 st\n");
    InitStack(st);
    printf("栈%s\n",(StackEmpty(st)==1?"空":"不空"));
    printf("a 进栈\n");Push(st,'a');
    printf("b 进栈\n");Push(st,'b');
    printf("c 进栈\n");Push(st,'c');
    printf("d 进栈\n");Push(st,'d');
    printf("栈%s\n",(StackEmpty(st)==1?"空":"不空"));
    GetTop(st,e);
    printf("栈顶元素:%c\n",e);
    printf("出栈次序:");
    while (!StackEmpty(st))                //栈不空循环
    {   Pop(st,e);                        //出栈元素 e 并输出
        printf("%c ",e);
    }
    printf("\n");
    DestroyStack(st);
}
```

上述程序的执行结果如图 3.7 所示。

【例 3.4】 若一个栈用数组 data[1..n]存储(n 为一个大于 2 的正整数),初始栈顶指针 top 为 $n+1$,则以下元素 x 进栈的正确操作是_____。

　　A. top++;data[top]=x;　　　B. data[top]=x;top++;

　　C. top−−;data[top]=x;　　　D. data[top]=x;top−−;

解 一个栈中栈元素是向一端伸展的,即从栈底向栈顶方向伸展。这里初始栈顶指针 top 为 $n+1$,说明 data[n]端作为栈底,在进栈时 top 应递减,由于不存在 data[$n+1$]的元素,所以在进栈时应先将 top 递减,再将 x 放在 top 处。本题答案为 C。

```
初始化栈st
栈空
a进栈
b进栈
c进栈
d进栈
栈不空
栈顶元素:d
出栈次序:d c b a
```

图 3.7　程序执行结果

扫一扫
视频讲解

3.1.3　栈的链式存储结构

栈的链式存储结构是采用某种链表结构,栈的链式存储结构简称为**链栈**。这里采用单链表作为链栈,如图 3.8 所示,该单链表是不带头结点的,通过首结点指针 ls 唯一标识整个单链表。同时,单链表的首结点就是链栈的栈顶结点(图中首结点值为 a_n 表示最后进栈的元素是 a_n),所以 ls 也作为栈顶指针,栈中的其他结点通过 next 域链接起来,栈底结点的 next 域为 NULL。因链栈本身没有容量限制,所以不必考虑栈满的情况,这是链栈相比顺序栈的一个优点。

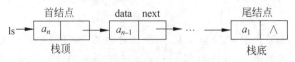

图 3.8　链栈示意图

链栈的类型定义如下。

```
typedef struct node
{    ElemType data;                              //结点值,假设 ElemType 为 char 类型
     struct node * next;                         //指针域
} LinkStack;
```

归纳起来,链栈 ls 初始时 ls＝NULL,其 4 个要素如下。

(1) 栈空条件:ls＝＝NULL。

(2) 栈满条件:不考虑。

(3) 元素 x 进栈操作:创建存放元素 x 的结点 p,将其插入栈顶位置上。

(4) 出栈元素 x 操作:置 x 为栈顶结点的 data 域,并删除该结点。

链栈的基本运算算法如下。

1. 初始化栈运算算法

其主要操作是:置 s 为 NULL 标识栈为空栈。对应的算法如下。

```
void InitStack(LinkStack * &ls)                 //ls 为引用型参数
{
     ls＝NULL;
}
```

2. 销毁栈运算算法

链栈的所有结点空间都是通过 malloc 函数分配的,在不再需要时需通过 free 函数释放所有结点的空间,与单链表销毁算法类似,只是这里链栈是不带头结点的。对应的算法如下。

```
void DestroyStack(LinkStack * &ls)
{    LinkStack * pre＝ls, * p;
     if (pre＝＝NULL) return;                     //考虑空栈的情况
     p＝pre－> next;
     while (p!＝NULL)
     {    free(pre);                             //释放 pre 结点
          pre＝p;p＝p－> next;                    //pre、p 同步后移
     }
     free(pre);                                  //释放尾结点
}
```

3. 进栈运算算法

其主要操作是:先创建一个新结点 p,其 data 域值为 x;然后将该结点插入开头作为新的栈顶结点。对应的算法如下。

```
int Push(LinkStack * &ls,ElemType x)            //ls 为引用型参数
{    LinkStack * p;
     p＝(LinkStack * )malloc(sizeof(LinkStack));
     p－> data＝x;                               //创建结点 p 用于存放 x
     p－> next＝ls;                              //插入 p 结点作为栈顶结点
     ls＝p;
     return 1;
}
```

4. 出栈运算算法

其主要操作是：将栈顶结点(ls 所指结点)的 data 域值赋给 x，然后删除该栈顶结点。对应的算法如下。

```
int Pop(LinkStack * &ls, ElemType &x)          //ls 为引用型参数
{   LinkStack * p;
    if (ls==NULL)                              //栈空,下溢出返回 0
        return 0;
    else                                       //栈不空时出栈元素 x 并返回 1
    {   p=ls;                                  //p 指向栈顶结点
        x=p->data;                             //取栈顶元素 x
        ls=p->next;                            //删除结点 p
        free(p);                               //释放 p 结点
        return 1;
    }
}
```

说明：尽管链栈操作时不考虑上溢出,但仍然需要考虑出栈操作时的下溢出。

5. 取栈顶元素运算算法

其主要操作是：将栈顶结点(即 ls 所指结点)的 data 域值赋给 x。对应的算法如下。

```
int GetTop(LinkStack * ls, ElemType &x)
{   if (ls==NULL)                              //栈空,下溢出时返回 0
        return 0;
    else                                       //栈不空,取栈顶元素 x 并返回 1
    {   x=ls->data;
        return 1;
    }
}
```

6. 判断栈空运算算法

其主要操作是：若栈为空(即 ls==NULL)则返回值 1,否则返回值 0。对应的算法如下。

```
int StackEmpty(LinkStack * ls)
{   if (ls==NULL) return 1;
    else return 0;
}
```

提示：将链栈结点类型声明和链栈基本运算函数存放在 LinkStack.cpp 文件中。

当链栈的基本运算函数设计好后,给出以下程序调用这些基本运算函数,读者可以对照程序执行结果进行分析,进一步体会顺序栈的各种运算的实现过程。

```
#include "LinkStack.cpp"                       //包含前面的链栈基本运算函数
int main()
{   ElemType e;
    LinkStack * st;                            //定义一个链栈 st
    printf("初始化栈 st\n");
    InitStack(st);
    printf("栈%s\n",(StackEmpty(st)==1?"空":"不空"));
    printf("a 进栈\n");Push(st,'a');
```

```
printf("b 进栈\n");Push(st,'b');
printf("c 进栈\n");Push(st,'c');
printf("d 进栈\n");Push(st,'d');
printf("栈%s\n",(StackEmpty(st)==1?"空":"不空"));
GetTop(st,e);
printf("栈顶元素:%c\n",e);
printf("出栈次序:");
while (!StackEmpty(st))                    //栈不空循环
{   Pop(st,e);                             //出栈元素 e 并输出
    printf("%c ",e);
}
printf("\n");
DestroyStack(st);
}
```

上述程序的执行结果如图 3.7 所示。

【例 3.5】 以下各链表均不带有头结点,其中最不适合用作链栈的链表是_____。

    A. 只有表尾指针没有表头指针的循环单链表

    B. 只有表头指针没有表尾指针的循环单链表

    C. 只有表头指针没有表尾指针的循环双链表

    D. 只有表尾指针没有表头指针的循环双链表

解 由于各链表均不带有头结点,这里表头指针就是首结点指针。采用一种链表作为链栈时,通常将链表首结点处作为栈顶。一个链表适不适合作为链栈,就看它是否能够高效地实现栈的基本运算,而栈的主要操作是进栈和出栈。

考虑选项 A,只有表尾指针没有表头指针的循环单链表,假设表尾指针为 rear,它指向循环单链表的尾结点,如图 3.9 所示。元素 x 进栈的操作是:创建存放 x 的结点 p,将结点 p 插入在 rear 结点之后作为栈顶结点,不改变 rear;出栈的操作是:删除 rear 结点之后的结点。两种操作的时间复杂度均为 $O(1)$。

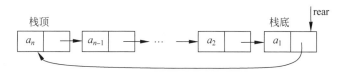

图 3.9 只有表尾指针没有表头指针的循环单链表

考虑选项 B,只有表头指针没有表尾指针的循环单链表,假设表头指针为 first,它指向循环单链表的首结点,如图 3.10 所示。元素 x 进栈的操作是:创建存放 x 的结点 p,将结点 p 插入在 first 结点之前,即 $p->\text{next}=\text{first},\text{first}=p$,但还要将其改变为循环单链表,而尾结点需要遍历所有结点找到,遍历的时间为 $O(n)$,所以进栈操作的时间复杂度为 $O(n)$;出栈的操作是:删除 first 结点,删除后仍然需要将其改变为循环单链表,所以出栈操作的时间复杂度为 $O(n)$。两种操作的时间复杂度均为 $O(n)$。

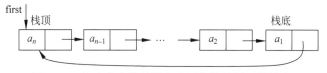

图 3.10 只有表头指针没有表尾指针的循环单链表

考虑选项 C 和 D,由于都是循环双链表,可以通过表头结点直接找到尾结点,在插入和删除后改为循环双链表的时间均为 $O(1)$,所以它们的进栈和出栈操作的时间复杂度都是 $O(1)$。

比较起来,只有表头指针没有表尾指针的循环单链表作为链栈时,进栈和出栈操作的时间性能最差。本题答案为 B。

3.1.4 栈的应用示例

在较复杂的数据处理过程中,通常需要保存多个临时产生的数据,如果先产生的数据后进行处理,那么需要用栈来保存这些数据。本节通过几个经典示例说明栈的应用方法,并且算法中均采用顺序栈,实际上采用链栈完全相同。

【例 3.6】 假设以 I 和 O 分别表示进栈和出栈操作,栈的初态和终态均为空,进栈和出栈的操作序列可表示为仅由 I 和 O 组成的序列。

(1) 下面所示的序列中哪些是合法的?

    A. IOIIOIOO   B. IOOIOIIO   C. IIIOIOIO   D. IIIOOIOO

(2) 通过对(1)的分析,设计一个算法利用链栈的基本运算判定操作序列 str 是否合法。若合法返回 1;否则返回 0。

解 (1) A、D 均合法,而 B、C 不合法。因为在 B 中,先进栈一次,立即出栈两次,这会造成栈下溢。在 C 中共进栈 5 次,出栈 3 次,栈的终态不为空。

归纳起来,一个操作序列是合法的,当且仅当其中所有 I 的个数与 O 的个数相等,而且任何前缀中 I 的个数大于或等于 O 的个数。

(2) 本例用一个顺序栈 st 来判断操作序列是否合法,其中,str 为存放操作序列的字符数组,n 为该数组的元素个数。对应的算法如下。

```
#include "Sqstack.cpp"                    //包含前面的顺序栈基本运算函数
int Judge(char str[], int n)
{   int i; ElemType x;
    SqStack st;                           //定义一个顺序栈 st
    InitStack(st);                        //栈初始化
    for (i=0;i<n;i++)                      //遍历 str 的所有字符
    {   if (str[i]=='I')                  //为'I'时进栈
            Push(st,str[i]);
        else if (str[i]=='O')             //为'O'时出栈
        {   if (!Pop(st,x))               //若栈下溢出,则返回 0
            {   DestroyStack(st);
                return 0;
            }
        }
    }
    if (StackEmpty(st))                   //栈为空时返回1,否则返回 0
    {   DestroyStack(st);
        return 1;
    }
    else
    {   DestroyStack(st);
        return 0;
    }
}
```

说明：本例的另一种解法是用 cnt 累计 I 与 O 的个数差,cnt 从 0 开始,循环遍历 str,遇到 I 增 1,遇到 O 减 1。当 cnt 减 1 后小于 0 时返回 0。循环结束后 cnt 为 0 则返回 1。

【例 3.7】 回文指的是一个字符串从前面读和从后面读都一样,如"abcba"、"123454321"都是回文。设计一个算法利用栈判断一个字符串是否为回文。

解 由于回文是从前到后以及从后到前都是一样的,所以只要将待判断的字符串颠倒,然后与原字符串相比较,就可以决定是否回文了。

将字符串 str 从头到尾的各个字符依次进栈到顺序栈 st 中,由于栈的特点是后进先出,则从栈顶到栈底的各个字符正好与字符串 str 从尾到头的各个字符相同;然后将字符串 str 从头到尾的各个字符,依次与从栈顶到栈底的各个字符相比较,如果两者不相同,则表明 str 不是回文,在相同时继续比较;如果相应字符全部匹配,则说明 str 是回文。对应的算法如下。

```
# include "SqStack.cpp"          //包含前面的顺序栈基本运算函数
int Palindrome(char str[ ],int n)
{   SqStack st;                   //定义一个顺序栈 st
    InitStack(st);                //栈初始化
    int i;
    char ch;
    for (i=0;i<n;i++)             //所有字符依次进栈
        Push(st,str[i]);
    i=0;                          //从头开始遍历 str
    while (!StackEmpty(st))       //栈不空循环
    {   Pop(st,ch);               //出栈元素 ch
        if (ch!=str[i++])         //两字符不相同时返回 0
        {   DestroyStack(st);
            return 0;
        }
    }
    DestroyStack(st);             //销毁栈 st
    return 1;                     //所有相应字符都相同时返回 1
}
```

【例 3.8】 设计一个算法,判断一个可能含有小括号("("与")")、中括号("["与"]")和大括号("{"与"}")的表达式中各类括号是否匹配。若匹配,则返回 1;否则返回 0。

解 设置一个顺序栈 st,定义一个整型 flag 变量(初始为 1)。用 i 扫描表达式 exp,当 $i<n$ 并且 flag=1 时循环：当遇到左括号"("、"["、"{"时,将其进栈;遇到"}"、"]"、")"时,出栈字符 ch,若出栈失败(下溢出)或者 ch 不匹配,则置 flag=0 退出循环,否则直到 exp 扫描完毕为止。若栈空并且 flag 为 1 则返回 1,否则返回 0。

例如,对于表达式"[()]",其括号不匹配,匹配过程如图 3.11(a)所示;对于表达式"[()]",其括号是匹配的,匹配过程如图 3.11(b)所示。

对应的算法如下。

```
# include "SqStack.cpp"          //包含前面的顺序栈基本运算函数
int Match(char exp[ ],int n)     //exp 存放表达式
{   SqStack st;                  //定义一个顺序栈 st
    InitStack(st);               //栈初始化
    int flag=1,i=0;
```

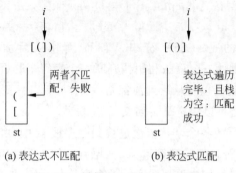

(a) 表达式不匹配　　　(b) 表达式匹配

图 3.11　判断表达式括号是否匹配

```
char ch;
while (i < n && flag==1)                    //遍历表达式 exp
{   switch(exp[i])
    {
    case '(': case '[': case '{':           //各种左括号进栈
        Push(st,exp[i]); break;
    case ')':                               //判断栈顶是否为'('
        if (!Pop(st,ch) || ch!='(')         //出栈操作失败或者不匹配
            flag=0;
        break;
    case ']':                               //判断栈顶是否为'['
        if (!Pop(st,ch) || ch!='[')         //出栈操作失败或者不匹配
            flag=0;
        break;
    case '}':                               //判断栈顶是否为'{'
        if (!Pop(st,ch) || ch!='{')         //出栈操作失败或者不匹配
            flag=0;
        break;
    }
    i++;
}
if (StackEmpty(st) && flag==1)              //栈空且符号匹配则返回1
{   DestroyStack(st);                       //销毁栈 st
    return 1;
}
else
{   DestroyStack(st);                       //销毁栈 st
    return 0;                               //否则返回 0
}
}
```

【例 3.9】　设计一个算法将一个十进制正整数转换为相应的二进制数。

解　将十进制正整数转换成二进制数通常采用除 2 取余数法(称为辗转相除法)。在转换过程中,二进制数是从低位到高位的次序得到的,这和通常的从高位到低位输出二进制的次序相反。为此设计一个栈,用于暂时存放每次得到的余数,当转换过程结束时,退栈所有元素便得到从高位到低位的二进制数。如图 3.12 所示是十进制数 12 转换为二进制数 1100 的过程。

	栈底⇨栈顶
12%2=0，0进栈，12/2=6	0
6%2=0，0进栈，6/2=3	0，0
3%2=1，1进栈，3/2=1	0，0，1
1%2=1，1进栈，1/2=0	0，0，1，1

退栈并输出 ⟶ 转换结果 1100

图 3.12　12 转换为二进制数的过程

对应的算法如下。

```
#include "SqStack.cpp"                    //包含前面的顺序栈基本运算函数
void trans(int d,char b[ ])
//b用于存放d转换成的二进制数的字符串
{   SqStack st;                          //定义一个顺序栈 st
    InitStack(st);                       //栈初始化
    char ch;
    int i=0;
    while (d!=0)
    {   ch='0'+d%2;                       //求余数并转换为字符
        Push(st,ch);                      //字符 ch 进栈
        d/=2;                             //继续求更高位
    }
    while (!StackEmpty(st))
    {   Pop(st,ch);                       //出栈并存放在数组 b 中
        b[i]=ch;
        i++;
    }
    b[i]='\0';                            //加入字符串结束标志
    DestroyStack(st);                     //销毁栈 st
}
```

设计如下主函数。

```
int main()
{   int d;
    char str[MaxSize];
    do                                    //保证输入一个正整数
    {   printf("输入一个正整数:");
        scanf("%d",&d);
    } while (d<0);
    trans(d,str);
    printf("对应的二进制数:%s\n",str);
}
```

本程序的一次执行结果如下。

输入一个正整数:120 ↙
对应的二进制数:1111000

3.2　队　列

3.2.1　队列的基本概念

队列(简称队)也是一种运算受限的线性表,在这种特殊的线性表上,插入限定在表的某一端进行,删除限定在表的另一端进行。队列的插入操作称为**进队**,删除操作称为**出队**。允许插入的一端称为**队尾**,允许删除的一端称为**队头**。新插入的元素只能添加到队尾,被删除的只能是排在队头的元素。

正是这种受限的元素插入和删除运算,使得队列表现出**先进先出**或者**后进后出**的特点。举一个例子进行说明,如图 3.13 所示是顾客①～⑤排队买车票的情况,排队围栏里能容纳若干人,但每次只能容许一个人进出,进入排队队列只能从进口进,某顾客买完车票后只能从出口出。从中看到,顾客进入排队队列的顺序是①～⑤,那么买票并离开队列的顺序也只能是①～⑤。也就是说,顾客进出排队队列的原则是先进去的先出来。

归纳起来,一个队列的示意图如图 3.14 所示。

图 3.13　顾客排队买车票　　　　　　图 3.14　队列的示意图

队列的基本运算如下。

(1) 初始化队列 InitQueue(qu):建立一个空队 qu。

(2) 销毁队 DestroyQueue(qu):释放队列 qu 占用的内存空间。

(3) 进队 EnQueue(qu, x):将 x 插入队列 qu 的队尾。

(4) 出队 DeQueue(qu, x):将队列 qu 的队头元素出队并赋给 x。

(5) 取队头元素 GetHead(qu, x):取出队列 qu 的队头元素并赋给 x,但该元素不出队。

(6) 判断队空 QueueEmpty(qu):判断队列 qu 是否为空。

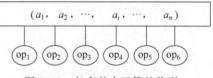

图 3.15　包含基本运算的队列

包含基本运算的队列如图 3.15 所示,其中,op_1～op_6 表示上述 6 个基本运算。

【例 3.10】 以下属于队列的基本运算的是_____。

A. 对队列中的元素排序　　　　　　B. 取出最近进队的元素

C. 在队列中某元素之前插入元素　　D. 删除队头元素

解　删除队头元素即出队,属队列的一种基本运算,其他均不是队列的基本运算。本题答案为 D。

【例 3.11】 设栈 S 和队列 Q 的初始状态均为空,元素 a、b、c、d、e、f、g 依次进入栈 S。

若每个元素出栈后立即进入队列 Q，且 7 个元素出列的顺序是 b、d、c、f、e、a、g，则栈 S 的容量至少是_____。

    A. 1   B. 2   C. 3   D. 4

解 由于队列不改变进、出队元素的次序，即 a_1、a_2、…、a_n 依次进入一个队列，出队序列只有 a_1、a_2、…、a_n 一种，所以本题变为通过一个栈将 a、b、c、d、e、f、g 序列变为 b、d、c、f、e、a、g 序列时栈空间至少多大。其过程如表 3.1 所示，从中可以看到，栈中最多有三个元素，即栈大小至少为 3。本题答案为 C。

表 3.1　由 a、b、c、d、e、f、g 序列通过一个栈得到 b、d、c、f、e、a、g 序列的过程

操　　作	栈 S	出栈序列
a 进栈	a	
b 进栈	ab	
b 出栈	a	b
c 进栈	ac	b
d 进栈	acd	b
d 出栈	ac	bd
c 出栈	a	bdc
e 进栈	ae	bdc
f 进栈	aef	bdc
f 出栈	ae	bdcf
e 出栈	a	bdcfe
a 出栈		bdcfea
g 进栈	g	bdcfea
g 出栈		bdcfeag

3.2.2　队列的顺序存储结构

扫一扫

视频讲解

    与栈类似，队列通常有两种存储结构，即顺序存储结构和链式存储结构。队列的顺序存储结构简称为**顺序队**，它由一个一维数组（用于存储队列中元素）及两个分别指示队头和队尾的变量组成（因为队列不同于栈，栈只要一端发生改变，而队列的两端都可能发生改变），这两个变量分别称为"队头指针"和"队尾指针"。通常约定队尾指针指示队尾元素的当前位置，队头指针指示队头元素的前一个位置。

    顺序队的类型声明如下。

```
#define MaxSize 20                    //指定队列的容量
typedef struct
{   ElemType data[MaxSize];           //保存队元素，假设 ElemType 为 char 类型
    int front,rear;                   //队头和队尾指针
} SqQueue;
```

    顺序队的定义为一个结构类型，该类型变量有三个域：data、front、rear。其中，data 为存储队列中元素的一维数组。队头指针 front 和队尾指针 rear 定义为整型变量，有效的取

值范围均为 0～MaxSize−1。

图 3.16 表示了顺序队列 sq(假设 MaxSize=5)的几种状态。

图 3.16(a)表示队列的初始状态,sq.rear=sq.front=−1。

图 3.16(b)表示元素 a 进队后,sq.rear=0,sq.front=−1。

图 3.16(c)表示元素 b、c、d、e 依次进队后,sq.rear=4,sq.front=−1。

图 3.16(d)表示元素 a、b 出队后,sq.rear=4,sq.front=1。

图 3.16(e)表示元素 c、d、e 出队后,sq.rear=sq.front=4。

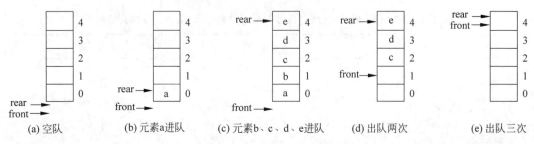

图 3.16　顺序队的几种状态

从图 3.16 中可以看到,在队列刚建立时,先对它进行初始化,令 front=rear=−1。每当进队一个元素时,让队尾指针 rear 增 1,再将新元素放在 rear 所指位置,也就是说元素进队只会引起 rear 的变化,而不会导致 front 的变化,而且 rear 指示刚进队的元素(队尾元素)位置。队头指针 front 则不同,每当出队一个元素时,让队头指针 front 增 1,再把 front 所指位置上的元素取出,也就是说元素出队只会引起 front 的变化,而不会导致 rear 的变化,而且 front 所指示的元素已出队了,它实际指示的是当前队列中队头元素的前一位置。

从图 3.16 中可以看到,图 3.16(a)和图 3.16(e)都是队空的情况,均满足 front==rear的条件,所以可以将 front==rear 作为队空的条件。那么队满的条件如何设置呢?受顺序栈的启发,似乎很容易得到队满的条件为 rear==MaxSize−1。显然这里有问题,因为图 3.16(d)和图 3.16(e)都满足这个"队满"的条件,而实际上队列并没有满,这种因为队满条件设置不合理而导致的"溢出"称为**假溢出**,也就是说这种"溢出"并不是真正的溢出,尽管队满条件成立了,但队列中还有多个存放元素的空位置。

为了能够充分地使用数组中的存储空间,可以把数组的前端和后端连接起来,形成一个环形的表,即把存储队列元素的表从逻辑上看成一个环,这个环形的表叫作**循环队列**或**环形队列**。图 3.17 表示了循环队列 sq 的几种状态。

图 3.17(a)表示队列的初始状态,sq.rear=sq.front=0。

图 3.17(b)表示元素 a 进队后,sq.rear=1,sq.front=0。

图 3.17(c)表示元素 b、c、d、e 依次进队后,sq.rear=0,sq.front=0。

图 3.17(d)表示元素 a、b 出队后,sq.rear=0,sq.front=2。

图 3.17(e)表示元素 c、d、e 出队后,sq.rear=sq.front=0。

循环队列首尾相连,当队头指针 front==MaxSize−1 后,再前进一个位置就自动到 0,这可以利用除法取余的运算(MOD,C/C++语言中运算符为%)来实现。所以队头队尾指针增 1 的操作如下。

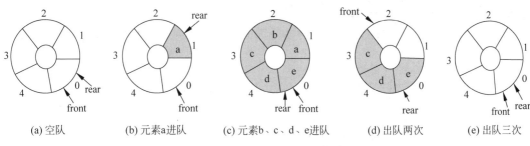

(a) 空队　　　(b) 元素a进队　　(c) 元素b、c、d、e进队　　(d) 出队两次　　　(e) 出队三次

图 3.17　循环队列的几种状态

队头指针进 1：front＝(front＋1) MOD MaxSize

队尾指针进 1：rear＝(rear＋1) MOD MaxSize

循环队列的队头指针和队尾指针初始化时都置为 0：front＝rear＝0。在队尾插入新元素和删除队头元素时，相关指针都循环进 1。当它们进到 MaxSize－1 时，并不表示队空间满了，只要有需要，利用 MOD 运算可以推进到数组的 0 号位置。

如果循环队列读取元素的速度快于存入元素的速度，队头指针会很快追上队尾指针，一旦到达 front＝＝rear 时，则队列变成空队列。反之，如果队列存入元素的速度快于读取元素的速度，队尾指针很快就会赶上队头指针，一旦队列满就不能再加入新元素了。

在循环队列中仍不能区分队空和队满，因为图 3.17(a)、图 3.17(c) 和图 3.17(e) 都满足条件 front＝＝rear，而图 3.17(a) 和图 3.17(e) 为队空，图 3.17(c) 为队满。那么如何解决这一问题呢？仍设置队空条件为 front＝＝rear，将队满条件设置为 (rear＋1) MOD MaxSize＝＝front，也就是说，当 rear 指到 front 的前一位置时就认为队列满了，显然在这样设置的队满条件下，队满条件成立时队中还有一个空闲单元，也就是说这样的队中最多只能进队 MaxSize－1 个元素。

说明：上述设置循环队列队满条件的方法不是最理想的，因为队中最多只能放入 MaxSize－1 个元素，但它是一种最简单的方法，后面例 3.15 就在这个基础上进行了改进，读者可以体会两种方法的差异。

归纳起来，上述设置的循环队列 sq 的 4 个要素如下。

(1) 队空条件：sq. front＝＝sq. rear。

(2) 队满条件：(sq. rear＋1)％MaxSize＝＝sq. front。

(3) 进队操作：sq. rear 循环进 1；元素进队。

(4) 出队操作：sq. front 循环进 1；元素出队。

循环队列的基本运算算法如下。

1. 初始化队列运算算法

其主要操作是：设置 sq. front＝sq. rear＝0。对应的算法如下。

```
void InitQueue(SqQueue &sq)              //sq 为引用型参数
{
    sq. rear＝sq. front＝0;               //指针初始化
}
```

扫一扫

视频讲解

2. 销毁队列运算算法

这里顺序队的内存空间是由系统自动分配的,在不再需要时由系统自动释放其空间。对应的算法如下。

```
void DestroyQueue(SqQueue sq)
{ }
```

3. 进队运算算法

其主要操作是:先判断队列是否已满,若不满,让队尾指针循环进1,在该位置存放 x。对应的算法如下。

```
int EnQueue(SqQueue &sq,ElemType x)
{    if ((sq.rear+1) % MaxSize==sq.front)      //队满上溢出
         return 0;
     sq.rear=(sq.rear+1) % MaxSize;             //队尾循环进1
     sq.data[sq.rear]=x;
     return 1;
}
```

4. 出队运算算法

其主要操作是:先判断队列是否已空,若不空,让队头指针循环进1,将该位置的元素值赋给 x。对应的算法如下。

```
int DeQueue(SqQueue &sq,ElemType &x)        //x为引用型参数
{    if (sq.rear==sq.front)                  //队空下溢出
         return 0;
     sq.front=(sq.front+1) % MaxSize;        //队头循环进1
     x=sq.data[sq.front];
     return 1;
}
```

5. 取队头元素运算算法

其主要操作是:先判断队列是否已空,若不空,将队头指针前一个位置的元素值赋给 x。对应的算法如下。

```
int GetHead(SqQueue sq,ElemType &x)          //x为引用型参数
{    if (sq.rear==sq.front)                  //队空下溢出
         return 0;
     x=sq.data[(sq.front+1) % MaxSize];
     return 1;
}
```

6. 判断队空运算算法

其主要操作是:若队列为空,则返回1,否则返回0。对应的算法如下。

```
int QueueEmpty(SqQueue sq)
{    if (sq.rear==sq.front) return 1;
     else return 0;
}
```

提示：将顺序队类型声明及其基本运算函数存放在 SqQueue.cpp 文件中。

当顺序队的基本运算函数设计好后,给出以下程序调用这些基本运算函数,读者可以对照程序执行结果进行分析,进一步体会顺序队的各种运算的实现过程。

```
# include "SqQueue.cpp"          //包含前面的顺序队基本运算函数
int main()
{   SqQueue sq;                   //定义一个顺序队 sq
    ElemType e;
    printf("初始化队列\n");
    InitQueue(sq);
    printf("队%s\n",(QueueEmpty(sq)==1?"空":"不空"));
    printf("a 进队\n");EnQueue(sq,'a');
    printf("b 进队\n");EnQueue(sq,'b');
    printf("c 进队\n");EnQueue(sq,'c');
    printf("d 进队\n");EnQueue(sq,'d');
    printf("队%s\n",(QueueEmpty(sq)==1?"空":"不空"));
    GetHead(sq,e);
    printf("队头元素:%c\n",e);
    printf("出队次序:");
    while (!QueueEmpty(sq))        //队不空循环
    {   DeQueue(sq,e);            //出队元素 e
        printf("%c ",e);          //输出元素 e
    }
    printf("\n");
    DestroyQueue(sq);             //销毁顺序队 sq
}
```

上述程序的执行结果如图 3.18 所示。

说明：顺序队有循环队列和非循环队列两种,前者把存储队列元素的表从逻辑上看成一个环,从而新进队的元素可以覆盖已出队元素的空间,提高存储空间利用率。但有些情况下要利用所有进队的元素求解时,只能采用非循环队列。

【例 3.12】 若用一个大小为 6 的数组来实现循环队列,队头指针 front 指向队列中队头元素的前一个位置,队尾指针 rear 指向队尾元素的位置。若当前 rear 和 front 的值分别为 0 和 3,当从队列中删除一个元素,再加入两个元素后,rear 和 front 的值分别为_____。

| 初始化队列 |
| 队空 |
| a进队 |
| b进队 |
| c进队 |
| d进队 |
| 队不空 |
| 队头元素:a |
| 出队次序:a b c d |

图 3.18　程序的执行结果

视频讲解

A. 1 和 5　　　　　　B. 2 和 4　　　　　　C. 4 和 2　　　　　　D. 5 和 1

解 当前有 rear=0,进队两个元素后,rear 循环递增 2,rear=2；当前有 front=3,出队一个元素后,front 循环递增 1,front=4。本题答案为 B。

【例 3.13】 对于循环队列,写出求队列中元素个数的公式,并编写相应的算法。

解 循环队列中队头、队尾指针变化主要有如图 3.19 所示的两种情况,归纳起来,循环队列元素个数的计算公式如下。

$$(rear-front+MaxSize)\%MaxSize$$

对应的算法如下。

```
int Count(SqQueue sq)
```

```
{
    return (sq.rear－sq.front＋MaxSize) % MaxSize;
}
```

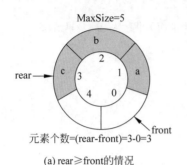

元素个数=(rear-front)=3-0=3

(a) rear≥front的情况

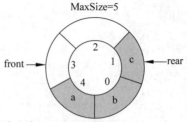

元素个数=(rear-front+MaxSize) % MaxSize=3 % 5=3

(b) rear＜front的情况

图 3.19　求循环队中元素个数的两种情况

【例 3.14】　已知循环队列存储在一维数组 $A[0..n-1]$ 中,且队列非空时 front 和 rear 分别指向队头元素和队尾元素。若初始时队列空,且要求第一个进入队列的元素存储在 $A[0]$ 处,则初始时 front 和 rear 的值分别是_____。

　　A. 0,0　　　　　　B. 0,$n-1$　　　　　　C. $n-1$,0　　　　　　D. $n-1$,$n-1$

解　在循环队列中,进队操作是队尾指针 rear 循环加1,再在该处放置进队的元素,本题要求第一个进入队列的元素存储在 $A[0]$ 处,则 rear 应为 $n-1$,因为这样有(rear+1)％$n=$ 0。而队头指针 front 指向队头元素,此时队头位置为0,所以 front 的初值为0。本题答案为 B。

提示:在一般的数据结构教科书中,循环队列的队头指针 front 设计为指向队列中队头元素的前一个位置,而队尾指针 rear 指向队尾元素的位置,本题的 front 和 rear 有所不同。

【例 3.15】　如果用一个大小为 MaxSize 的数组表示环形队列,该队列只有一个队头指针 front,不设队尾指针 rear,而改置一个计数器 count,用以记录队列中的元素个数。

(1) 队列中最多能容纳多少个元素?

(2) 设计实现队列基本运算的算法。

解　依题意,设计队列的类型如下。

```
typedef struct
{    ElemType data[MaxSize];                //存放队列中的元素
     int front;                            //队头指针
     int count;                            //队列中元素个数
} SQueue;
```

(1) 队列中最多可容纳 MaxSize 个元素,因为这里不需要空出一个位置以区分队列空和队列满的情况。

(2) 队列 sq 为空的条件是:sq.count == 0;队列为满的条件是:sq.count == MaxSize。在队头指针 sq.front 和队中元素个数 sq.count 已知时,计算队尾元素的位置的公式是:

$$队尾元素位置=(sq.front+sq.count)％MaxSize$$

在这种队列上实现队列的基本运算算法如下。

```
//—————队初始化算法—————
void InitQueue(SQueue &qu)
{   qu.front=qu.count=0; }
//—————销毁队列算法—————
void DestroyQueue(SQueue sq)
{ }
//—————元素进队算法—————
int EnQueue(SQueue &sq,ElemType x)
{   if (sq.count==MaxSize) return 0;                    //队满
    sq.count++;                                          //队中元素个数增1
    sq.data[(sq.front+sq.count)%MaxSize]=x;
    return 1;
}
//—————出队元素算法—————
int DeQueue(SQueue &sq,ElemType &x)
{   if (sq.count==0) return 0;                           //队空
    sq.count--;                                          //队中元素个数减1
    sq.front=(sq.front+1)%MaxSize;
    x=sq.data[sq.front];
    return 1;
}
//—————取队头元素算法—————
int GetHead(SQueue sq,ElemType &x)
{   if (sq.count==0) return 0;                           //队空
    x=sq.data[(sq.front+1)%MaxSize];
    return 1;
}

//—————判队空算法—————
int QueueEmpty(SQueue sq)
{   if (sq.count==0) return 1;                           //队空返回1
    else return 0;                                       //队不空返回0
}
```

3.2.3 队列的链式存储结构

队列的链式存储结构简称为**链队**,它实际上是一个同时带有队头指针 front 和队尾指针 rear 的单链表。队头指针指向队头结点,队尾指针指向队尾结点即单链表的最后一个结点,并将队头和队尾指针结合起来构成链队结点,如图 3.20 所示。

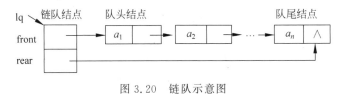

图 3.20   链队示意图

其中,链队的数据结点类型声明如下。

```
typedef struct QNode
{   ElemType data;                                       //存放队中元素
    struct QNode * next;                                 //指向下一个结点的指针
} QType;                                                 //链队中数据结点的类型
```

链队结点的类型声明如下。

```
typedef struct qptr
{    QType * front;                              //队头指针
     QType * rear;                               //队尾指针
} LinkQueue;                                     //链队结点类型
```

在这样的链队中,队空的条件是 lq−> front＝＝NULL 或 lq−> rear＝＝NULL(这里采用 lq−> front＝＝NULL 的队空条件)。一般情况下,链队是不会出现队满的情况的。归纳起来,链队 lq 的 4 个要素如下。

(1) 队空条件:lq−> front＝＝NULL。

(2) 队满条件:不考虑(因为每个结点是动态分配的)。

(3) 进队操作:创建结点 p,将其插入队尾,并由 lq−> rear 指向它。

(4) 出队操作:删除队头结点。

在链队上实现队列基本运算算法如下。

1. 初始化队列运算算法

其主要操作是:创建链队结点,并置该结点的 rear 和 front 均为 NULL。对应的算法如下。

```
void InitQueue(LinkQueue * &lq)                  //lq 为引用型参数
{    lq＝(LinkQueue * )malloc(sizeof(LinkQueue));
     lq−> rear＝lq−> front＝NULL;                  //初始时队头和队尾指针均为空
}
```

2. 销毁队列运算算法

链队的所有结点空间都是通过 malloc 函数分配的,在不再需要时需通过 free 函数释放所有结点的空间。在销毁队列 lq 时,先像释放单链表一样释放队中所有数据结点,然后释放链队结点 lq。对应的算法如下。

```
void DestroyQueue(LinkQueue * &lq)
{    QType * pre＝lq−> front, * p;
     if (pre!＝NULL)                              //非队空的情况
     {    if (pre＝＝lq−> rear)                     //只有一个数据结点的情况
               free(pre);                         //释放 pre 结点
          else                                    //有两个或多个数据结点的情况
          {    p＝pre−> next;
               while (p!＝NULL)
               {    free(pre);                    //释放 pre 结点
                    pre＝p; p＝p−> next;            //pre、p 同步后移
               }
               free(pre);                         //释放尾结点
          }
     }
     free(lq);                                    //释放链队结点
}
```

3. 进队运算算法

其主要操作是:创建一个新结点 s,将其链接到链队的末尾,并由 rear 指向它。对应的

算法如下。

```
int EnQueue(LinkQueue * &lq, ElemType x)      //lq 为引用型参数
{   QType * s;
    s=(QType * )malloc(sizeof(QType));        //创建新结点 s,插入链队的末尾
    s->data=x;s->next=NULL;
    if (lq->front==NULL)                      //原队为空队的情况
        lq->rear=lq->front=s;                 //front 和 rear 均指向 s 结点
    else                                      //原队不为队空的情况
    {   lq->rear->next=s;                     //将结点 s 链到队尾
        lq->rear=s;                           //rear 指向它
    }
    return 1;
}
```

4. 出队运算算法

其主要操作是：将 front 指向结点的 data 域值赋给 x,并删除该结点。对应的算法如下。

```
int DeQueue(LinkQueue * &lq, ElemType &x)     //lq,x 均为引用型参数
{   QType * p;
    if (lq->front==NULL)                      //原队为空队的情况
        return 0;
    p=lq->front;                              //p 指向队头结点
    x=p->data;                                //取队头元素值
    if (lq->rear==lq->front)                  //若原队列中只有一个结点,删除后队列变空
        lq->rear=lq->front=NULL;
    else                                      //原队有两个或以上结点的情况
        lq->front=lq->front->next;
    free(p);
    return 1;
}
```

5. 取队头元素运算算法

其主要操作是：将 front 指向结点的 data 域值赋给 x。对应的算法如下。

```
int GetHead(LinkQueue * lq, ElemType &x)      //x 为引用型参数
{   if (lq->front==NULL)                      //原队为队空的情况
        return 0;
    x=lq->front->data;
    return 1;
}
```

6. 判断队空运算算法

其主要操作是：若链队为空,则返回 1;否则返回 0。对应的算法如下。

```
int QueueEmpty(LinkQueue * lq)
{   if (lq->front==NULL) return 1;            //队空返回 1
    else return 0;                            //队不空返回 0
}
```

提示：将链队结点类型声明及其基本运算函数存放在 LinkQueue.cpp 文件中。

当链队的基本运算函数设计好后,给出以下程序调用这些基本运算函数,读者可以对照程序执行结果进行分析,进一步体会链队的各种运算的实现过程。

```
#include "LinkQueue.cpp"              //包含前面的链队基本运算函数
int main()
{   LinkQueue * lq;                   //定义一个链队 lq
    ElemType e;
    printf("初始化队列\n");
    InitQueue(lq);
    printf("队%s\n",(QueueEmpty(lq)==1?"空":"不空"));
    printf("a 进队\n");EnQueue(lq,'a');
    printf("b 进队\n");EnQueue(lq,'b');
    printf("c 进队\n");EnQueue(lq,'c');
    printf("d 进队\n");EnQueue(lq,'d');
    printf("队%s\n",(QueueEmpty(lq)==1?"空":"不空"));
    GetHead(lq,e);
    printf("队头元素:%c\n",e);
    printf("出队次序:");
    while (!QueueEmpty(lq))           //队不空循环
    {   DeQueue(lq,e);               //出队元素 e
        printf("%c ",e);            //输出元素 e
    }
    printf("\n");
    DestroyQueue(lq);
}
```

上述程序的执行结果如图 3.18 所示。

【例 3.16】 若使用不带头结点的循环链表来表示队列,lq 是这样的链表中尾结点指针,如图 3.21 所示。试基于此结构给出队列的相关运算算法。

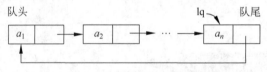

图 3.21 用循环单链表表示链队

解 这里使用的循环链表不带头结点,lq 始终指向队尾结点,lq->next 即为队头结点。当 lq==NULL 时队列为空,lq->next==lq 表示队列中只有一个结点。队列的相关运算算法如下。

```
typedef struct node
{   ElemType data;                   //数据域
    struct node * next;              //指针域
} QNode;                             //链队中数据结点类型

//————初始化队列运算算法————
void InitQueue(QNode * &lq)
{   lq=NULL; }

//—————销毁链队————
void DestroyQueue(QNode * &lq)
{   QNode * pre, * p;
```

```
        if (lq!=NULL)
        {   if (lq-> next==lq)                   //原队中只有一个结点
                free(lq);
            else                                 //原队中有两个或以上的结点
            {   pre=lq;
                p=pre-> next;
                while (p!=lq)
                {   free(pre);
                    pre=p;
                    p=p-> next;                  //pre 和 p 同步后移
                }
                free(pre);                       //释放最后一个结点
            }
        }
}

//－－－－进队运算算法－－－－
void EnQueue(QNode * &lq, ElemType x)
{   QNode * s;
    s=(QNode * )malloc(sizeof(QNode));
    s-> data=x;                                  //创建存放 x 的结点 s
    if (lq==NULL)                                //原队为队空的情况
    {   lq=s;
        lq-> next=lq;                            //构成循环单链表
    }
    else                                         //原队不空,结点 s 插到队尾,并由 lq 指向它
    {   s-> next=lq-> next;
        lq-> next=s;
        lq=s;                                    //lq 指向结点 s
    }
}

//－－－－－出队运算算法－－－－－
int DeQueue(QNode * &lq, ElemType &x)
{   QNode * s;
    if (lq==NULL) return 0;                      //原队为队空的情况
    if (lq-> next==lq)                           //原队只有一个结点
    {   x=lq-> data;
        free(lq);
        lq=NULL;
    }
    else                                         //原队有两个或以上的结点,删除队头结点
    {   s=lq-> next;                             //将结点 lq 之后的结点 s 删除
        x=s-> data;
        lq-> next=s-> next;
        free(s);
    }
    return 1;
}

//－－－－－取队头元素运算算法－－－－
int GetHead(QNode * lq, ElemType &x)
{   if (lq==NULL) return 0;                      //原队为队空的情况
    x=lq-> next-> data;
```

```
        return 1;
    }

//————判断队空运算算法————
int QueueEmpty(QNode * lq)
{   if (lq==NULL) return 1;                    //队空返回 1
    else return 0;                             //队不空返回 0
}
```

【例 3.17】 以下各种不带头结点的链表中最不适合用作链队的是_____。

A. 只带队首指针的非循环双链表　　　B. 只带队首指针的循环双链表

C. 只带队尾指针的循环双链表　　　　D. 只带队尾指针的循环单链表

解 队列最基本的运算是进队和出队。链队的队头和队尾分别在链表的前、后端,即进队在链尾进行,出队在链首进行。

对于选项 A 的只带队首指针的非循环双链表,在末尾插入一个结点(进队)的时间复杂度为 $O(n)$,其他选项的链表完成同样操作的时间复杂度均为 $O(1)$,所以相比较而言,选项 A 的存储结构最不适合用作链队。本题答案为 A。

3.2.4　队列的应用示例

在较复杂的数据处理过程中,通常需要保存多个临时产生的数据,如果先产生的数据先进行处理,那么需要用队列来保存这些数据。下面通过一个典型示例说明队列的应用。

【例 3.18】 设计一个程序,反映病人到医院看病、排队看医生的过程。

解 (1) 设计存储结构。

病人排队看医生采用先到先看的方式,所以要用到一个队列。由于病人人数具有较大的不确定性,这里采用一个带头结点的单链表作为队列的存储结构。为了简单,病人通过其姓名来唯一标识。例如,有 Smith、John 和 Mary 三个病人依次排队的病人队列如图 3.22所示。

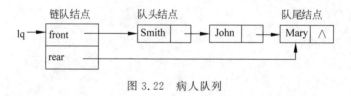

图 3.22　病人队列

病人链队结点类型如下。

```
typedef struct
{   QType * front;                             //指向队头病人结点
    QType * rear;                              //指向队尾病人结点
} LQueue;                                      //病人链队类型
```

病人链队中的结点类型如下。

```
typedef struct Lnode
{   char data[10];                             //存放患者姓名
    struct Lnode * next;                       //指针域
} QType;                                       //链队中结点类型
```

（2）设计运算算法。

在病人队列设计好后,设计相关的基本运算算法,如队列初始化、进队和出队等,这些算法如下。

```
//————初始化队列运算算法———
void InitQueue(LQueue * &lq)
{   lq=(LQueue *)malloc(sizeof(LQueue));
    lq->rear=lq->front=NULL;              //初始时队头和队尾指针均为空
}


//————销毁链队————
void DestroyQueue(LQueue * &lq)
{   QType * pre=lq->front, * p;
    if (pre!=NULL)                        //非队空的情况
    {   if (pre==lq->rear)                //只有一个数据结点的情况
            free(pre);                    //释放 pre 结点
        else                              //有两个或多个数据结点的情况
        {   p=pre->next;
            while (p!=NULL)
            {   free(pre);                //释放 pre 结点
                pre=p; p=p->next;         //pre、p 同步后移
            }
        }
        free(pre);                        //释放尾结点
    }
    free(lq);                             //释放链队结点
}


//————进队运算算法————
void EnQueue(LQueue * &lq, char x[])
{   QType * s;
    s=(QType *)malloc(sizeof(QType));      //创建新结点,插入链队的末尾
    strcpy(s->data, x); s->next=NULL;
    if (lq->front==NULL)                   //原队为队空的情况
        lq->rear=lq->front=s;              //front 和 rear 均指向 s 结点
    else                                   //原队不为队空的情况
    {   lq->rear->next=s;                  //将结点 s 链到队尾
        lq->rear=s;                        //rear 指向结点 s
    }
}


//————出队运算算法————
int DeQueue(LQueue * &lq, char x[])
{   QType * p;
    if (lq->front==NULL)                   //原队为队空的情况
        return 0;
    p=lq->front;                           //p 指向队头结点
    strcpy(x, p->data);                    //取队头元素值
    if (lq->rear==lq->front)               //若原队列中只有一个结点,删除后队列变空
        lq->rear=lq->front=NULL;
    else                                   //原队有两个或以上结点的情况
        lq->front=lq->front->next;
    free(p);
    return 1;
}
```

```
    }

//－－－－判断队空运算算法－－－－
int QueueEmpty(LQueue * lq)
{    if (lq－>front==NULL) return 1;           //队空返回 1
    else return 0;                            //队不空返回 0
}

//－－－－输出队中所有元素的算法－－－－
int DispQueue(LQueue * lq)
{    QType * p;
    if (QueueEmpty(lq)) return 0;             //队空返回 0
    else
    {    p=lq－>front;
        while (p!=NULL)
        {    printf("%s ",p－>data);
            p=p－>next;
        }
        printf("\n");
        return 1;                             //队不空返回 1
    }
}
```

（3）设计主函数。

然后设计如下主函数通过简单的提示性菜单方式来操作各个功能。

```
int main()
{    int sel,flag=1;
    char name[10];
    LQueue * lq;                              //定义一个病人队列
    InitQueue(lq);                            //初始化病人队列
    while (flag==1)                           //未下班时循环执行
    {    printf("1:排队 2:看医生 3:查看排队 0:下班 请选择:");
        scanf("%d",&sel);                     //选择一项操作
        switch(sel)
        {
        case 0:                               //医生下班
            if (!QueueEmpty(lq))
                printf("  >>请排队的患者明天就医\n");
            DestroyQueue(lq);
            flag=0;
            break;
        case 1:                               //一个病人排队
            printf("  >>输入患者姓名:");
            scanf("%s",name);
            EnQueue(lq,name);
            break;
        case 2:                               //一个病人看医生
            if (!DeQueue(lq,name))
                printf("  >>没有排队的患者\n");
            else
                printf("  >>患者%s 看医生\n",name);
            break;
        case 3:                               //查看目前病人排队情况
            printf("  >>排队患者:");
            if (!DispQueue(lq))
```

```
            printf("   >>没有排队的患者\n");
            break;
        }
    }
}
```

（4）执行结果。

本程序的一次执行结果如图 3.23 所示。

```
1:排队 2:看医生 3:查看排队 0:下班   请选择:1↙
    >>输入患者姓名:Smith↙
1:排队 2:看医生 3:查看排队 0:下班   请选择:1↙
    >>输入患者姓名:John↙
1:排队 2:看医生 3:查看排队 0:下班   请选择:3↙
    >>排队患者: Smith John
1:排队 2:看医生 3:查看排队 0:下班   请选择:1↙
    >>输入患者姓名:Mary↙
1:排队 2:看医生 3:查看排队 0:下班   请选择:2↙
    >>患者Smith看医生
1:排队 2:看医生 3:查看排队 0:下班   请选择:2↙
    >>患者John看医生
1:排队 2:看医生 3:查看排队 0:下班   请选择:0↙
    >>请排队的患者明天就医
```

图 3.23　看病程序的一次执行结果

小　　结

（1）栈和队列的共同点是，它们的数据元素都呈线性关系，且只允许在端点处插入和删除元素。

（2）栈是一种"后进先出"或者"先进后出"的数据结构，只能在一端进行元素的插入和删除。

（3）栈可以采用顺序栈和链栈两类存储结构。

（4）n 个不同元素的进栈顺序和出栈顺序不一定相同。

（5）在顺序栈中，通常用栈顶指针指向栈顶元素，栈顶指针类型为 int 类型。

（6）在顺序栈中，进栈和出栈操作仅改变栈顶元素不涉及栈中其他元素的移动。

（7）无论是顺序栈还是链栈，进栈和出栈运算的时间复杂度均为 $O(1)$。

（8）队列是一种"先进先出"或者"后进先出"的数据结构，只能从一端插入元素，另一端删除元素。

（9）队列可以采用顺序队和链队两类存储结构。

（10）n 个元素进队的顺序和出队顺序总是一致的。

（11）顺序队中的元素个数可以由队头指针和队尾指针计算出来。

（12）循环队列也是一种顺序队，是通过逻辑方法使其首尾相连，解决非循环队列的假溢出现象。

（13）无论是顺序队还是链队，进队和出队运算的时间复杂度均为 $O(1)$。

（14）在算法设计中通常用栈或者队列保存临时数据,如果先保存的元素先处理,采用队列；如果后保存的元素先处理,采用栈。

练 习 题

扫一扫

练习题

扫一扫

自测题

上机实验题

扫一扫

上机实验题

华为的专利

专利的质量与数量是企业创新能力和核心竞争能力的体现。据国家知识产权局知识产权发展研究中心公布的数据显示,在当前全球声明的 21 万余件 5G 标准专利中,中国声明的专利占比近 40％,排名世界第一,其中华为公司 5G 标准专利族 6500 余项,占比 14％,位居全球首位。在全球申请专利的约 3.8 万项 6G 技术中,中国以 35％的占有率居首位,而其中大部分专利都是华为申请的。

第 **4** 章　　串

字符串简称为串,串的处理在计算机非数值计算中占有重要的地位,如信息检索系统、文字编辑等都是以字符串数据作为处理对象。本章介绍串的概念、存储结构和基本运算的实现算法。

4.1 串的基本概念

本节讨论串的定义、逻辑结构、各种存储方式及其基本操作的实现。

扫一扫

视频讲解

4.1.1 串的定义

串是由零个或多个字符组成的有限序列,一般记为:str$="a_1a_2\cdots a_n"(n\geq 0)$,其中,str是串名,用双引号括起来的字符序列是串的值;$a_i(1\leq i\leq n)$可以是字母、数字或其他字符,该字符的逻辑序号为i。串中的字符个数n称为**串的长度**。长度为零的串称为**空串**,它不含任何字符。

说明:串可以看成是一个特殊的线性表,其特殊性体现在串中元素只能是字符,而线性表中的元素可以是用户指定的任何类型。

串中任意个连续的字符组成的子序列称为该串的**子串**,空串是任何串的子串,例如,串"abc"的子串有""、"a"、"b"、"c"、"ab"、"bc"和"abc"。子串在主串中的位置是以子串的第一个字符在主串中的位置来表示的。

两个串相等当且仅当它们的长度相等且对应位置上的字符相同。

【例 4.1】 若串$s="\text{software}"$,其子串的个数是_____。

A. 8   B. 37   C. 36   D. 9

解 s的长度为8,其中所有字符均不相同。从中看到,长度为1的子串有8个,长度为2的子串有7个,……,长度为7的子串有2个,长度为8的子串有1个,还有一个空子串。所以总的子串个数$=8+7+\cdots+2+1+1=(8+1)\times 8/2+1=37$个。本题答案为B。

4.1.2 串的基本运算

串的基本运算如下。

(1) 串赋值 Assign(s,str):将一个常字符串 str 赋给串s。

(2) 销毁串 DestroyStr(s):释放串s占用的内存空间。

(3) 串复制 StrCopy(s,t):将一个串t赋给串s。

(4) 求串长 StrLength(s):返回串s的长度。

(5) 判断串相等 StrEqual(s,t):两个串s和t相等时返回1;否则返回0。

(6) 串连接 Concat(s,t):返回串s和串t连接的结果串。

(7) 求子串 SubStr(s,i,j):返回串s的第i个位置开始的j个字符组成的串。

(8) 查找子串位置即串匹配 Index(s,t):返回子串t在主串s中的位置。

(9) 子串插入 InsStr(s,i,t):将子串t插入串s的第i个位置。

(10) 子串删除 DelStr(s,i,j):删除串s中从第i个位置开始的j个字符。

(11) 子串替换 RepStrAll(s,$s1$,$s2$):返回串s中所有出现的子串$s1$均替换成$s2$后得到的串。

(12) 输出串 DispStr(s):显示串s的所有字符。

包含基本运算的串如图 4.1 所示,其中,op$_1\sim$op$_{12}$表示上述 12 个基本运算。

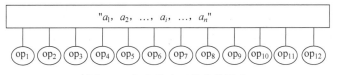

图 4.1　包含基本运算的线性表

4.2　串的顺序存储结构

扫一扫

视频讲解

和线性表一样,串的存储结构主要分为顺序存储结构和链式存储结构两类,前者简称为**顺序串**,本节主要介绍顺序串及串基本运算在顺序串上实现的算法。

4.2.1　顺序串的定义

顺序串和顺序表相似,只不过它的每个元素仅由一个字符组成,因此顺序串的类型声明如下。

```
#define MaxSize 100                        //串中最多字符个数
typedef struct
{   char data[MaxSize];                    //存放串字符
    int length;                            //存放串的实际长度
} SqString;                                //顺序串类型
```

其中,data 域用来存储字符串,length 域用来存储字符串的实际长度,MaxSize 常量表示允许所存储字符串的最大长度。

4.2.2　串基本运算在顺序串上的实现

在顺序串上实现串的基本运算算法如下。

1. 串赋值运算算法

在 C/C++语言中采用字符数组方式存储串,并以空格符'\0'标识串结束。如图 4.2 所示是"abcdefgh"的存储形式。

图 4.2　顺序串"abcdefgh"的存储形式

本算法是将一个 C/C++的字符数组 str 赋给顺序串 s。对应的算法如下。

```
void Assign(SqString &s, char str[])
{   int i=0;
    while (str[i]!='\0')                   //遍历 str 的所有字符
    {   s.data[i]=str[i];
        i++;
    }
    s.length=i;
}
```

例如,将"abcd"赋值给顺序串 s 的结果如图 4.3 所示。

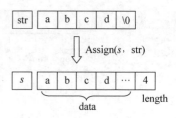

图 4.3 串赋值过程

2. 销毁串运算算法

这里顺序串 s 的内存空间是由系统自动分配的,在不再
需要时由系统自动释放其空间。所以对应的函数不含任何
语句。对应的算法如下。

```
void DestroyStr(SqString s)
{ }
```

3. 串复制运算算法

将一个串 t 赋给串 s,对应的算法如下。

```
void StrCopy(SqString &s, SqString t)
{   int i;
    for (i=0;i<t.length;i++)
        s.data[i]=t.data[i];
    s.length=t.length;
}
```

4. 求串长运算算法

返回串 s 的长度,即该串中包含的字符个数。对应的算法如下。

```
int StrLength(SqString s)
{
    return(s.length);
}
```

5. 判断串相等运算算法

串相等是指两个串的长度及对应位置的字符完全相同。两个串 s 和 t 相等时返回 1;
否则返回 0。对应的算法如下。

```
int StrEqual(SqString s, SqString t)
{   int i=0;
    if (s.length!=t.length)          //串长不同时返回 0
        return(0);
    else
    {   for (i=0;i<s.length;i++)
        {   if (s.data[i]!=t.data[i])    //有一个对应字符不同时返回 0
                return 0;
        }
        return 1;
    }
}
```

6. 串连接运算算法

将串 t 连接到串 s 之后,然后返回连接后的结果串。对应的算法如下。

```
SqString Concat(SqString s, SqString t)
{   SqString r;
```

```
    int i,j;
    for (i=0;i<s.length;i++)                    //将 s 复制到 r
        r.data[i]=s.data[i];
    for (j=0;j<t.length;j++)                    //将 t 复制到 r
        r.data[s.length+j]=t.data[j];
    r.length=i+j;
    return r;                                    //返回 r
}
```

例如,将 s 和 t 两个串连接产生串 r 的结果如图 4.4 所示。

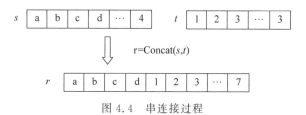

图 4.4　串连接过程

7. 求子串运算算法

返回串 s 的第 i 个位置开始的 j 个字符组成的子串,当参数错误时返回一个空串。对应的算法如下。

```
SqString SubStr(SqString s,int i,int j)
{   SqString t;
    int k;
    if (i<1 || i>s.length || j<1 || i+j>s.length+1)
        t.length=0;                              //参数错误时返回空串
    else
    {   for (k=i-1;k<i+j-1;k++)
            t.data[k-i+1]=s.data[k];
        t.length=j;
    }
    return t;
}
```

例如,求串 s 的一个子串 t 的结果如图 4.5 所示。

8. 查找子串位置运算算法

返回串 t 在串 s 中的位置。若串 t 不是串 s 的子串则返回 0,否则返回串 t 的第一个字符在串 s 中的逻辑序号。查找子串位置运算称为模式匹配,一般将主串称为目标串,将子串称为模式串。对应的算法如下。

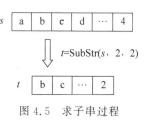

图 4.5　求子串过程

```
int Index(SqString s,SqString t)
{   int i=0,j=0;                                //i 和 j 分别扫描主串 s 和子串 t
    while (i<s.length && j<t.length)            //两个串都没有扫描完
    {   if (s.data[i]==t.data[j])               //对应字符相同时,继续比较下一对字符
        {   i++;                                //继续后面两个字符的比较
            j++;
        }
        else                                    //否则,主串指针回溯重新开始下一次匹配
```

```
        {   i=i−j+1;                    //i回退到原i的下一个位置
            j=0;                        //j从t的第一个字符开始
        }
    }
    if (j>=t.length)                    //t的字符扫描完,表示t是s的子串
        return i−t.length+1;            //返回t的第一个字符在s中的位置
    else
        return 0;                       //返回0
}
```

例如,求子串 *t* 在主串 *s* 中的位置的结果如图 4.6 所示。

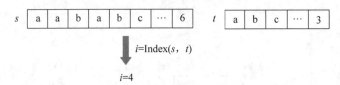

图 4.6　求子串位置过程

9. 子串插入运算算法

将串 *t* 插入串 *s* 的第 *i* 个位置,当参数错误或者空间满时返回 0,成功插入时返回 1。对应的算法如下。

```
int InsStr(SqString &s, int i, SqString t)
{   int j;
    if (i<1 || i>s.length+1 || s.(ength==MaxSize))
        return 0;                       //位置参数错误返回0
    else
    {   for (j=s.length−1;j>=i−1;j−−)   //将s.data[i−1..s.length−1]
            s.data[j+t.length]=s.data[j];  //后移t.length个位置
        for (j=0;j<t.length;j++)        //插入子串t
            s.data[i+j−1]=t.data[j];
        s.length=s.length+t.length;     //修改s串长度
        return 1;                       //成功插入返回1
    }
}
```

例如,在主串 *s* 中插入子串 *t* 的结果如图 4.7 所示。

10. 子串删除运算算法

删除串 *s* 中从第 *i* 个位置开始的 *j* 个字符,当参数错误时返回 0,成功删除时返回 1。对应的算法如下。

```
int DelStr(SqString &s, int i, int j)
{   int k;
    if (i<1 || i>s.length || j<1 || i+j>s.length+1)
        return 0;                       //位置参数值错误
    else
    {   for (k=i+j−1;k<s.length;k++)    //将s的第i+j位置之后的字符前移j位
            s.data[k−j]=s.data[k];
        s.length=s.length−j;            //修改s的长度
        return 1;                       //成功删除返回1
```

```
        }
}
```

例如,从主串 s 中删除一个子串的结果如图4.8所示。

图 4.7　在主串中插入子串的过程　　　　图 4.8　子串删除过程

11. 子串替换运算算法

将串 s 中所有出现的子串 $s1$ 均替换成 $s2$,当 s 中没有子串 $s1$ 时返回 s;否则返回替换后的结果串。对应的算法如下。

```
SqString RepStrAll(SqString s,SqString s1,SqString s2)
{   int i;
    i=Index(s,s1);
    while (i>0)
    {   DelStr(s,i,s1.length);          //从 s 中删除子串 s1
        InsStr(s,i,s2);                 //在 s 中插入子串 s2
        i=Index(s,s1);
    }
    return s;
}
```

例如,将主串 s 中所有子串 $s1$ 替换成子串 $s2$ 的结果如图4.9所示。

12. 输出串运算算法

输出顺序串 s 的所有字符,对应的算法如下。

```
void DispStr(SqString s)
{   int i;
    for (i=0;i<s.length;i++)
        printf("%c",s.data[i]);
    printf("\n");
}
```

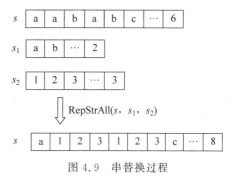

图 4.9　串替换过程

说明:将顺序串类型声明及其基本运算函数存放在 SqString.cpp 文件中。

当顺序串的基本运算设计好后,给出以下程序调用这些基本运算函数,读者可以对照程序执行结果进行分析,进一步体会顺序串的各种操作的实现过程。

```
#include "SqString.cpp"                 //包含顺序串的基本运算函数
int main()
{   SqString s1,s2,s3,s4,s5,s6,s7;
    Assign(s1,"abcd");
    printf("s1:");DispStr(s1);
    printf("s1 的长度:%d\n",StrLength(s1));
    printf("s1=>s2\n");
```

```
StrCopy(s2,s1);
printf("s2:");DispStr(s2);
printf("s1 和 s2%s\n",(StrEqual(s1,s2)==1?"相同":"不相同"));
Assign(s3,"12345678");
printf("s3:");DispStr(s3);
printf("s1 和 s3 连接=>s4\n");
s4=Concat(s1,s3);
printf("s4:");DispStr(s4);
printf("s3[2..5]=>s5\n");
s5=SubStr(s3,2,4);
printf("s5:");DispStr(s5);
Assign(s6,"567");
printf("s6:");DispStr(s6);
printf("s6 在 s3 中位置:%d\n",Index(s3,s6));
printf("从 s3 中删除 s3[3..6]字符\n");
DelStr(s3,3,4);
printf("s3:");DispStr(s3);
printf("从 s4 中将 s6 替换成 s1=>s7\n");
s7=RepStrAll(s4,s6,s1);
printf("s7:");DispStr(s7);
DestroyStr(s1); DestroyStr(s2);
DestroyStr(s3); DestroyStr(s4);
DestroyStr(s5); DestroyStr(s6);
DestroyStr(s7);
}
```

```
s1: abcd
s1的长度: 4
s1=>s2
s2: abcd
s1和s2相同
s3: 12345678
s1和s3连接=>s4
s4: abcd12345678
s3[2..5]=>s5
s5: 2345
s6: 567
s6在s3中位置: 5
从s3中删除s3[3..6]字符
s3: 1278
从s4中将s6替换成s1=>s7
s7: abcd1234abcd8
```

图 4.10　程序执行结果

上述程序的执行结果如图 4.10 所示。

4.2.3　顺序串的算法设计示例

【例 4.2】 设计一个算法 Strcmp(s,t),以字典顺序比较两个英文字母串 s 和 t 的大小,假设两个串均以顺序串存储。

解 本例的算法思路如下。

(1) 比较 s 和 t 两个串共同长度范围内的对应字符。

① 若 s 的字符大于 t 的字符,返回 1;

② 若 s 的字符小于 t 的字符,返回 -1;

③ 若 s 的字符等于 t 的字符,按上述规则继续比较。

(2) 当(1)中对应字符均相同时,比较 s 和 t 的长度。

① 两者相等时,返回 0;

② s 的长度>t 的长度,返回 1;

③ s 的长度<t 的长度,返回 -1。

对应的算法如下。

```
int Strcmp(SqString s,SqString t)
{   int i,comlen;
    if (s.length < t.length)
        comlen=s.length;                    //求 s 和 t 的共同长度
    else comlen=t.length;
```

```
    for (i=0;i<comlen;i++)                    //在共同长度内逐个字符比较
    {   if (s.data[i]>t.data[i])
            return 1;
        else if (s.data[i]<t.data[i])
            return -1;
    }
    if (s.length==t.length)                   //s==t
        return 0;
    else if (s.length>t.length)               //s>t
        return 1;
    else return -1;                           //s<t
}
```

【例 4.3】 设计一个算法 Count(s, t)，求串 t 在串 s 中出现的次数。例如，对于 s = "aababababc", t = "abab"，这里认为 t 在 s 中仅出现两次，其中不考虑子串重复问题。假设两个串均以顺序串存储。

解 本例的算法思路如下：假设 s 和 t 分别含 n、m 个字符，用 cnt 累计串 t 在串 s 中出现的次数(初始为 0)。i 从 0 到 $n-m$ 扫描 s 的字符，对于当前字符 s.data[i]，如果 s.data[$i..m-1$]与 t.data[$0..m-1$]均相同，表示找到一个以 s.data[i]开始的子串，cnt 增 1，i 增加 m 继续查找下一个子串；否则说明 s.data[i]开始的 m 个字符不是子串，i 增 1 继续从 s 的下一个字符开始查找子串。最后返回 cnt。对应的算法如下。

```
int Count(SqString s, SqString t)
{   int cnt=0,i,j,k;                          //i和j分别扫描主串s和子串t
    i=0;
    while (i<=s.length-t.length)
    {   for (k=i,j=0;j<t.length && s.data[k]==t.data[j];k++,j++);
        if (j==t.length)                      //j等于子串t的长度
        {   cnt++;                            //找到一个子串
            i+=t.length;                      //i跳过 t.length 个字符
        }
        else i++;                             //i后移一个字符
    }
    return cnt;
}
```

4.3 串的链式存储结构

串可以采用链式存储结构，简称为**链串**，本节主要介绍链串及串基本运算在链串上实现的算法。

4.3.1 链串的定义

链式存储结构有多种形式，如单链表和双链表等。这里的链串采用最简单的单链表形式，即用带头结点的单链表存储串，这样的链串中结点的类型声明如下。

```
typedef struct node
```

扫一扫

视频讲解

```
{   char data;                          //存放字符
    struct node * next;                 //指针域
} LinkString;                           //链串结点类型
```

其中,data 域用来存储组成字符串的字符,next 域用来指向下一个结点。为了简单,每个字符用一个结点存储,如图 4.11 所示是串"abcd"的链式存储形式,用头结点指针 s 唯一标识。

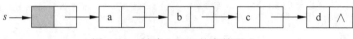

图 4.11　链串"abcd"的存储形式

说明:在链串中每个结点存放的字符个数称为结点大小。这里采用结点大小为 1 的存储方式。显然结点大于 1 时存储密度更高,但相关算法设计会更复杂。

4.3.2　串基本运算在链串上的实现

在链串上实现串的基本运算算法如下。

1. 串赋值运算算法

将一个 C/C++字符数组 str 赋给链串 s,其基本思路是采用第 2 章中介绍的尾插法建立单链表 s。对应的算法如下。

```
void Assign(LinkString * &s, char str[])
{   int i=0;
    LinkString * p, * tc;
    s=(LinkString * )malloc(sizeof(LinkString));
    tc=s;                               //tc 指向 s 串的尾结点
    while (str[i]!='\0')
    {   p=(LinkString * )malloc(sizeof(LinkString));
        p->data=str[i];
        tc->next=p; tc=p;
        i++;
    }
    tc->next=NULL;                      //尾结点的 next 置 NULL
}
```

例如,str="abcdef",执行 Assign(s,str)方法的结果如图 4.12 所示。

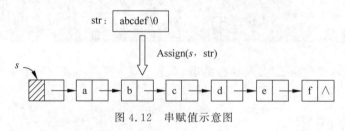

图 4.12　串赋值示意图

2. 销毁串运算算法

一个链串中的所有结点空间都是通过 malloc 函数分配的,在不再需要时需通过 free 函数释放所有结点的空间,其过程与单链表的销毁过程相同。对应的算法如下。

```
void DestroyStr(LinkString * &s)
{    LinkString * pre=s, * p=pre->next;
    while (p!=NULL)
    {    free(pre);
        pre=p; p=p->next;                    //pre、p 同步后移
    }
    free(pre);
}
```

3. 串复制运算算法

将一个链串 *t* 赋给链串 *s*,其基本思路是采用尾插法建立链串 *s*。对应的算法如下。

```
void StrCopy(LinkString * &s,LinkString * t)
{    LinkString * p=t->next, * q, * tc;
    s=(LinkString * )malloc(sizeof(LinkString));
    tc=s;                                    //tc 指向串 s 的尾结点
    while (p!=NULL)                          //复制 t 的所有结点
    {    q=(LinkString * )malloc(sizeof(LinkString));
        q->data=p->data;
        tc->next=q; tc=q;
        p=p->next;
    }
    tc->next=NULL;                           //尾结点的 next 置 NULL
}
```

4. 求串长运算算法

返回链串 *s* 的长度,即链串中包含的数据结点个数。对应的算法如下。

```
int StrLength(LinkString * s)
{    int n=0;
    LinkString * p=s->next;
    while (p!=NULL)                          //扫描链串 s 的所有数据结点
    {    n++;
        p=p->next;
    }
    return n;
}
```

5. 判断串相等运算算法

串相等是指两个串的长度及对应位置的字符完全相同。两个链串 *s* 和链串 *t* 相等时返回 1;否则返回 0。对应的算法如下。

```
int StrEqual(LinkString * s,LinkString * t)
{    LinkString * p=s->next, * q=t->next;
    while (p!=NULL && q!=NULL)               //比较两串的当前结点
    {    if (p->data!=q->data)               //data 域不等时返回 0
            return 0;
        p=p->next;                           //p、q 均后移一个结点
        q=q->next;
    }
    if (p!=NULL || q!=NULL)                  //两串长度不等时返回 0
        return 0;
```

```
    else return 1;                        //两串长度相等时返回 1
}
```

6. 串连接运算算法

新建一个链串 r，它是链串 s 和链串 t 连接的结果，最后返回链串 r。这里没有破坏原有链串 s 和 t。对应的算法如下。

```
LinkString * Concat(LinkString * s, LinkString * t)
{    LinkString * p=s−>next, * q, * tc, * r;
     r=(LinkString * )malloc(sizeof(LinkString));
     tc=r;                                //tc 总是指向新链串的尾结点
     while (p!=NULL)                      //将 s 串复制给 r
     {   q=(LinkString * )malloc(sizeof(LinkString));
         q−>data=p−>data;
         tc−>next=q; tc=q;
         p=p−>next;
     }
     p=t−>next;
     while (p!=NULL)                      //将 t 串复制给 r
     {   q=(LinkString * )malloc(sizeof(LinkString));
         q−>data=p−>data;
         tc−>next=q; tc=q;
         p=p−>next;
     }
     tc−>next=NULL;
     return r;
}
```

例如，链串 s 和 t 连接产生新链串 r 的结果如图 4.13 所示。

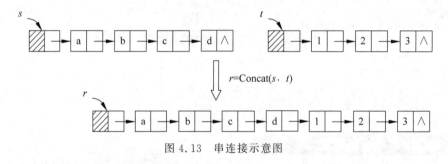

图 4.13   串连接示意图

7. 求子串运算算法

返回链串 s 的第 i 个位置开始的 j 个字符组成的链串 r，如果参数错误，则返回一个空串。对应的算法如下。

```
LinkString * SubStr(LinkString * s, int i, int j)
{    int k=1;
     LinkString * r, * p=s−>next, * q, * tc;
     r=(LinkString * )malloc(sizeof(LinkString));
     r−>next=NULL;                        //先置 r 为一个空串
     if (i<1) return r;                   //i 参数错误返回空串
     tc=r;                                //tc 总是指向新链串的尾结点
```

```
    while (k<i && p!=NULL)              //在 s 中找第 i 个结点 p
    {    p=p->next;
         k++;
    }
    if (p==NULL) return r;             //i 参数错误返回空串
    k=1; q=p;
    while (k<j && q!=NULL)             //判断 j 参数是否正确
    {    q=q->next;
         k++;
    }
    if (q==NULL) return r;            //j 参数错误返回空串
    k=1;
    while (k<=j && p!=NULL)           //复制从 p 结点开始的 j 个结点到 r 中
    {    q=(LinkString *)malloc(sizeof(LinkString));
         q->data=p->data;
         tc->next=q; tc=q;
         p=p->next;
         k++;
    }
    tc->next=NULL;
    return r;
}
```

例如,由链串 s 产生子串 r 的结果如图 4.14 所示。

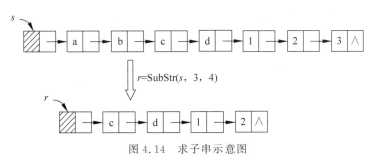

$$r=SubStr(s, 3, 4)$$

图 4.14　求子串示意图

8. 查找子串位置运算算法

返回子串 t 在主串 s 中的位置,对应的算法如下。

```
int Index(LinkString * s,LinkString * t)
{    LinkString * p=s->next, * p1, * q, * q1;
     int i=1;
     while (p!=NULL)                   //遍历 s 的每个结点
     {    q=t->next;                    //总是从 t 的第一个字符开始比较
          if (p->data==q->data)        //判定两串当前字符相等
          {    //若首字符相同,则判定 s 其后字符是否与 t 之后字符依次相同
               p1=p->next;             //p1、q1 同时后移一个结点
               q1=q->next;
               while (p1!=NULL && q1!=NULL && p1->data==q1->data)
               {    p1=p1->next;       //p1、q1 同时后移一个结点
                    q1=q1->next;
               }
               if (q1==NULL)           //若都相同,则返回相同的子串的起始位置
                    return i;
```

```
        }
        p=p->next; i++;
    }
    return 0;                              //若不是子串,返回 0
}
```

9. 子串插入运算算法

将子串 t 插入链串 s 的第 i 个位置,当参数错误时返回 0,成功插入时返回 1。对应的算法如下。

```
int InsStr(LinkString * &s, int i, LinkString * t)
{    LinkString * p=s, * q, * r;           //p 指向 s 的头结点
    int k=1;
    if (i<1) return 0;                     //参数 i 错误返回 0
    while (k<i && p!=NULL)                 //从头结点开始找第 i 个结点即第 i-1 个数据结点 p
    {    k++;
        p=p->next;
    }
    if (p==NULL) return 0;                 //参数 i 错误返回 0
    q=t->next;                             //q 指向 t 的第一个数据结点
    while (q!=NULL)                        //参数正确将 t 的所有结点复制并插入结点 p 之后
    {    r=(LinkString * )malloc(sizeof(LinkString));
        r->data=q->data;
        r->next=p->next;
        p->next=r;
        p=p->next;
        q=q->next;
    }
    return 1;
}
```

例如,将链串 t 插入链串 s 中的结果如图 4.15 所示。

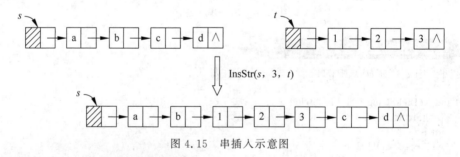

图 4.15　串插入示意图

10. 子串删除运算算法

删除串 s 中从第 i 个位置开始的 j 个字符,当参数错误时返回 0,成功删除时返回 1。对应的算法如下。

```
int DelStr(LinkString * &s, int i, int j)
{    LinkString * p=s, * q;                //p 指向 s 的头结点
    int k=1;
    if (i<1 || j<1) return 0;             //i、j 参数错误返回 0
    while (k<i && p!=NULL)                //从头结点开始找第 i-1 个数据结点 p
```

```
    {   p=p—>next;
        k++;
    }
    if (p==NULL) return 0;                //i参数错误返回空串
    k=1;
    q=p—>next;
    while (k<j && q!=NULL)                //判断j参数是否正确
    {   q=q—>next;
        k++;
    }
    if (q==NULL) return 0;                //j参数错误返回空串
    k=1;
    while (k<=j)                          //删除 p 结点之后的 j 个结点
    {   q=p—>next;
        if (q—>next==NULL)               //若结点 q 是尾结点
        {   free(q);                      //释放 q 结点
            p—>next=NULL;                 //p 结点成为尾结点
        }
        else                              //若 q 不是尾结点
        {   p—>next=q—>next;              //删除 q 结点
            free(q);                      //释放 q 结点
        }
        k++;
    }
    return 1;                             //成功删除返回 1
}
```

例如,删除链串 s 中的一个子串的结果如图 4.16 所示。

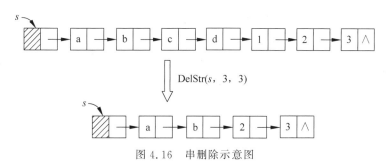

图 4.16　串删除示意图

11. 子串替换运算算法

将链串 s 中所有出现的子串 s1 均替换成 s2,返回替换后的结果链串,对应的算法如下。

```
LinkString * RepStrAll(LinkString * s, LinkString * s1, LinkString * s2)
{   int i;
    i=Index(s,s1);
    while (i>0)
    {   DelStr(s,i,StrLength(s1));        //删除子串 s1
        InsStr(s,i,s2);                   //插入子串 s2
        i=Index(s,s1);
    }
    return s;
}
```

例如,将链串 s 中所有子串 $s1$ 替换为子串 $s2$ 的结果如图 4.17 所示。

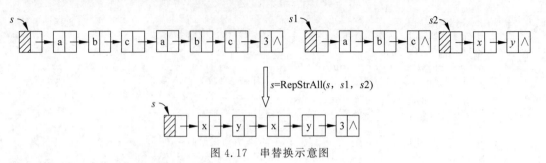

图 4.17 串替换示意图

12. 输出串运算算法

输出链串 s 的所有字符,对应的算法如下。

```
void DispStr(LinkString * s)
{    LinkString * p＝s－>next;
     while (p!＝NULL)
     {    printf("%c",p－>data);
          p＝p－>next;
     }
     printf("\n");
}
```

说明:将链串的结点类型声明及其基本运算函数存放在 LinkString.cpp 文件中。

当链串的基本运算设计好后,给出以下程序调用这些基本运算函数,读者可以对照程序执行结果进行分析,进一步体会链串的各种操作的实现过程。

```
＃include "LinkString.cpp"                //包含链串的基本运算函数
int main()
{    LinkString * s1, * s2, * s3, * s4, * s5, * s6, * s7;
     Assign(s1,"abcd");
     printf("s1:");DispStr(s1);
     printf("s1 的长度:%d\n",StrLength(s1));
     printf("s1=> s2\n");
     StrCopy(s2,s1);
     printf("s2:");DispStr(s2);
     printf("s1 和 s2%s\n",(StrEqual(s1,s2)==1?"相同":"不相同"));
     Assign(s3,"12345678");
     printf("s3:");DispStr(s3);
     printf("s1 和 s3 连接=>s4\n");
     s4＝Concat(s1,s3);
     printf("s4:");DispStr(s4);
     printf("s3[2..5]=>s5\n");
     s5＝SubStr(s3,2,4);
     printf("s5:");DispStr(s5);
     Assign(s6,"567");
     printf("s6:");DispStr(s6);
     printf("s6 在 s3 中位置:%d\n",Index(s3,s6));
     printf("从 s3 中删除 s3[3..6]字符\n");
     DelStr(s3,3,4);
     printf("s3:");DispStr(s3);
```

```
        printf("从 s4 中将 s6 替换成 s1=>s7\n");
        s7=RepStrAll(s4,s6,s1);
        printf("s7:");DispStr(s7);
        DestroyStr(s1);
        DestroyStr(s2);
        DestroyStr(s3);
        DestroyStr(s4);
        DestroyStr(s5);
        DestroyStr(s6);
}
```

上述程序的执行结果如图 4.10 所示。

4.3.3 链串的算法设计示例

【例 4.4】 以链串为串的存储结构,设计一个算法把一个串 s 中最先出现的子串"ab"改为"xyz"。

解 在串 s 中找到最先出现的子串"ab",即 p 指向 data 域值为'a'的结点,其后继结点为 data 域值为'b'的结点。将它们的 data 域值分别改为'x'和'z',再创建一个 data 域值为'y'的结点,将其插入结点 p 之后。对应的算法如下。

```
void Repl(LinkString * &s)
{   LinkString * p=s->next, * q;
    int find=0;
    while (p->next!=NULL && find==0)            //查找"ab"子串
    {   if (p->data=='a' && p->next->data=='b')  //找到"ab"子串
        {   p->data='x';p->next->data='z';        //替换为"xyz"
            q=(LinkString * )malloc(sizeof(LinkString));
            q->data='y';
            q->next=p->next;
            p->next=q;
            find=1;
        }
        else p=p->next;
    }
}
```

【例 4.5】 假定采用带头结点的单链表保存单词,当两个单词有相同的后缀时,则可共享相同的后缀存储空间,例如,"loading"和"being",如图 4.18 所示。设 str1 和 str2 分别指向两个单词所在单链表的头结点,链表结点结构为:

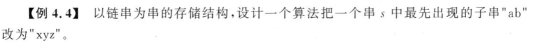

请设计一个时间上尽可能高效的算法,找出由 str1 和 str2 所指向两个链表共同后缀的起始位置(如图中字符'i'所在结点的位置 p)的算法。

解 算法的基本设计思想如下。

(1) 分别求出 str1 和 str2 所指的两个链串的长度 m 和 n。

(2) 将两个链串以表尾对齐:令指针 p、q 分别指向 str1 和 str2 的头结点,若 $m \geqslant n$,则使 p 指向链串 str1 中的第 $m-n+1$ 个结点;若 $m < n$,则使 q 指向链串 str2 中的第 $n-$

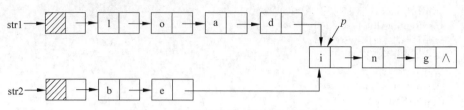

图 4.18　两个单词的后缀共享存储结构

$m+1$ 个结点,这样使指针 p、q 所指的结点到表尾的长度相符。

(3) 反复将指针 p、q 同步后移,并判断它们是否指向同一结点。若 p、q 指向同一结点,则该结点即为所求的共同后缀的起始位置。

对应的算法如下。

```
#include "LinkString.cpp"                         //包含链串的基本运算函数
LinkString * FindCommnode(LinkString * str1, LinkString * str2)
{    int m, n;
     LinkString * p, * q;
     m = StrLength(str1);                          //求链串 str1 的长度 m
     n = StrLength(str2);                          //求链串 str2 的长度 n
     for (p = str1; m > n; m−−)                    //比较 m 和 n,若 m 大,则 p 后移 m−n+1 个结点
         p = p−>next;
     for (q = str2; m < n; n−−)                    //若 n 大,则 q 后移 n−m+1 个结点
         q = q−>next;
     while (p−>next != NULL && p−>next != q−>next)
     {   p = p−>next;                              //p、q 同步后移找第一个指针值相等的结点
         q = q−>next;
     }
     return p−>next;
}
```

上述算法的时间复杂度为 $O(m+n)$ 或 $O(\text{MAX}(m,n))$,其中,m、n 分别为两个链表的长度。

4.4　串 的 应 用

本节通过两个示例说明串的应用。

【例 4.6】　如果串的某个长度大于 1 的子串的各个字符均相同,则称之为等值子串。设计一个算法,如果串 s 中不存在等值子串,返回 0;否则求出一个长度最大的等值子串并返回 1。假设串采用顺序串存储结构。

解　用 maxi 保存最大等值子串的起始位置,maxcount 保存最大等值子串的长度(初始为 0)。扫描串 s,用 counti 记录从当前位置 i 开始的等值子串的字符个数。当 counti 大于 maxcount 时,将 maxi 置为 i,maxcount 置为 counti。最后将最大等值子串保存到顺序串 t 中。对应的算法如下。

int EqSubString(SqString s, SqString &t)

```
{   int i=0,counti,maxi=i,maxcount=0,j,k;
    while (i<s.length)                        //扫描字符串 s
    {   j=i+1;
        counti=1;                             //统计位置 i 开始的等值子串长度 counti
        while (j<s.length && s.data[i]==s.data[j])
        {   j++;
            counti++;
        }
        if (maxcount<counti)                  //将较长的等值子串保存在 maxi 和 maxcount 中
        {   maxi=i;
            maxcount=counti;
        }
        i=j;
    }
    if (maxcount>1)                           //找到长度大于 1 的等值子串,将其存入 t 中
    {   k=0;
        for (i=maxi;i<maxi+maxcount;i++)
        {   t.data[k]=s.data[i];
            k++;
        }
        t.length=k;
        return 1;
    }
    else return 0;                            //没有长度大于 1 的等值子串返回 0
}
```

【例 4.7】 设计一个算法求串 s 所含不同字符的总数和每种字符的个数。假设串采用链串存储结构。

解 设置一个结构体数组 t 用于存储统计结果,该结构体类型 Mytype 声明如下。

```
typedef struct
{   char ch;                                  //存放字符
    int num;                                  //存放该字符出现的次数
} Mytype;
```

将链串的第一个字符存放在 $t[0]$ 中。用指针变量 p 遍历链串 s,若当前字符 $p->$ data 已在 t 中,则将对应元素的 num 域增 1,否则在数组 t 中增加一个元素,其 ch 域为 $p->$ data,num 域为 1,并用形参 n 返回 t 中的元素个数。对应的算法如下。

```
void Statchar(LinkString * s,Mytype t[],int &n)
{   int i;
    LinkString * p=s->next;
    n=0;
    while (p!=NULL)                           //p 扫描链串 s
    {   if (n==0)                             //为第一个字符时直接放入 t 中
        {   t[n].ch=p->data;
            t[n].num=1;
            n++;
        }
        else                                  //不为第一个字符的情况
```

```
{   i=0;
    while (i<n && t[i].ch!=p->data)
        i++;
    if (i<n)                              //在 t 中找到为 p->data 的字符
        t[i].num++;
    else                                  //在 t 中未找到为 p->data 的字符
    {   t[n].ch=p->data;
        t[n].num=1;
        n++;
    }
}
p=p->next;
}
}
```

小　　结

（1）串是若干个字符的有限序列,空串是长度为零的串。

（2）串可以看成是一种特殊的线性表,其逻辑关系为线性关系。

（3）串的长度是指串中所含字符的个数。

（4）一个串中若干连续个字符构成的串（含空串和自己）是该串的子串。

（5）含 n 个不同字符的串的子串个数为 $n(n+1)/2+1$。

（6）串主要有顺序串和链串两种存储结构。

（7）两个串 s、t 的匹配中,一般将 s 串称为目标串,将 t 串称为模式串。如果 t 是 s 的子串,串匹配过程是查找 t 串在 s 串中出现的位置。

（8）串匹配算法是很多串算法设计的基础。

练　习　题

练习题

自测题

上机实验题

上机实验题

什么叫编程的内功?

我的理解,就是对这个世界的抽象化理解能力以及描述能力。一个工作,能迅速从中提炼出下次可以重复的套路,并且能以一定的规则,就是计算机语言规范描述出来,拥有这两个能力,就能保证遇到任何问题,都有办法写出程序来。所以大家在学校中学习了很多数学、语言、算法、数据结构,甚至编译原理、操作系统等,其实这些统统是工具,不是写程序的目的。

——摘自著名的 IT 达人肖舸等著《IT 学生解惑真经》

第 5 章

数组和稀疏矩阵

数组是由相同性质的数据元素组成的,可以看成是线性表的推广。本章介绍数组的概念、几种特殊矩阵的压缩存储和稀疏矩阵的相关算法。

5.1 数　　组

5.1.1 数组的定义

视频讲解

一维数组是 $n(n>1)$ 个相同性质的数据元素 $a_1,a_2,\cdots,a_n$ 构成的有限序列,它本身就是一个线性表。**二维数组**可以看成是这样的一个线性表,它的每个数据元素也是一个线性表。例如,如图 5.1 所示的二维数组 A 以 m 行 n 列的矩阵形式表示,它可以看成是一个线性表:

$$A=(A_1,A_2,\cdots,A_i,\cdots,A_m)$$

其中每个数据元素 A_i 也是一个线性表:

$$A_i=(a_{i,1},a_{i,2},\cdots,a_{i,n})$$

$$A_{m\times n}=\begin{bmatrix} a_{1,1} & a_{1,2} & \cdots & a_{1,n} \\ a_{2,1} & a_{2,2} & \cdots & a_{2,n} \\ \cdots & \cdots & \cdots & \cdots \\ a_{m,1} & a_{m,2} & \cdots & a_{m,n} \end{bmatrix}$$

图 5.1　二维数组的逻辑结构表示

对于 $d(d>1)$ 维数组,数据元素之间有 d 个关系(如二维数组中数据元素之间有行和列两个关系),但每个关系仍是线性关系。例如,如图 5.1 所示的二维数组 A 可以采用二元组形式化描述如下。

$A=(D,R)$
$D=\{a_{1,1},a_{1,2},\cdots,a_{1,n},\cdots,a_{m,1},\cdots,a_{m,n}\}$
$R=\{\text{Row},\text{Col}\}$
$\text{Row}=\{<a_{1,1},a_{1,2}>,<a_{1,2},a_{1,3}>,\cdots,<a_{1,n-1},a_{1,n}>,<a_{2,1},a_{2,2}>,<a_{2,2},a_{2,3}>,\cdots,$
　　　　$<a_{2,n-1},a_{2,n}>,\cdots,<a_{m,1},a_{m,2}>,<a_{m,2},a_{m,3}>,\cdots,<a_{m,n-1},a_{m,n}>\}$
$\text{Col}=\{<a_{1,1},a_{2,1}>,<a_{2,1},a_{3,1}>,\cdots,<a_{m-1,1},a_{m-2,1}>,<a_{1,2},a_{2,2}>,<a_{2,2},a_{3,2}>,\cdots,$
　　　　$<a_{m-1,2},a_{m,2}>,\cdots,<a_{1,n},a_{2,n}>,<a_{2,n},a_{3,n}>,\cdots,<a_{m-1,n},a_{m,n}>\}$

其中,Row 是行关系,Col 是列关系。这种规则可以推广到三维及以上的数组。

通常,数组的基本运算主要有存取元素值。

几乎所有的高级程序设计语言都实现了数组数据结构,称为数组类型。在 C/C++语言中,数组类型具有如下特点。

(1) 一个数组中所有元素具有相同的数据类型。

(2) 数组一旦被定义,它的维数和每维大小就不再改变。

(3) 数组中每个元素对应唯一的下标,可以通过该下标对元素进行存取操作。

5.1.2 数组的存储结构

视频讲解

由于数组一般不做插入或删除操作,也就是说,一旦建立了数组,其数据元素个数和元素之间的关系就不再发生变动,所以数组通常采用顺序存储结构。

由于内存的存储单元是一维结构,而数组是多维的,则用一组连续存储单元存放数组的元素就有个次序约定问题。

以二维数组为例,在 C/C++语言中,由于数组下标从 0 开始,所以除特别指出外,后面的数组表示均统一为下标从 0 开始。

二维数组的存储次序有按行优先和按列优先两种方式,按行优先存储的形式如图 5.2 所示,假设每个元素占 k 个存储单元,$\mathrm{LOC}(a_{0,0})$ 表示 $a_{0,0}$ 元素的存储地址,对于元素 $a_{i,j}$,其存储地址为:

$$\mathrm{LOC}(a_{i,j})=\mathrm{LOC}(a_{0,0})+(i\times n\ \ +\ \ j)\times k\ \longleftarrow\ 每个元素占\ k\ 个存储单元$$

↑ ↑ 在第 i 行中,$a_{i,j}$ 前面 j 个元素

$a_{i,j}$ 前面有 $0\sim i-1$ 共 i 行,每行 n 个元素,共有 $i\times n$ 个元素

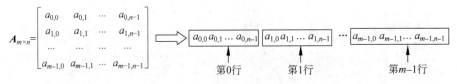

图 5.2　按行优先存储

按列优先存储的形式如图 5.3 所示,对于元素 $a_{i,j}$,其存储地址为:

$$\mathrm{LOC}(a_{i,j})=\mathrm{LOC}(a_{0,0})+(j\times m\ \ +\ \ i)\times k\ \longleftarrow\ 每个元素占\ k\ 个存储单元$$

↑ ↑ 在第 j 列中,$a_{i,j}$ 前面 i 个元素

$a_{i,j}$ 前面有 $0\sim j-1$ 共 j 列,每列 m 个元素,共有 $j\times m$ 个元素

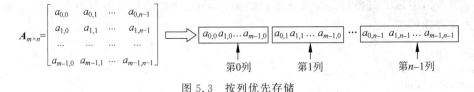

图 5.3　按列优先存储

【例 5.1】　对于二维数组 $A[0..2][0..5]$,当按行优先存储时,元素 $A[2][3]$ 是第几个元素?当按列优先存储时,元素 $A[2][4]$ 是第几个元素?

解　这里 $m=3,n=6$,当按行优先存储时,每行 6 个元素,元素 $A[2][3]$ 的前面有两行计 12 个元素,在第 2 行中前面有三个元素,所以元素 $A[2][3]$ 是 $12+3+1=16$ 个元素。

当按列优先存储时,每列 3 个元素,元素 $A[2][4]$ 的前面有 4 列计 12 个元素,在第 4 列中前面有两个元素,所以元素 $A[2][4]$ 是 $12+2+1=15$ 个元素。

5.1.3　数组的算法设计示例

扫一扫

视频讲解

本节通过两个示例说明数组算法设计。

【例 5.2】　设计一个算法,实现一个 $m\times n$ 的整型数组 A 的转置运算。

解　对于一个 $m\times n$ 的数组 $A_{m\times n}$,其转置矩阵是一个 $n\times m$ 的矩阵 $B_{n\times m}$,且 $B[i][j]=A[j][i]$,$0\leqslant i<m$,$0\leqslant j<n$,对应的算法如下。

```
void TransMat(int A[ ][MAX], int B[ ][MAX], int m, int n)
```

```
{   int i,j;
    for (i=0;i<m;i++)
    {   for (j=0;j<n;j++)
            B[i][j]=A[j][i];
    }
}
```

其中,MAX 为常量,表示二维数组的最大行、列数。

【例 5.3】　设计一个算法,实现一个 $m \times n$ 的整型数组 A 和一个 $n \times k$ 的整型数组 B 的相乘运算。

解　设 $C = A \times B$,其中,A 是 $m \times n$ 矩阵,B 是 $n \times k$ 矩阵,则 C 为 $m \times k$ 矩阵,且 $C[i][j] = \sum_{l=0}^{n-1} A[i][l] \times B[l][j]$。对应的算法如下。

```
void MutMat(int A[][MAX],int B[][MAX],int C[][MAX],int m,int n,int k)
{   int i,j,l;
    for (i=0;i<m;i++)
    {   for (j=0;j<k;j++)
        {   C[i][j]=0;
            for (l=0;l<n;l++)
                C[i][j]+=A[i][l]*B[l][j];
        }
    }
}
```

5.2　特殊矩阵的压缩存储

特殊矩阵是指非零元素或零元素的分布有一定规律的矩阵,为了节省存储空间,特别是在高阶矩阵的情况下,可以利用特殊矩阵的规律,对它们进行压缩存储,也就是说,使多个相同的非零元素共享同一个存储单元,对零元素不分配存储空间。特殊矩阵的主要形式有对称矩阵、对角矩阵等,它们都是方阵,即行数和列数相同。

1. 对称矩阵的压缩存储

若一个 n 阶方阵 $A = \{a_{i,j}\}$ 中的元素满足 $a_{i,j} = a_{j,i}$($0 \leqslant i,j \leqslant n-1$),则称其为 n 阶**对称矩阵**。

一个 n 阶方阵的所有元素 $a_{i,j}$ 可以根据行、列下标划分为三部分,即上三角部分($i < j$)、主对角线部分($i = j$)和下三角部分($i > j$),如图 5.4 所示。

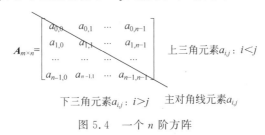

图 5.4　一个 n 阶方阵

如果直接采用二维数组存储对称矩阵,占用的内存空间为 n^2 个元素大小。由于对称矩阵的元素关于主对角线对称,因此在存储时可只存储其上三角和主对角线部分元素,或者下三角和主对角线部分的元素,使得对称的元素共享同一存储空间。这样,就可以将 n^2 个元素压缩存储到 $n(n+1)/2$ 个元素的空间中。不失一般性,以行序为主序存储其下三角和主对角线部分的元素,如图 5.5 所示。

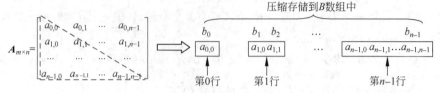

图 5.5 对称矩阵的压缩存储

假设以一维数组 $B=\{b_k\}$ 作为 n 阶对称矩阵 A 的压缩存储结构,在 B 中只存储对称矩阵 A 的下三角和主对角线部分的元素 $a_{i,j}(i \geqslant j)$,这样 B 中的元素个数为 $n(n+1)/2$。

(1) 将 A 中下三角和主对角线部分的元素 $a_{i,j}(i \geqslant j)$ 存储在 B 数组的 b_k 元素中。那么 k 和 i、j 之间是什么关系呢?

对于这样的元素 $a_{i,j}$,求出它前面共存储的元素个数。不包括第 i 行,它前面共有 i 行(行下标为 $0 \sim i-1$,第 0 行有 1 个元素,第 1 行有 2 个元素,…,第 $i-1$ 行有 i 个元素),则这 i 行共有 $1+2+\cdots+i=i(i+1)/2$ 个元素;在第 i 行中,元素 $a_{i,j}$ 的前面也有 j 个元素,则元素 $a_{i,j}$ 之前共有 $i(i+1)/2+j$ 个元素,所以有 $k=i(i+1)/2+j$。

(2) 对于 A 中上三角部分元素 $a_{i,j}(i<j)$,它的值等于 $a_{j,i}$,而 $a_{j,i}$ 元素在 B 中的存储位置 $k=j(j+1)/2+i$。

归纳起来,对于 A 中任一元素 $a_{i,j}$ 和 B 中元素 b_k 之间存在着如下对应关系:

$$k=\begin{cases} i(i+1)/2+j, & \text{当 } i \geqslant j \text{ 时} \\ j(j+1)/2+i, & \text{当 } i<j \text{ 时} \end{cases}$$

2. 三角矩阵的压缩存储

有些非对称的矩阵也可借用上述方法存储,如 n 阶下(上)三角矩阵。所谓 n 阶下(上)三角矩阵,是指矩阵的上(下)三角部分(不包括主对角线)中的元素均为常数 c 的 n 阶方阵。

设以一维数组 $B=\{b_k\}$ 作为 n 阶三角矩阵 A 的存储结构,B 中的元素个数为 $n(n+1)/2+1$(其中常数 c 占用一个元素空间),则 A 中任一元素 $a_{i,j}$ 和 B 中元素 b_k 之间存在着如下对应关系。

上三角矩阵:

$$k=\begin{cases} i(2n-i+1)/2+j-i, & \text{当 } i \leqslant j \text{ 时} \\ n(n+1)/2, & \text{当 } i>j \text{ 时} \end{cases}$$

下三角矩阵:

$$k=\begin{cases} i(i+1)/2+j, & \text{当 } i \leqslant j \text{ 时} \\ n(n+1)/2, & \text{当 } i>j \text{ 时} \end{cases}$$

其中,B 的最后元素 $b_{n(n+1)/2}$ 中存放常数 c。

3. 对角矩阵的压缩存储

若一个 n 阶方阵 A 满足其所有非零元素都集中在以主对角线为中心的带状区域中,则称其为 n 阶**对角矩阵**。其主对角线上下方各有 b 条次对角线,称 b 为矩阵半带宽,$(2b+1)$ 为矩阵的带宽。对于半带宽为 $b(0\leqslant b\leqslant (n-1)/2)$ 的对角矩阵,其 $|i-j|\leqslant b$ 的元素 $a_{i,j}$ 不为零,其余元素为零。如图 5.6 所示是半带宽为 b 的对角矩阵示意图。

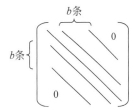

图 5.6 半带宽为 b 的
对角矩阵

对于 $b=1$ 的三对角矩阵 A,只存储其非零元素,并按行优先存储到一维数组 B 中,将 A 的非零元素 $a_{i,j}$ 存储到 B 的元素 b_k 中。A 中第 0 行和第 $n-1$ 行都只有两个非零元素,其余各行有三个非零元素。对于不在第 0 行的非零元素 $a_{i,j}$ 来说,在它前面存储了矩阵的前 i 行元素,这些元素的总数 k 为 $2+3(i-1)$。

(1) 若 $a_{i,j}$ 是第 i 行中需要存储的第 1 个元素,则 $k=2+3(i-1)=3i-1$,此时,$j=i-1$,即 $k=2i+i-1=2i+j$。

(2) 若 $a_{i,j}$ 是第 i 行中需要存储的第 2 个元素,则 $k=2+3(i-1)+1=3i$,此时,$i=j$,即 $k=2i+i=2i+j$。

(3) 若 $a_{i,j}$ 是第 i 行中需要存储的第 3 个元素,则 $k=2+3(i-1)+2=3i+1$,此时,$j=i+1$,即 $k=2i+i+1=2i+j$。

归纳起来有:$k=2i+j$。

以上讨论的对称矩阵、三角矩阵、对角矩阵的压缩存储方法,是把有一定分布规律的值相同的元素(包括 0)压缩存储到一个存储空间中。这样的压缩存储只需在算法中按相应公式做一映射即可实现矩阵元素的随机存取。

5.3 稀 疏 矩 阵

一个阶数较大的矩阵中的非零元素个数 s 相对于矩阵元素的总个数 t 非常小时,即 $s\ll t$ 时,称该矩阵为**稀疏矩阵**。例如一个 100×100 的矩阵,若其中只有 100 个非零元素,就可称其为稀疏矩阵。

稀疏矩阵的压缩存储方法是只存储非零元素,主要有三元组和十字链表两种方法。

5.3.1 稀疏矩阵的三元组表示

由于稀疏矩阵中非零元素的分布没有任何规律,所以在存储非零元素时还必须同时存储该非零元素所对应的行、列下标。这样稀疏矩阵中的每一个非零元素需由一个三元组 $(i, j, a_{i,j})$ 唯一确定,稀疏矩阵中的所有非零元素构成一个三元组线性表,将其采用顺序存储结构存储,称为稀疏矩阵的**三元组表示**。

如图 5.7 所示是一个 6×7 阶稀疏矩阵 A(为图示方便,所取的行列数都很小)及其对应的三元组表示。

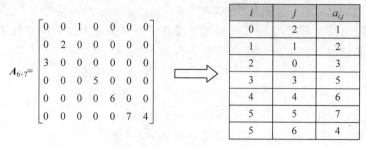

图 5.7   一个稀疏矩阵 **A** 及其对应的三元组表示

完整的稀疏矩阵三元组表示的类型声明如下。

```
#define MaxSize 100                           //矩阵中非零元素的最多个数
typedef struct
{    int r;                                   //行号
     int c;                                   //列号
     ElemType d;                              //元素值为 ElemType 类型
} TupNode;                                    //三元组定义
typedef struct
{    int rows;                                //行数
     int cols;                                //列数
     int nums;                                //非零元素个数
     TupNode data[MaxSize];
} TSMatrix;                                   //三元组顺序表定义
```

其中,data 域中表示的非零元素通常以行序为主序顺序排列,它是一种下标按行有序的存储结构。这种有序存储结构可简化大多数矩阵运算算法。下面的讨论均假设 data 域按行有序存储。

稀疏矩阵运算通常包括矩阵转置、矩阵加、矩阵减、矩阵乘等。这里仅讨论基本运算算法。

1. 从一个二维稀疏矩阵创建其三元组表示

算法的思路是,以行序方式扫描二维稀疏矩阵 **A**,将其非零的元素插入三元组 t 中。对应的算法如下。

```
void CreatMat(TSMatrix &t, ElemType A[M][N])
{    int i,j;
     t.rows=M; t.cols=N; t.nums=0;
     for (i=0;i<M;i++)
     {    for (j=0;j<N;j++)
          {    if (A[i][j]!=0)                //只存储非零元素
               {    t.data[t.nums].r=i; t.data[t.nums].c=j;
                    t.data[t.nums].d=A[i][j]; t.nums++;
               }
          }
     }
}
```

2. 三元组元素赋值

该运算的功能是对于稀疏矩阵 **A** 执行 $A[i][j]=x$ 操作(通常 x 是一个非零值)。由

于 A 不是直接采用二维数组存储而是三元组 t 存储的,需要在 t 中实现该赋值操作。

算法思路是,根据 i、j 下标先在三元组 t 中找到适当的位置 k,如果该元素原来就是非零元素(在 t 中找到了该元素),直接将元素值修改为 x;否则(在 t 中找不到该元素)将 $k\sim$ $t.$nums 个元素后移一个位置,将指定元素 x 插入 $t.$data$[k]$ 处。对应的算法如下。

```
int Value(TSMatrix &t,ElemType x,int i,int j)
{   int k=0,k1;
    if (i>=t.rows || j>=t.cols)
        return 0;                              //参数错误时返回 0
    while (k<t.nums && i>t.data[k].r) k++;      //查找行
    while (k<t.nums && i==t.data[k].r && j>t.data[k].c) k++;   //查找列
    if (k<t.nums && t.data[k].r==i && t.data[k].c==j)     //存在这样的元素
        t.data[k].d=x;
    else                                       //不存在这样的元素时插入一个元素
    {   for (k1=t.nums-1;k1>=k;k1--)
        {   t.data[k1+1].r=t.data[k1].r;
            t.data[k1+1].c=t.data[k1].c;
            t.data[k1+1].d=t.data[k1].d;
        }
        t.data[k].r=i;t.data[k].c=j;t.data[k].d=x;
        t.nums++;
    }
    return 1;                                  //成功时返回 1
}
```

3. 将指定位置的元素值赋给变量

该运算的功能是对于稀疏矩阵 A 执行 $x=A[i][j]$ 操作。由于 A 不是直接采用二维数组存储而是三元组 t 存储的,需要在 t 中实现该取值操作。

算法思路是,根据 i、j 下标先在三元组 t 中找到指定的位置 k,如果该元素原来是非零元素(在 t 中找到了该元素),直接将对应的元素值赋给 x;否则(在 t 中找不到该元素)说明该元素是一个零元素,置 $x=0$。对应的算法如下。

```
int Assign(TSMatrix t,ElemType &x,int i,int j)
{   int k=0;
    if (i>=t.rows || j>=t.cols)
        return 0;                              //参数错误时返回 0
    while (k<t.nums && i>t.data[k].r) k++;      //查找行
    while (k<t.nums && i==t.data[k].r && j>t.data[k].c) k++;   //查找列
    if (k<t.nums && t.data[k].r==i && t.data[k].c==j)
        x=t.data[k].d;
    else
        x=0;                                   //在三元组中没有找到表示是零元素
    return 1;                                  //成功时返回 1
}
```

4. 输出三元组运算算法

该运算的功能是输出稀疏矩阵对应的三元组表示。直接从头到尾扫描三元组 t,依次输出元素值。对应的算法如下。

```
void DispMat(TSMatrix t)
```

```
{   int i;
    if (t.nums<=0)                                        //没有非零元素时返回
        return;
    printf("\t%d\t%d\t%d\n",t.rows,t.cols,t.nums);
    printf("\t——————————————————\n");
    for (i=0;i<t.nums;i++)
        printf("\t%d\t%d\t%d\n",t.data[i].r,t.data[i].c,t.data[i].d);
}
```

提示：将稀疏矩阵三元组表示的类型声明及其基本运算函数存放在 TSMatrix.cpp 文件中。

当稀疏矩阵三元组表示的基本运算设计好后，给出以下主函数调用这些基本运算函数，读者可以对照程序执行结果进行分析，进一步体会稀疏矩阵三元组表示的各种操作的实现过程。

```
# define M 6
# define N 7
# include "TSMatrix.cpp"                        //包括稀疏矩阵三元组表示的基本运算算法
int main()
{   TSMatrix t;
    ElemType x;
    ElemType a[M][N]={{0,0,1,0,0,0,0},{0,2,0,0,0,0,0},{3,0,0,0,0,0,0},
                      {0,0,0,5,0,0,0},{0,0,0,0,6,0,0},{0,0,0,0,0,7,4}};
    CreatMat(t,a);
    printf("三元组 t 表示:\n"); DispMat(t);
    printf("执行 A[4][1]=8\n");
    Value(t,8,4,1);
    printf("三元组 t 表示:\n"); DispMat(t);
    printf("求 x=A[4][1]\n");
    Assign(t,x,4,1);
    printf("x=%d\n",x);
}
```

上述程序的执行结果如下。

```
三元组 t 表示:
    6    7    7
    ——————————————
    0    2    1
    1    1    2
    2    0    3
    3    3    5
    4    4    6
    5    5    7
    5    6    4
执行 A[4][1]=8
三元组 t 表示:
    6    7    8
    ——————————————
    0    2    1
    1    1    2
```

```
          2    0    3
          3    3    5
          4    1    8
          4    4    6
          5    5    7
          5    6    4
```
求 x＝A[4][1]

x＝8

【例 5.4】 一个稀疏矩阵采用三元组表示压缩存储后,和直接采用二维数组存储相比会失去_____特性。

    A. 顺序存储   B. 随机存取   C. 输入输出   D. 以上都不对

解 当稀疏矩阵直接采用二维数组存储时,它具有随机存取特性。而采用三元组表示(或十字链表表示)时,对于给定稀疏矩阵中某个元素的下标(i,j),在其三元组表示中查找对应元素值的时间不再是 $O(1)$,所以尽管三元组表示占用的空间会减少,但不再具有随机存取特性。本题答案为 B。

扫一扫

视频讲解

5.3.2 稀疏矩阵的十字链表表示

十字链表是稀疏矩阵的一种链式存储结构。

对于一个 $m \times n$ 的稀疏矩阵,每个非零元素用一个结点表示,该结点中存放该零元素的行号、列号和元素值。同一行中的所有非零元素结点链接成一个带行头结点的行循环单链表,将同一列的所有非零元素结点链接成一个带列头结点的列循环单链表。之所以采用循环单链表,是因为矩阵运算中常常是一行(列)操作完后进行下一行(列)操作,最后一行(列)操作完后进行第一行(列)操作。

这样对稀疏矩阵的每个非零元素结点来说,它既是某个行链表中的一个结点,同时又是某个列链表中的一个结点,每个非零元素就好比在一个十字路口,由此称作**十字链表**。

每个非零元素结点的类型设计成如图 5.8(a)所示的结构,其中,i、j、value 分别代表非零元素所在的行号、列号和相应的元素值;down 和 right 分别称为向下指针和向右指针,分别用来链接同列中和同行中的下一个非零元素结点。

这样行循环单链表个数为 m(每一行对应一个行循环单链表),列循环单链表个数为 n(每一列对应一个列循环单链表),那么行列头结点的个数就是 $m+n$。实际上,行头结点与列头结点是共享的,即 $h[i]$ 表示第 i 行循环单链表的头结点,同时也是第 i 列循环单链表的头结点,这里 $0 \leqslant i < \text{MAX}\{m,n\}$,即行列头结点的个数是 $\text{MAX}\{m,n\}$,所有行列头结点的类型与非零元素结点类型相同。

另外,将所有行列头结点再链接起来构成一个带头结点的循环单链表,这个头结点称为总头结点即 hm,通过 hm 来标识整个十字链表。

总头结点的类型设计成如图 5.8(b)所示的结构(之所以这样设计,是为了与非零元素结点类型一致,这样在整个十字链表中采用指针扫描所有结点时更方便),它的 link 域指向第一个行列头结点,其 i、j 域分别存放稀疏矩阵的行数 m 和列数 n,而 down 和 right 域没有作用。

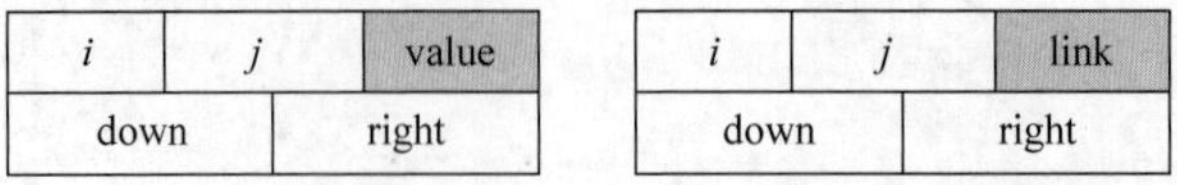

i	*j*	value
down		right

(a) 结点结构

i	*j*	link
down		right

(b) 头结点结构

图 5.8　十字链表结点结构

从中看出,在 $m \times n$ 的稀疏矩阵的十字链表存储结构中,有 m 个行循环单链表,n 个列循环单链表,另加一个行列头结点构成的循环单链表,总的循环单链表个数是 $m+n+1$,总的头结点个数是 $\mathrm{MAX}\{m,n\}+1$。

设稀疏矩阵如下:

$$\boldsymbol{B}_{3\times 4} = \begin{bmatrix} 1 & 0 & 0 & 2 \\ 0 & 0 & 3 & 0 \\ 0 & 0 & 0 & 4 \end{bmatrix}$$

对应的十字链表如图 5.9 所示。为图示清楚,把每个行列头结点分别画成两个,实际上行列值相同的头结点只有一个。

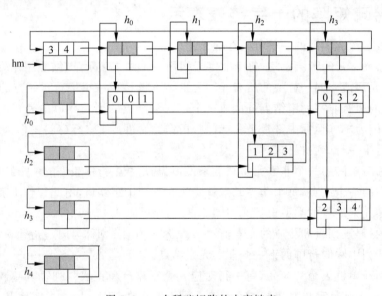

图 5.9　一个稀疏矩阵的十字链表

十字链表结点结构和头结点合起来声明的结点类型如下。

```
#define M 3                              //矩阵行数
#define N 4                              //矩阵列数
#define Max ((M)>(N)?(M):(N))            //矩阵行列中较大者
typedef struct mtxn
{   int i;                               //行号
    int j;                               //列号
    struct mtxn * right, * down;         //向右和向下的指针
    union
    {   ElemType value;                  //存放非零元素值
        struct mtxn * link;
```

　　} tag;
　　} **MatNode**;　　　　　　　　　　　　　　　　//十字链表类型定义

　　有关稀疏矩阵采用十字链表表示时的相关运算算法与三元组表示类似,但更复杂,这里不再讨论。

　　【**例 5.5**】　一个 m 行 n 列的稀疏矩阵采用十字链表表示时,其中循环单链表的个数为_____。

　　A. $m+1$　　　　　　B. $n+1$　　　　　　C. $m+n+1$　　　　D. MAX$\{m,n\}+1$

　　解　稀疏矩阵采用十字链表表示时,每个非零元素对应一个结点,每行的所有结点构成一个带行头结点的循环单链表,每列的所有结点构成一个带列头结点的循环单链表,这些行列循环单链表的头结点是共享的,即第 i 行和第 i 列的头结点是共享的,所以行列头结点个数为 MAX$\{m,n\}$。最后将所有头结点合起来构成一个带总头结点的循环单链表。因此其中循环单链表的个数为 $m+n+1$,而头结点的个数为 MAX$\{m,n\}+1$。本题答案为 C。

小　结

　　(1) 数组是线性表的推广,$d(d \geqslant 1)$ 维数组中存在 d 个线性关系。

　　(2) 数组通常采用顺序存储方法,分为以行优先和以列优先两种存储方式。

　　(3) 特殊矩阵不是指具有特殊用途的矩阵,是指一类元素值分布具有某种规律的矩阵,可以采用压缩存储方法。

　　(4) 对称矩阵、三角矩阵和对角矩阵采用压缩存储的目的是节省内存空间。

　　(5) 数组通常采用顺序存储结构,具有随机存取特性。

　　(6) 稀疏矩阵的压缩存储方式主要有三元组和十字链表表示,前者属顺序存储结构,后者属链式存储结构。

　　(7) 稀疏矩阵采用三元组或十字链表压缩存储方式后,不再具有随机存取特性。

练　习　题

练习题

自测题

上机实验题

上机实验题

不需要学习计算机基础课程？

　　关于学校里面开设的课程，大家可能会觉得不够时髦，不够酷，净是一些计算机组成原理、数据结构等老掉牙的课程，远没有什么 SPRING 框架来得过瘾。呵呵，不过根据我的经验，工作几年以后，大家可能会觉得，最值钱的，恰恰是这些最土气的课程。用框架，永远不算本事，也没有什么核心竞争力，哪天框架死了，你就死了。而另一方面，框架也是人做的，大家以为，做框架需要哪些知识？是不是上述 old 的知识？

　　　　　　　　　　　　——摘自著名的 IT 达人肖舸等著《IT 学生解惑真经》

第6章 树和二叉树

树形结构是非常重要的非线性结构,它用于描述数据元素之间的层次关系,如人类社会的族谱和各种社会组织机构的表示等。树形结构主要包括树和二叉树。由于二叉树具有存储方便和操作灵活等优点,因此二叉树成为广泛使用的树形结构。本章介绍树和二叉树的概念、存储结构和相关运算的实现过程,以及哈夫曼树的相关知识等。

6.1 树

树是一种树形结构,本节讨论树的定义、逻辑结构表示方法和存储结构等基本概念。

6.1.1 树的定义

如图 6.1 所示是一棵现实生活中的树。从数据结构角度看,**树**包含 $n(n \geqslant 0)$ 个结点,当 $n = 0$ 时,称为空树;非空树的定义如下:

$$T = (D, R)$$

其中,D 为树中结点的有限集合,关系 R 满足以下条件。

(1) 有且仅有一个结点 $d_0 \in D$,它对于关系 R 来说没有前驱结点,结点 d_0 称作**树的根结点**。

(2) 除根结点 d_0 外,D 中的每个结点有且仅有一个前驱结点,但可以有多个后继结点。

(3) D 中可以有多个终端结点。

图 6.1 一棵树

一棵树被分成几个大的分支,每个大分支又可分成几个小分支,小分支还可分成更小的分支,……,每个分支也都是一棵树。由此可再给树下一个递归的定义:树 T 是由一个或多个结点组成的有限集,它满足下面两个条件。

(1) 有一个特定的结点 d_0 称为根结点;

(2) 其余的结点被分成 $m(m \geqslant 0)$ 个互不相交的有限集 $T_1, T_2, \cdots, T_m$,其中每个集合本身又是一棵树,称 $T_1, T_2, \cdots, T_m$ 为 d_0 的**子树**。

这种用递归来定义树的方式反映了树的固有特性,也为树的递归处理带来了很大的方便。从中看出树适合表示具有层次结构的数据。

【例 6.1】 一棵树的二元组表示为 $T = (D, R)$,其中

$D = \{A, B, C, D, E, F, G, H\}$,
$R = \{r\}$
$r = \{<A, B>, <A, C>, <A, D>, <C, E>, <C, F>, <D, G>, <E, H>\}$

画出其逻辑结构图。

解 该树中结点 A 没有前驱结点,它是树的根结点,该树的逻辑结构图如图 6.2 所示,和现实生活中的树相比,可以将它看成是倒过来的一棵树。在这棵树中,除根结点 A 外,其余结点分成三个互不相交的子集:$T_1 = \{B\}$,$T_2 = \{C, E, F, H\}$,$T_3 = \{D, G\}$。T_1、T_2、T_3 都是根结点 A 的子树,且各自本身也是一棵树。

说明:树中结点之间的关系应为有向关系,在图 6.2 中,结点之间的连线即分支线都是有向的,默认是箭头向下的。

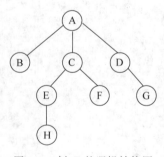

图 6.2 树 T 的逻辑结构图

6.1.2 树的逻辑结构表示

树的逻辑结构表示有树状表示法、文氏图表示法、凹入表示法和括号表示法等。

（1）树状表示法。这是树的最基本逻辑结构表示形式,使用一棵倒置的树表示树结构,非常直观和形象。图 6.2 就是采用这种表示法。

（2）文氏图表示法。使用集合以及集合的包含关系描述树结构。图 6.3(a)是图 6.2 的文氏图表示法。

（3）凹入表示法。使用线段的伸缩关系描述树结构。图 6.3(b)是图 6.2 的凹入表示法。

（4）括号表示法。将树的根结点写在括号的左边,除根结点之外的其余结点写在括号中并用逗号分隔。图 6.3(c)是图 6.2 的括号表示法。

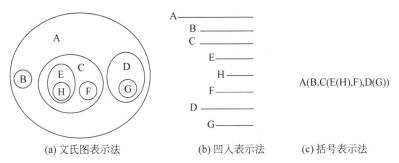

| (a) 文氏图表示法 | (b) 凹入表示法 | (c) 括号表示法 |

图 6.3　树 T 的其他表示法

6.1.3 树的基本术语

下面介绍有关树的一些术语。

（1）**结点的度**。树中每个结点具有的子树数或者后继结点数称为该结点的度。例如,图 6.2 的树 T 中结点 A 的度为 3,结点 D 的度为 1。

（2）**树的度**。树中所有结点的度的最大值称为树的度。例如,图 6.2 的树 T 的度为 3。

（3）**分支结点**。度大于 0 的结点称为分支结点或非终端结点。度为 1 的结点称为单分支结点,度为 2 的结点称为双分支结点,以此类推。

（4）**叶子结点**(或叶结点)。度为零的结点称为叶子结点或终端结点。例如,图 6.2 的树 T 中叶子结点是 B、H、F、G。

（5）**孩子结点**。一个结点的后继称为该结点的孩子结点。例如,图 6.2 的树 T 中结点 A 的孩子结点为 B、C 和 D。

（6）**双亲结点**(或父亲结点)。一个结点称为其后继结点的双亲结点。例如,图 6.2 的树 T 中结点 E 和 F 的双亲结点均为 C。

（7）**子孙结点**。一个结点的子树中除该结点外的所有结点称为该结点的子孙结点。例如,图 6.2 的树 T 中结点 C 的子孙结点为 E、F 和 H。

（8）**祖先结点**。从树根结点到达某个结点的路径上的所有结点称为该结点的祖先结点(不含该结点自身)。例如,图 6.2 的树 T 中结点 F 的祖先结点为 A、C。

（9）**兄弟结点**。具有同一双亲的结点互相称为兄弟结点。例如,图 6.2 的树 T 中结点 E 和 F 是兄弟结点。

（10）**结点层次**（或结点深度）。树表示层次结构,根结点为第一层,其孩子结点为第二层,以此类推得到每个结点的层次。例如,图 6.2 的树 T 中结点 H 的结点层次或者深度是 4。

（11）**树的高度**。树中结点的最大层次称为树的高度或深度。例如,图 6.2 中树 T 的高度是 4。

（12）**森林**。零棵或多棵互不相交的树的集合称为森林。

扫一扫

视频讲解

6.1.4 树的性质

性质 1 树中的结点数等于所有结点的度数加 1。

证明：根据树的定义,在一棵树中,除树根结点外,每个结点有且仅有一个前驱结点。也就是说,每个结点与指向它的一个分支一一对应,所以除树根之外的结点数等于所有结点的分支数（度数）,从而可得树中的结点数等于所有结点的度数加 1。

性质 2 度为 m 的树中第 i 层上至多有 m^{i-1} 个结点($i \geqslant 1$)。

证明：采用数学归纳法证明：

对于第一层,因为树中的第一层上只有一个结点,即为整个树的根结点,而由 $i=1$ 代入 m^{i-1},得 $m^{i-1}=m^{1-1}=1$,也同样得到只有一个结点,显然结论成立。

假设对于第 $i-1$ 层($i>1$)命题成立,即度为 m 的树中第 $i-1$ 层上至多有 m^{i-2} 个结点,则根据树的度的定义,度为 m 的树中每个结点至多有 m 个孩子结点,所以第 i 层上的结点数至多为第 $i-1$ 层上结点数的 m 倍,即至多为 $m^{i-2} \times m=m^{i-1}$ 个,这与命题相同,故命题成立。

推广：当一棵 m 次树的第 i 层有 m^{i-1} 个结点($i \geqslant 1$)时,称该层是满的,若一棵 m 次树的所有叶子结点在同一层,并且每一层都是满的,称为**满 m 次树**。显然,满 m 次树是所有相同高度的 m 次树中结点总数最多的树。也可以说,对于 n 个结点,构造的 m 次树为满 m 次树或者接近满 m 次树,此时树的高度最小。

性质 3 高度为 h 的 m 次树至多有 $\dfrac{m^h-1}{m-1}$ 个结点。

证明：由树的性质 2 可知,第 i 层上最多结点数为 $m^{i-1}(i=1,2,\cdots,h)$,显然当高度为 h 的 m 次树（即度为 m 的树）为满 m 次树时,整棵 m 次树具有最多结点数,因此有：

$$整个树的最多结点数 = 每一层最多结点数之和$$

$$= m^0 + m^1 + m^2 + \cdots + m^{h-1} = \dfrac{m^h-1}{m-1}$$

所以,满 m 次树的另一种定义为：当一棵高度为 h 的 m 次树上的结点数等于 $\dfrac{m^h-1}{m-1}$ 时,则称该树为**满 m 次树**。例如,对于一棵高度为 5 的满 2 次树,则结点数为 $\dfrac{2^5-1}{2-1}=31$；对于一棵高度为 5 的满三次树,则结点数为 $\dfrac{3^5-1}{3-1}=121$。

【例 6.2】 若一棵度为 3 的树有 5 个度为 2 的结点,有 6 个度为 3 的结点,该树一共有多少个叶子结点？

解 对于这棵 3 次树,结点总数等于所有类型结点个数之和,即 $n=n_0+n_1+n_2+n_3$(n_i

表示度为 i 的结点个数)。这里有 $n_2=5$，$n_3=6$，所以 $n=n_0+n_1+11$。

又有：总分支数＝所有结点度数和＝$n-1$(以图 6.2 为例，树中结点之间的连线数即为总分支数，也就是所有结点度数和，除根结点外，每个结点对应其中一条分支线，所以所有结点度数和＝$n-1$)，而所有结点度数和＝$1×n_1+2×n_2+3×n_3$(一个度为 1 的结点贡献一个度，一个度为 2 的结点贡献两个度，一个度为 3 的结点贡献三个度)＝n_1+28。

所以有：$n_1+28=n-1=n_0+n_1+11-1$，则 $n_0=28-10=18$。

这样的 3 次树共有 18 个叶子结点。

6.1.5　树的基本运算

扫一扫

视频讲解

由于树是非线性结构，结点之间的关系较线性结构复杂得多，所以树的运算较以前讨论过的各种线性数据结构的运算要复杂许多。

树的运算主要分为以下三大类。

(1) 查找满足某种特定关系的结点，如寻找当前结点的双亲结点等；

(2) 插入或删除某个结点，如在树的当前结点上插入一个新结点或删除当前结点的第 i 个孩子结点等；

(3) 遍历树中结点。

树的遍历运算是指按某种方式访问树中的每一个结点且每一个结点只被访问一次。树的遍历运算主要有先根遍历、后根遍历和层次遍历三种。注意，下面的先根遍历和后根遍历过程都是递归的。

1. 先根遍历

先根遍历的过程如下。

(1) 访问根结点；

(2) 按照从左到右的次序先根遍历根结点的每一棵子树。

例如，对于图 6.2 的树，采用先根遍历得到的结点序列为 ABCEHFDG。

2. 后根遍历

后根遍历的过程如下。

(1) 按照从左到右的次序后根遍历根结点的每一棵子树；

(2) 访问根结点。

例如，对于图 6.2 的树，采用后根遍历得到的结点序列为 BHEFCGDA。

3. 层次遍历

层次遍历的过程为：从根结点开始，按从上到下、每一层从左到右的次序访问树中每一个结点。

例如，对于图 6.2 的树，采用层次遍历得到的结点序列为 ABCDEFGH。

6.1.6　树的存储结构

扫一扫

视频讲解

在计算机中存储一棵树，不仅要存储树中每个结点的值，而且要存储结点与结点之间的关系。下面介绍三种常用的存储结构。

1. 双亲存储结构

用一个一维数组存储树中的各个结点,数组元素是一个记录,包含 data 和 parent 两个域,分别表示结点值和其双亲在数组中的下标。在这个一维数组中,树中结点可按任意顺序存放。

例如,图 6.2 中树 T 的双亲存储结构如图 6.4 所示。其中,规定 parent 为 -1 的位置存储的结点是根结点。

位置	0	1	2	3	4	5	6	7	…	MaxSize−1
data	A	B	C	D	E	F	G	H	…	
parent	−1	0	0	0	2	2	3	4	…	

图 6.4　树的双亲存储结构

在双亲存储结构中,找某个结点的双亲或祖先是很方便的,但要找某个结点的孩子或兄弟结点则较耗时,需要遍历整个数组。

2. 孩子链存储结构

在这种存储结构中,每个结点不仅包含结点值,还包括指向所有孩子结点的指针。由于树中每个结点的子树个数(即结点的度)可能不同,如果按各个结点的度设计变长结构,则每个结点的孩子结点指针域个数增加使算法实现非常麻烦。孩子链存储结构可按树的度(即树中所有结点度的最大值)设计结点的孩子结点指针域个数。

如图 6.5 所示是图 6.2 中树 T 的孩子链存储结构,由于该树是度为 3 的树,所以每个结点都有三个指针域,分别指向其孩子结点,当不存在该孩子结点时,对应的指针域为NULL。

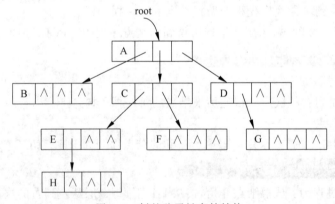

图 6.5　树的孩子链存储结构

显然,在孩子链存储结构中,查找某个结点的孩子结点很容易,但找结点的双亲结点则较耗时;而且当树的度较大时,这种存储结构十分耗费空间。

3. 孩子兄弟链存储结构

孩子兄弟链存储结构是一种二叉链表,链表中每个结点包含两个指针,分别指向对应结点的第一个孩子和下一个兄弟。

如图 6.6 所示是图 6.2 中树 T 的孩子兄弟链存储结构,其中,root 指针指向树的根结点。

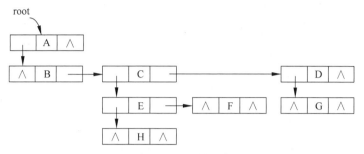

图 6.6　树的孩子兄弟链存储结构

孩子兄弟链存储结构的优、缺点和孩子链存储结构的优缺点一样,查找双亲比较耗时,查找孩子结点比较容易,但由于每个结点只有两个指针域,较孩子链存储结构节省空间。

6.2　二　叉　树

二叉树和前面介绍的树都属于树形结构,但它们是两种不同的数据结构。在树中,每个结点可以有任意个后继结点,但二叉树中每个结点最多只有两个后继结点,这样二叉树的存储和操作更易于实现。

6.2.1　二叉树的定义

二叉树是一种简单且重要的树形结构,尽管它和前面介绍的树都属于树形结构,但相互之间没有包含关系,不能把二叉树看成是一种特殊的树。

二叉树的递归定义为:二叉树或者是一棵空树,或者是一棵由一个根结点和两棵互不相交的分别称作根结点的左子树和右子树所组成的非空树,左子树和右子树又同样都是一棵二叉树。

在二叉树中,每个结点的左子树的根结点被称为**左孩子结点**,右子树的根结点被称为**右孩子结点**。从中看到,左右子树是严格区分的,某个结点即便只有一个孩子结点,也要指出是左孩子结点还是右孩子结点。叶子结点没有任何孩子结点。

注意:二叉树与度为 2 的树是不同的。度为 2 的树至少有三个结点,而二叉树的结点数可以为 0;度为 2 的树不区分子树的次序,而二叉树中的每个结点最多有两个孩子结点,且必须要区分左右子树,即使在结点只有一棵子树的情况下也要明确指出该子树是左子树还是右子树。

二叉树的逻辑表示法与树的逻辑表示法相同,即可以采用树状表示法、文氏图表示法、凹入表示法和括号表示法来表示二叉树的逻辑结构。前面介绍的树的相关概念也同样适用于二叉树。二叉树中每个结点的子树或孩子结点的个数称为该结点的度,所以二叉树中每个结点的度只能为 0~2。

归纳起来,二叉树的 5 种形态如图 6.7 所示。

(a) 空二叉树   (b) 只有一个根结点的二叉树   (c) 右子树为空的二叉树   (d) 左子树为空的二叉树   (e) 左、右子树非空的二叉树

图 6.7   二叉树的 5 种形态

【例 6.3】 给出由三个结点 A、B 和 C 构成的所有形态的二叉树(不考虑结点值的差异)。

解 含有三个结点 A、B 和 C 的所有形态的二叉树如图 6.8 所示。

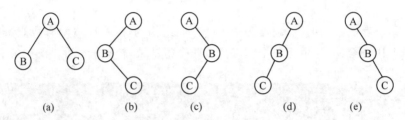

(a)   (b)   (c)   (d)   (e)

图 6.8   含有三个结点的所有形态的二叉树

6.2.2   二叉树的性质

二叉树具有如下重要的性质。

性质 1   二叉树上叶子结点数等于度为 2 的结点数加 1。

证明: 设 n_0 为二叉树中叶子结点个数,n_1 为二叉树中度为 1 的结点个数,n_2 为二叉树中度为 2 的结点个数,n 为所有结点个数(除特殊说明外,以下均采用这种表示法)。由于二叉树中所有结点的度 $\leqslant 2$,则其结点总数为:$n = n_0 + n_1 + n_2$。

在二叉树中,一个度为 1 的结点贡献一个度,一个度为 2 的结点贡献两个度,所以总的度数 $= n_1 + 2n_2$。而总的度数 $=$ 总分支数 $= n - 1$。则 $n_1 + 2n_2 = n_0 + n_1 + n_2 - 1$,求出 $n_0 = n_2 + 1$。

【例 6.4】 一棵二叉树中总结点个数为 200,其中单分支结点个数为 19,求其叶子结点个数。

解 依题意,$n = 200$,$n_1 = 19$。又 $n = n_0 + n_1 + n_2$,由性质 1 得,$n_2 = n_0 - 1$,所以有:$n = 2n_0 - 1 + n_1$,即 $n_0 = (n - n_1 + 1)/2 = 91$。所以这样的二叉树中叶子结点个数为 91。

性质 2   二叉树上第 i 层上至多有 2^{i-1} 个结点($i \geqslant 1$)。

证明: 用数学归纳法证明。

当 $i = 1$ 时,只有一个根结点。显然 $2^{i-1} = 2^0 = 1$,成立。

现在假定对第 $i-1$ 层是成立的,即第 $i-1$ 层上至多有 2^{i-2} 个结点。由于二叉树的每个结点的度至多为 2,故第 i 层上的最大结点数为 $i-1$ 层上的最大结点数的 2 倍,即 $2 \times 2^{i-2} = 2^{i-1}$。

性质 3   高度为 h 的二叉树至多有 $2^h - 1$ 个结点。

证明：由性质 2 可知,高度为 h 的二叉树的最多结点数为:

$$\sum_{i=1}^{h}(\text{第 } i \text{ 层的最多结点个数})=\sum_{i=1}^{h}2^{i-1}=2^{h}-1$$

下面介绍两种特殊的二叉树。

满二叉树：在一棵二叉树中,当第 i 层的结点数恰好为 2^{i-1} 个时,则称此层的结点数是满的。当一棵二叉树中的每一层都是满的,且叶子结点在同一层上时,则称此树为满二叉树。满二叉树具有这样的特性：除叶子结点以外的其他结点的度皆为 2。

由二叉树性质 3 可知,高度为 h 的满二叉树中的结点数为 $2^{h}-1$ 个。图 6.9(a)是一棵高度为 4 的满二叉树,其结点数为 $2^{4}-1=15$。图中每个结点旁的编号是层序编号,即从根结点为 1 开始,按照层次从小到大、同一层从左到右的次序顺序编号。按这种方式可以对满二叉树的结点进行连续编号。

完全二叉树：在一棵二叉树中,除最后一层外,若其余层都是满的,并且最后一层的右边缺少连续若干个叶子结点,则称此树为完全二叉树。

由此可知,满二叉树是完全二叉树的特例。完全二叉树具有这样的特性：二叉树中至多只有最下边两层结点的度数小于 2,且若二叉树中任意一个结点的右子树高度为 h,则其左子树的高度只能是 h 或 $h+1$。因此高度为 h 的完全二叉树若按层次从上到下、从左到右按自然数编号,它与高度为 h 的满二叉树中结点的编号一一对应。

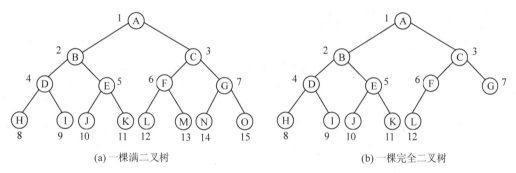

(a)一棵满二叉树　　　　　　　　　　　(b)一棵完全二叉树

图 6.9　一棵满二叉树和一棵完全二叉树

图 6.9(b)是一棵完全二叉树,它与等高度的满二叉树相比,在最后一层的右边缺少了三个结点。该树中每个结点上面的数字为该结点的编号,编号的方法同满二叉树。

性质 4　对完全二叉树中结点按层序编号,对于编号为 i 的结点($1\leqslant i\leqslant n,n\geqslant1,n$ 为结点数)有:

(1) 若 $i\leqslant\lfloor n/2\rfloor^{①}$,即 $2i\leqslant n$,则编号为 i 的结点为分支结点,否则为叶子结点。

(2) 若 n 为奇数,则每个分支结点都有左、右孩子,即该完全二叉树中没有度为 1 的结点;若 n 为偶数,则编号最大的分支结点只有左孩子而没有右孩子,其余分支结点都有左、右孩子,即该完全二叉树中只有一个度为 1 的结点。

(3) 若编号为 i 的结点有左孩子,则左孩子结点的编号为 $2i$;若编号为 i 的结点有右孩子,则右孩子结点的编号为 $2i+1$。除树的根结点外,若一个结点的编号为 i,则它的双亲结

---

① $\lfloor x\rfloor$ 表示小于或等于 x 的最大整数,$\lceil x\rceil$ 表示大于或等于 x 的最小整数。

点的编号为$\lfloor i/2 \rfloor$。完全二叉树中这种结点编号之间的对应关系如图 6.10 所示。

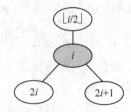

说明： 对于完全二叉树，一旦已知其结点总数 n，则其树的形态就确定了，那么分支结点个数和叶子结点个数也就确定了。

【例 6.5】 一棵完全二叉树中总结点个数为 200，求其叶子结点个数。

图 6.10 完全二叉树中结点编号之间的对应关系

解 依题意，$n = 200$，由于 n 为偶数，所以 $n_1 = 1$。又 $n = n_0 + n_1 + n_2$，由性质 1 得，$n_2 = n_0 - 1$，所以有：$n = 2n_0 - 1 + n_1$，$n_0 = (n - n_1 + 1)/2 = 100$。这样的完全二叉树中叶子结点个数为 100。

【例 6.6】 一棵有 124 个叶结点的完全二叉树最多有多少个结点？

解 由二叉树性质 1 可知，$n_0 = n_2 + 1$，则 $n_2 = n_0 - 1 = 123$；$n = n_0 + n_1 + n_2 = 247 + n_1$。对于完全二叉树，$n_1$ 只能为 0 或 1，当 $n_1 = 1$ 时该完全二叉树中结点个数达到最大值，即为 248 个结点。

6.2.3 二叉树的存储结构

与线性表一样，二叉树也有顺序存储结构和链式存储结构两种。

1. 二叉树的顺序存储结构

顺序存储一棵二叉树时，就是用一组连续的存储单元存放二叉树中的结点。由二叉树的性质 4 可知，对于完全二叉树和满二叉树，树中结点层序编号可以唯一地反映出结点之间的逻辑关系，所以可以用一维数组按从上到下、从左到右的顺序存储树中所有结点值，通过数组元素的下标关系反映完全二叉树或满二叉树中结点之间的逻辑关系。

例如，图 6.9(b) 的完全二叉树对应的顺序存储结构如图 6.11 所示，编号为 i 的结点值存放在数组下标为 i 的元素中。由于 C/C++ 语言数组下标从 0 开始，这里为了一致性而没有使用下标为 0 的数组元素。

位置	1	2	3	4	5	6	7	8	9	10	11	12	13	14	…	MaxSize-1
data	A	B	C	D	E	F	G	H	I	J	K	L	#	#	#	#

图 6.11 一棵完全二叉树的顺序存储结构

然而对于一般的二叉树，如果仍按照从上到下和从左到右的顺序将树中的结点顺序存储在一维数组中，则数组元素下标之间的关系不能够反映二叉树中结点之间的逻辑关系，这时可将一般二叉树进行改造，增添一些并不存在的空结点，使之成为一棵完全二叉树的形式。如图 6.12(a) 所示的是一棵一般的二叉树，添加一些结点使其成为一棵完全二叉树的结果如图 6.12(b) 所示，并对所有结点进行编号，然后仅保留实际存在的结点，如图 6.12(c) 所示。再把各结点值按编号存储到一维数组中，在二叉树中人为增添的结点（空结点）在数组中所对应的元素值为一特殊值如"#"，如图 6.13 所示。

也就是说，一般二叉树采用顺序存储结构后，二叉树中各结点的编号与等高度的完全二叉树中位置上结点的编号相同，这样对于一个编号（下标）为 i 的结点，如果有双亲，其双亲

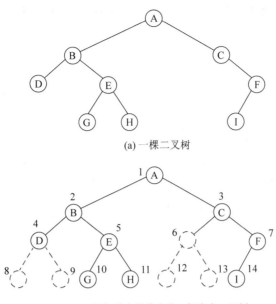

(a) 一棵二叉树

(b) 添加结点使其成为一棵完全二叉树

(c) 仅保留实际存在的结点

图 6.12　一般二叉树按完全二叉树结点编号

结点的编号(下标)为 $\lfloor i/2 \rfloor$,如果它有左孩子,其左孩子结点的编号(下标)为 $2i$,如果它有右孩子,其右孩子结点的编号(下标)为 $2i+1$。

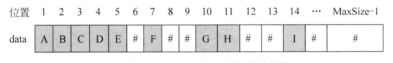

图 6.13　一棵二叉树的顺序存储结构

二叉树顺序存储结构的类型声明如下:

typedef ElemType **SqBinTree**[MaxSize];

其中,ElemType 为二叉树中结点的数据值类型,MaxSize 为顺序表的最大长度。为了方便运算,通常将下标为 0 的位置空着,值为"♯"的结点为空结点。

显然,完全二叉树或满二叉树采用顺序存储结构比较合适,既能够最大可能地节省存储空间,又可以利用数组元素的下标确定结点在二叉树中的位置以及结点之间的关系。对于一般二叉树,如果它接近于完全二叉树形态,需要增加的空结点个数不多,也适合采用顺序存储结构。如果需要增加很多空结点才能将一棵二叉树改造成为一棵完全二叉树,采用顺序存储结构会造成空间的大量浪费,这时不宜用顺序存储结构。最坏的情况是右单支树(除叶子结点外每个结点只有一个右孩子),一棵高度为 h 的右单支树,只有 h 个结点,却需要分配 $2^h - 1$ 个存储单元。

在顺序存储结构中,查找一个结点的孩子、双亲结点都很方便,编号(下标)为 i 的结点的层次为 $\lceil \log_2(i+1) \rceil$。

2. 二叉树的链式存储结构

对于一般的二叉树,通常采用链式存储结构。链表中的每个结点包含两个指针,分别指向对应结点的左孩子和右孩子(注意在树的孩子兄弟链表存储结构中,每个结点的两个指针分别指向对应结点的第一个孩子和下一个兄弟)。在二叉树的链式存储中,结点的类型声明如下:

```
typedef struct tnode
{    ElemType data;                          //数据域
     struct tnode * lchild, * rchild;        //指针域
} BTNode;
```

其中,data 表示数据域,用于存储结点值(默认情况下为单个字母),lchild 和 rchild 分别表示左指针域和右指针域,分别存储左孩子和右孩子结点(即左、右子树的根结点)的存储地址。当某结点不存在左或右孩子时,其 lchild 或 rchild 指针域取特殊值 NULL。这种二叉树的链式存储结构通常称为**二叉链**。

例如,图 6.12(a)的二叉树的二叉链存储结构如图 6.14 所示,整个二叉链通过根结点的指针 b 唯一标识。

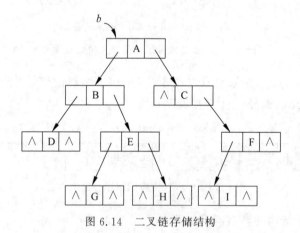

图 6.14　二叉链存储结构

二叉链存储结构的优点是访问结点的孩子很方便。但查找一个结点的双亲结点需要遍历。有时为了方便访问双亲结点,可在每个结点中再增加一个指向双亲的指针域 parent,就构成了二叉树的三叉链表存储结构,其结点结构如图 6.15 所示,这样可以方便地找到一个结点的双亲结点。

lchild	parent	data	rchild

图 6.15　二叉树的三叉链表结点结构

6.3 递归算法设计方法 ✳

由于二叉树是一种递归数据结构，后面涉及大量的二叉树递归算法设计，本节专门介绍递归算法设计的一般方法。

6.3.1 什么是递归

在定义一个过程或函数时如果出现调用本过程或本函数的成分，称为**递归**。若直接调用自身，称为**直接递归**。若过程或函数 p 调用过程或函数 q，而 q 又调用 p，称为**间接递归**。这里主要介绍直接递归。例如，有以下递归函数：

$$f(1)=1$$
$$f(2)=1$$
$$f(n)=f(n-1)+f(n-2) \quad n \geqslant 3$$

对应的求解 $f(n)$ 的递归算法 fun() 如下。

```
int fun(int i)
{   if (i==1 || i==2)
        return(1);
    else
        return(fun(i-1)+fun(i-2));
}
```

计算 fun(5) 的过程如图 6.16 所示，图中向下箭头（用实线表示）表示递推或分解过程，向上箭头（用虚线表示）表示求值或返回过程，fun(n) 上方的值表示其求解结果。

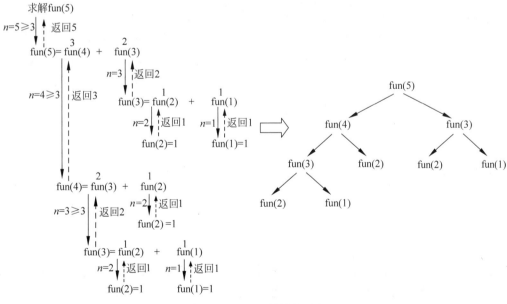

图 6.16 fun(5) 的计算过程

将前面的 $f()$ 函数的描述形式称为递归模型,fun()是对应的递归算法。从中看到递归模型是递归算法的抽象,它反映了一个递归问题的递归结构。

一般地,**递归模型**由两部分组成,一部分为**递归出口**,它给出了递归的终止条件,例如,前面例子中的 $f(1)=1$ 和 $f(2)=1$ 就是递归出口;另一部分为**递归体**,它确定递归求解时的递推关系,例如,前面例子中的 $f(n)=f(n-1)+f(n-2)$ 就是递归体。

递归算法求解过程的特征是:先将不能直接求解的问题转换成若干个相似的小问题,通过分别求解各子问题,最后获得整个问题的解。当这些子问题不能直接求解时,还可以再将它们转换成若干个更小的子问题,如此反复进行,直到遇到递归出口为止。这种自上而下将问题分解、求解,再自下而上引用、合并,求出最后解答的过程称为递归求解过程。这是一种分而治之的算法设计方法。

6.3.2　递归算法设计一般方法

递归算法的设计方法是,先确定对应的递归模型,再将其转换为递归算法。其核心思想是把问题简化分解为几个子问题,其中子问题的形式和算法与原问题算法相似,只是比原来简化。

因此,在设计递归算法时,应着重分析递归数据结构的递归运算,充分利用这类运算的特性进行递归设计。获取求解问题的递归模型的一般步骤如下。

(1) 对原问题 $f(s)$ 进行分析,假设出合理的"小问题"$f(s')$(与数学归纳法中假设 $n=k-1$ 时等式成立相似);

(2) 假设 $f(s')$ 是可解的,在此基础上确定 $f(s)$ 的解,即给出 $f(s)$ 与 $f(s')$ 之间的关系(与数学归纳法中求证 $n=k$ 时等式成立的过程相似);

(3) 确定一个特定情况(如 $f(1)$ 或 $f(0)$)的解,由此作为递归出口(与数学归纳法中求证 $n=1$ 或 $n=0$ 时等式成立相似)。

【例 6.7】　设计一个递归算法求一个整数数组中所有元素之和。

解　设 $f(a,i)$ 为整数数组 a 中 $a[0] \sim a[i-1]$ 这 i 个元素之和,这是大问题;小问题为 $f(a,i-1)$,它为 $a[0] \sim a[i-2]$ 这 $i-1$ 个元素之和。假设 $f(a,i-1)$ 已求出,则有 $f(a,i)=f(a,i-1)+a[i-1]$,另外,$f(a,1)=a[0]$,即一个元素和等于这个元素值。对应的递归模型如下。

$f(a,1)=a[0]$
$f(a,i)=f(a,i-1)+a[i-1]$　　　当 $i>1$ 时

相应的递归算法如下。

```
int fun(int a[ ],int i)
{    if (i==1) return a[0];
     else return (fun(a,i-1)+a[i-1]);
}
```

【例 6.8】　对于不带头结点的非空单链表 L(结点类型用 SLinkNode 表示),其结点值均为整数且所有结点值不相同,设计以下递归算法。

(1) 求最大的结点值;
(2) 求最小的结点值;

（3）正向输出所有结点值；

（4）反向输出所有结点值。

解 （1）对于不带头结点的单链表 L，L 是第一个数据结点的指针，$L->$ next 也是一个不带头结点的单链表，它仅比单链表 L 少一个结点。设 $f_1(L)$ 计算单链表 L 中最大结点值，这是原问题，小问题为 $f_1(L->$ next$)$，它计算单链表 $L->$ next 中最大结点值，如图 6.17 所示。

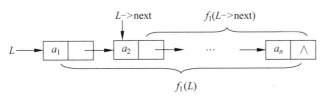

图 6.17 不带头结点的单链表

假设 $f_1(L->$ next$)$ 已计算出来，显然有 $f_1(L) = \max(L->$ data$, f_1(L->$ next$))$；当单链表 L 中只有一个结点时有：$f_1(L) = L->$ data。对应的递归模型如下。

$f_1(L) = L->$ data   当 L 中只有一个结点时
$f_1(L) = \max(L->$ data$, f1(L->$ next$))$ 其他情况

对应的递归算法如下。

```
int f1(SLinkNode * L)            //求不带头结点的单链表 L 中最大结点值
{    int m;
     if (L-> next==NULL)
          return L-> data;
     else
     {    m=f1(L-> next);            //递归求小问题的解
          if (m > L-> data) return m;
          else return L-> data;
     }
}
```

（2）分析同（1）小题，将 max 改为 min 即可。对应的递归算法如下。

```
int f2(SLinkNode * L)            //求不带头结点的单链表 L 中最小结点值
{    int m;
     if (L-> next==NULL)
          return L-> data;
     else
     {    m=f2(L-> next);            //递归求小问题的解
          if (m < L-> data) return m;
          else return L-> data;
     }
}
```

（3）设 $f_3(L)$ 正向输出单链表 L 的所有结点值，这是原问题。小问题为 $f_3(L->$ next$)$，它正向输出单链表 $L->$ next 的所有结点值。假设 $f_3(L->$ next$)$ 已输出，显然 $f_3(L)$ 等价于先输出 $L->$ data 值，再调用 $f_3(L->$ next$)$。当单链表 L 为空时，不做任何输出。对应的递归模型如下。

$f_3(L)\equiv$不做任何事情　　　　　　　　　　　　　当 $L==$NULL

$f_3(L)\equiv$输出 $L->$data；$f_3(L->$next))　　　其他情况

其中，"$\equiv$"表示等价关系，对应的递归算法如下。

```
void f3(SLinkNode * L)              //正向输出不带头结点单链表 L 的所有结点值
{   if (L!=NULL)
    {   printf("%d ",L->data);
        f3(L->next);
    }
}
```

（4）分析同（3）小题，将递归体中两部分顺序颠倒即可。对应的递归算法如下。

```
void f4(SLinkNode * L)              //反向输出不带头结点单链表 L 的所有结点值
{   if (L!=NULL)
    {   f4(L->next);
        printf("%d ",L->data);
    }
}
```

从以上算法设计看出，递归体的微小变化，会导致递归算法执行结果的大相径庭。如（3）和（4）算法中仅两个语句的次序颠倒，结果是前者正向输出所有结点值，后者反向输出所有结点值。

说明：对单链表设计递归算法时通常采用不带头结点的单链表。因为带有头结点，会导致 L 和 $L->$next 结构不一致（前者有头结点，后者没有头结点）。

6.3.3　二叉树的递归算法设计

归纳起来，在递归数据结构中，必然有一个或一组基本递归运算，如不带头结点的单链表 L 中，$L->$next 就是一个基本的递归运算，因为 $L->$next 一定也是一个不带头结点的单链表（空表是单链表）。

不妨设递归数据结构 $A=(D,\mathrm{Op})$，其中，D 是数据元素的集合，$\mathrm{Op}=\{\mathrm{op}_i\}$ 为基本递归运算的集合。递归运算具有封闭性，如 $\mathrm{op}_i\in\mathrm{Op}$ 且为一元运算，则 $\forall d\in D$，有 $\mathrm{op}_i(d)\in D$。

递归算法设计便是从递归数据结构的基本递归运算入手的。对于二叉树，以二叉链为存储结构，其基本递归运算就是求一个结点 p 的左子树（$p->$lchild）和右子树（$p->$rchild），$p->$lchild 和 $p->$rchild 一定是一棵二叉树（这是为什么二叉树的定义中空树也是二叉树的原因）。

一般地，二叉树的递归结构如图 6.18 所示，对于二叉树 b，设 $f(b)$ 是求解的"大问题"，则

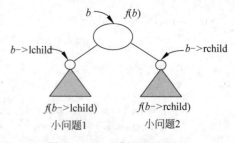

图 6.18　二叉树的递归结构

$f(b->$lchild) 和 $f(b->$rchild) 为"小问题"，假设 $f(b->$lchild) 和 $f(b->$rchild) 是可求的，在此基础上得出 $f(b)$ 和 $f(b->$lchild)、$f(b->$rchild) 之间的关系，从而得到递归体，再考虑 $b=$NULL 或只有一个结点的特殊情况，从而得到递归出口。

例如，假设二叉树中所有结点值为整数，采用二叉链存储结构，求该二叉树 b 中所有结

点值之和。

设 $f(b)$ 为二叉树 b 中所有结点值之和,则 $f(b->\text{lchild})$ 和 $f(b->\text{rchild})$ 分别求根结点 b 的左、右子树的所有结点值之和,显然有 $f(b)=b->\text{data}+f(b->\text{lchild})+f(b->\text{rchild})$。当 $b=\text{NULL}$ 时 $f(b)=0$,从而得到以下递归模型。

$$f(b)=0 \qquad\qquad\qquad\qquad\qquad\qquad 当\ b=\text{NULL}$$
$$f(b)=b->\text{data}+f(b->\text{lchild})+f(b->\text{rchild}) \qquad 其他情况$$

对应的递归算法如下。

```
int Sum(BTNode * b)                          //求二叉树 b 中所有结点值之和
{   if (b==NULL) return 0;
    else return(b->data+Sum(b->lchild)+Sum(b->rchild));
}
```

6.4 二叉树的基本运算算法

6.4.1 二叉树的基本运算

一般地,二叉树有如下几个基本运算。

(1) CreateBTree(bt,str):根据二叉树的括号表示法为 str 建立二叉链存储结构 bt。

(2) DestroyBTree(bt):释放二叉树 bt 占用的内存空间。

(3) BTHeight(bt):求一棵二叉树 bt 的高度。

(4) NodeCount(bt):求一棵二叉树 bt 的结点个数。

(5) LeafCount(bt):求一棵二叉树 bt 的叶子结点个数。

(6) DispBTree(bt):以括号表示法输出一棵二叉树 bt。

包含基本运算的二叉树如图 6.19 所示,其中,$op_1 \sim op_6$ 表示上述 6 个基本运算。

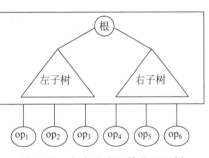

图 6.19 包含基本运算的二叉树

6.4.2 二叉树基本运算实现算法

假设二叉树采用二叉链存储结构,为了简单,假设每个结点值为单个字符且所有结点值不相同。实现以上基本运算的算法如下。

1. 建立二叉链运算算法

这里假设二叉树的逻辑结构采用括号表示法,对应字符串 str,由它创建二叉链存储结构。用 ch 扫描字符串 str。分为以下几种情况。

(1) 若 ch='(',则将前面刚创建的结点作为双亲结点进栈,并置 $k=1$,表示其后创建的结点将作为这个结点的左孩子结点;

（2）若 ch＝')'，表示栈顶结点的左右孩子结点处理完毕，退栈；

（3）若 ch＝','，表示其后创建的结点为右孩子结点，置 $k＝2$；

（4）其他情况，表示要创建一个结点，并根据 k 值建立它与栈顶结点之间的联系，当 $k＝1$ 时，表示这个结点作为栈顶结点的左孩子结点；当 $k＝2$ 时，表示这个结点作为栈顶结点的右孩子结点。

如此循环直到 str 处理完毕。算法中使用一个栈 St 保存双亲结点，top 为其栈指针，k 指定其后处理的结点是双亲结点（保存在栈中）的左孩子结点（$k＝1$）还是右孩子结点（$k＝2$）。

这里直接采用数组 St 存放栈元素（每个元素为二叉树中结点地址），另外用一个 int 变量 top 作为栈顶指针。对应的算法如下。

```
void CreateBTree(BTNode * &bt,char * str)
{    BTNode * St[MaxSize], * p=NULL;
     int top=-1,k,j=0;
     char ch;
     bt=NULL;                            //建立的二叉树初始时为空
     ch=str[j];
     while (ch!='\0')                    //str 未扫描完时循环
     {    switch(ch)
          {
          case '(':top++;St[top]=p;k=1; break;     //处理左孩子结点
          case ')':top--;break;
          case ',':k=2; break;                     //处理右孩子结点
          default:  p=(BTNode * )malloc(sizeof(BTNode));
                    p->data=ch;p->lchild=p->rchild=NULL;
                    if (bt==NULL)             //p 为二叉树的根结点
                        bt=p;
                    else                      //已建立二叉树根结点
                    {    switch(k)
                         {
                         case 1:St[top]->lchild=p; break;
                         case 2:St[top]->rchild=p; break;
                         }
                    }
          }
          j++;
          ch=str[j];
     }
}
```

视频讲解

2. 销毁二叉树 bt 的运算算法

设 $f(bt)$ 为释放二叉树 bt 的全部结点空间，为大问题。$f(bt->lchild)$ 和 $f(bt->rchild)$ 分别释放 bt 的左右子树的全部结点空间，均为小问题。当 bt 的左右子树结点空间释放后，只剩下一个根结点 bt，直接调用 free(bt) 释放其空间。所以销毁二叉树 bt 的递归模型 $f(bt)$ 如下。

$f(bt) \equiv$ 不做任何事情　　　　　　　　　当 bt＝NULL

$f(bt) \equiv f(bt \to lchild); f(bt \to rchild); free(bt);$ 其他情况

对应的递归算法如下。

```
void DestroyBTree(BTNode * &bt)
{    if (bt! = NULL)
     {    DestroyBTree(bt-> lchild);
          DestroyBTree(bt-> rchild);
          free(bt);
     }
}
```

3. 求二叉树高度运算算法

求二叉树 bt 的高度的递归模型 $f(bt)$ 如下。

$f(bt) = 0$ 若 bt = NULL
$f(bt) = MAX\{f(bt \to lchild), f(bt \to rchild)\} + 1$ 其他情况

其中,MAX 是求最大值函数。对应的算法如下。

```
int BTHeight(BTNode * bt)
{    int lchilddep, rchilddep;
     if (bt = = NULL) return(0);                        //空树的高度为 0
     else
     {    lchilddep = BTHeight(bt-> lchild);            //求左子树的高度为 lchilddep
          rchilddep = BTHeight(bt-> rchild);            //求右子树的高度为 rchilddep
          return (lchilddep > rchilddep)? (lchilddep+1):(rchilddep+1);
     }
}
```

4. 求二叉树结点个数运算算法

求二叉树 bt 中结点个数的递归模型 $f(bt)$ 如下。

$f(bt) = 0$ 当 bt = NULL
$f(bt) = f(bt \to lchild) + f(bt \to rchild) + 1$ 其他情况

相应的递归算法如下。

```
int NodeCount(BTNode * bt)                             //求二叉树 bt 的结点个数
{    int num1, num2;
     if (bt = = NULL)                                  //为空树时返回 0
          return 0;
     else
     {    num1 = NodeCount(bt-> lchild);               //求左子树结点个数
          num2 = NodeCount(bt-> rchild);               //求右子树结点个数
          return (num1+num2+1);                        //返回和加上 1
     }
}
```

5. 求二叉树叶子结点个数运算算法

求二叉树 bt 中叶子结点个数的递归模型 $f(bt)$ 如下。

$f(bt) = 0$ 当 bt = NULL
$f(bt) = 1$ 当 bt 为叶子结点

$$f(\text{bt}) = f(\text{bt}\rightarrow \text{lchild}) + f(\text{bt}\rightarrow \text{rchild}) \qquad 其他情况$$

相应的递归算法如下。

```
int LeafCount(BTNode * bt)                        //求二叉树 bt 的叶子结点个数
{   int num1,num2;
    if (bt==NULL)                                 //空树返回 0
        return 0;
    else if (bt-> lchild==NULL && bt-> rchild==NULL)
        return 1;                                 //为叶子结点时返回 1
    else
    {   num1=LeafCount(bt-> lchild);              //求左子树叶子结点个数
        num2=LeafCount(bt-> rchild);             //求右子树叶子结点个数
        return (num1+num2);                       //返回和
    }
}
```

6. 以括号表示法输出二叉树运算算法

其过程是：对于非空二叉树 bt,先输出根结点值,当存在左孩子结点或右孩子结点时,输出一个"("符号,然后递归处理左子树,输出一个","符号,递归处理右子树,最后输出一个")"符号。对应的递归算法如下。

```
void DispBTree(BTNode * bt)
{   if (bt!=NULL)                                 //bt 为非空时
    {   printf("%c",bt-> data);                  //输出根结点值
        if (bt-> lchild!=NULL || bt-> rchild!=NULL)
        {   printf("(");                          //有子树时输出'('
            DispBTree(bt-> lchild);              //递归处理左子树
            if (bt-> rchild!=NULL)               //有右子树时输出','
                printf(",");
            DispBTree(bt-> rchild);             //递归处理右子树
            printf(")");                          //右子树输出完毕,再输出一个')'
        }
    }
}
```

说明：将二叉树结点类型声明及其基本运算函数存放在 BTree.cpp 文件中。

当二叉树的基本运算设计好后,给出以下程序调用这些基本运算函数,读者可以对照程序执行结果进行分析,进一步体会二叉树的各种操作的实现过程。

```
#include "BTree.cpp"                              //包含二叉链的基本运算函数
int main()
{   BTNode * bt;
    CreateBTree(bt,"A(B(D,E(G,H)),C(,F(I)))");   //构造如图 6.14 所示的二叉链
    printf("二叉树 bt:");DispBTree(bt);printf("\n");
    printf("bt 的高度:%d\n",BTHeight(bt));
    printf("bt 的结点数:%d\n",NodeCount(bt));
    printf("bt 的叶子结点数:%d\n",LeafCount(bt));
    DestroyBTree(bt);
}
```

本程序执行结果如下。

二叉树 bt:A(B(D,E(G,H)),C(,F(I)))

bt 的高度:4

bt 的结点数:9

bt 的叶子结点数:4

6.5 二叉树的遍历

在二叉树的一些应用中,常常要求在树中查找具有某种特征的结点,或者对树中全部结点逐一进行某种处理。这就提出了一个遍历二叉树的问题,本节介绍二叉树的各种遍历算法。

6.5.1 常用的二叉树遍历算法

二叉树的遍历是指按一定的次序访问树中的所有结点,使每个结点恰好被访问一次。其中,遍历次序保证了二叉树上每个结点均被访问一次且仅有一次。

遍历是二叉树中经常要用到的一种操作。因为在实际应用中,常常需要按一定顺序对二叉树中的每个结点逐个地进行访问,然后对那些满足条件的结点进行处理。

通过一次完整的遍历,可使二叉树中的结点信息由非线性排列变为某种意义上的线性序列。也就是说,遍历操作使非线性结构线性化。

二叉树常用的遍历有先序(根)遍历、中序(根)遍历、后序(根)遍历和层次遍历。先序、中序、后序的区别在于访问根结点的顺序不同。

1. 先序遍历

若二叉树非空,则:

(1) 访问根结点;

(2) 先序遍历左子树;

(3) 先序遍历右子树。

对应的递归算法如下。

```
void PreOrder(BTNode * bt)
{    if (bt!=NULL)
    {    printf("%c ",bt->data);                    //访问根结点
        PreOrder(bt->lchild);
        PreOrder(bt->rchild);
    }
}
```

采用先序遍历得到的访问结点序列称为先序遍历序列或者先序序列。先序遍历序列的特点是:其第一个元素值为二叉树中的根结点值。

如图 6.12(a)所示二叉树的先序遍历序列为 ABDEGHCFI,其 PreOrder 算法的执行过程如图 6.20 所示。

说明:在二叉树的遍历中,结点"访问"的含义十分广泛,泛指对该结点进行某种操作,如判断一个结点是否为叶子结点,若为叶子结点则执行某种处理,所以在参考文献[1]中采

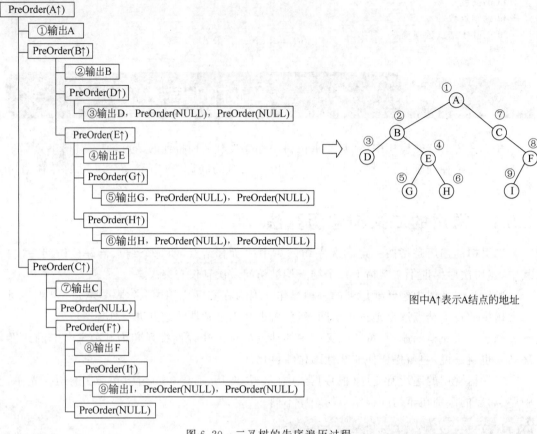

图 6.20　二叉树的先序遍历过程

用函数指针,处理功能包含在 Visit 所指的函数内,Visit(p)表示访问 p 所指结点,从而使"访问"结点操作更加通用。在这里为了简单和便于理解,访问结点即输出该结点的值。但读者应了解访问的真正含义,以便利用遍历过程设计出更复杂的算法。

2.中序遍历

若二叉树非空,则:

(1) 中序遍历左子树;

(2) 访问根结点;

(3) 中序遍历右子树。

对应的递归算法如下。

```
void InOrder(BTNode * bt)
{   if (bt!=NULL)
    {   InOrder(bt->lchild);
        printf("%c ",bt->data);              //访问根结点
        InOrder(bt->rchild);
    }
}
```

采用中序遍历得到的访问结点序列称为中序遍历序列或者中序序列。中序遍历序列的

特点是：若已知二叉树的根结点,以该结点为界,将中序遍历序列分为两部分,前半部分为左子树的中序遍历序列,后半部分为右子树的中序遍历序列。

如图 6.12(a)所示的二叉树,中序遍历序列为 DBGEHACIF,其 InOrder 算法的执行过程如图 6.21 所示。

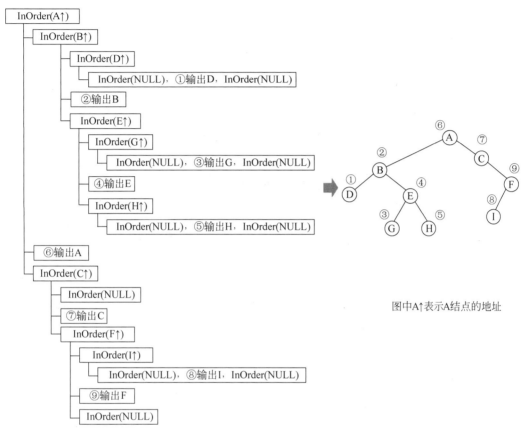

图中A↑表示A结点的地址

图 6.21 二叉树的中序遍历过程

3. 后序遍历

若二叉树非空,则：

(1)后序遍历左子树;

(2)后序遍历右子树;

(3)访问根结点。

对应的递归算法如下。

```
void PostOrder(BTNode * bt)
{    if (bt!=NULL)
     {    PostOrder(bt->lchild);
          PostOrder(bt->rchild);
          printf("%c ",bt->data);              //访问根结点
     }
}
```

采用后序遍历得到的访问结点序列称为后序遍历序列或者后序序列。后序遍历序列的特点是：其最后一个元素值为二叉树中根结点值。

如图 6.12(a)所示的二叉树，后序遍历序列为 DGHEBIFCA，其 PostOrder 算法的执行过程如图 6.22 所示。

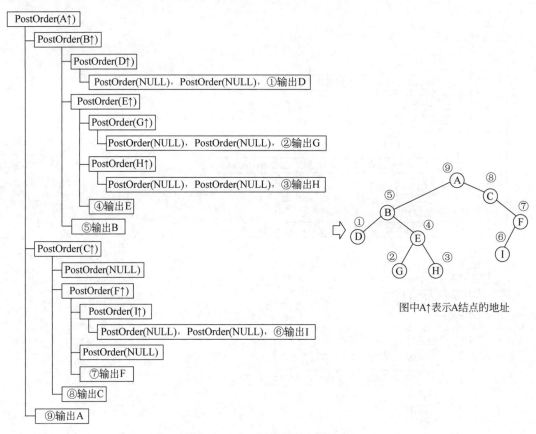

图中A↑表示A结点的地址

图 6.22　二叉树的后序遍历过程

4. 层次遍历算法

层次遍历是从根结点出发，按照从上向下，同一层从左向右的次序访问所有的结点。在层次遍历算法中采用一个循环队列 qu 来实现。

层次遍历的实现过程是：先将根结点进队，在队不空时循环：从队列中出队一个结点 p，访问它；若它有左孩子，将左孩子结点进队；若它有右孩子，将右孩子结点进队。如此操作直到队空为止。

算法中用到一个循环队列保存尚未访问的孩子结点地址，这里直接采用数组 qu 存放队中元素(每个元素为二叉树中结点地址)，另外用两个 int 变量 front、rear 分别作为队头指针和队尾指针。对应的算法如下。

```
void LevelOrder(BTNode * bt)
{   BTNode * p;
    BTNode * qu[MaxSize];              //定义循环队列,存放二叉链结点指针
    int front,rear;                    //定义队头和队尾指针
```

```
    front=rear=0;                                //置队列为空队列
    rear++; qu[rear]=bt;                         //根结点指针进入队列
    while (front!=rear)                          //队列不为空循环
    {   front=(front+1)%MaxSize;
        p=qu[front];                             //出队结点 p
        printf("%c ",p->data);                   //访问该结点
        if (p->lchild!=NULL)                     //有左孩子时将其进队
        {   rear=(rear+1)%MaxSize;
            qu[rear]=p->lchild;
        }
        if (p->rchild!=NULL)                     //有右孩子时将其进队
        {   rear=(rear+1)%MaxSize;
            qu[rear]=p->rchild;
        }
    }
}
```

采用层次遍历得到的访问结点序列称为层次遍历序列,层次遍历序列的特点是:其第一个元素值为二叉树中根结点值。

如图 6.12(a)所示的二叉树,其层次遍历序列为 ABCDEFGHI,其遍历过程如图 6.23 所示。

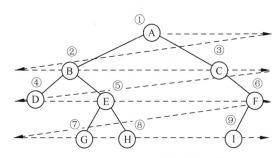

图 6.23   二叉树的层次遍历过程

说明:将二叉树的 4 种遍历算法对应的函数存放到 OrderBTree.cpp 文件中。

当二叉树的遍历设计好后,给出以下程序调用这些基本运算函数,读者可以对照程序执行结果进行分析,进一步体会二叉树的各种遍历的实现过程。

```
#include "OrderBTree.cpp"                        //包含二叉树的各种遍历函数
int main()
{   BTNode * bt;
    CreateBTree(bt,"A(B(D,E(G,H)),C(,F(I)))");   //构造如图 6.14 所示的二叉链
    printf("二叉树 bt:");DispBTree(bt);printf("\n");
    printf("先序遍历序列:");PreOrder(bt);printf("\n");
    printf("中序遍历序列:");InOrder(bt);printf("\n");
    printf("后序遍历序列:");PostOrder(bt);printf("\n");
    printf("层次遍历序列:");LevelOrder(bt);printf("\n");
    DestroyBTree(bt);
}
```

上述程序的执行结果如下。

二叉树 bt:A(B(D,E(G,H)),C(,F(I)))

先序遍历序列:A B D E G H C F I
中序遍历序列:D B G E H A C I F
后序遍历序列:D G H E B I F C A
层次遍历序列:A B C D E F G H I

6.5.2 遍历算法的应用

【例 6.9】 假设以二叉链作为存储结构,设计一个算法求二叉树中单分支结点个数。

解 采用后序遍历方式求解。先求出左子树中单分支结点个数 m,再求出右子树中单分支结点个数 n,若根结点是单分支结点,则返回 $m+n+1$,否则返回 $m+n$。

求左、右子树中的单分支结点个数相当于二叉树后序遍历算法中遍历左、右子树,而判断根结点是否为单分支结点的操作相当于二叉树后序遍历算法中访问根结点。对应的算法如下。

```
int onenodes1(BTNode * bt)
{   int m,n;
    if (bt!=NULL)
    {   m=onenodes1(bt->lchild);        //遍历左子树
        n=onenodes1(bt->rchild);        //遍历右子树      //访问根结点
        if ((bt->lchild==NULL && bt->rchild!=NULL)    //单分支结点
            || (bt->lchild!=NULL && bt->rchild==NULL))
            return(1+m+n);
        else                            //其他情况
            return(m+n);
    }
    else return 0;                      //空树返回 0
}
```

也可以直接采用递归的方法,设 $f(bt)$ 求二叉树 bt 的单分支结点个数,则 $f(bt->$ lchild)求二叉树 bt 的左子树的单分支结点个数,$f(bt->$ rchild)求二叉树 bt 的右子树的单分支结点个数,显然有以下递归模型。

$$f(bt)=0 \qquad\qquad\qquad\qquad 当\ bt=NULL$$
$$f(bt)=1+f(bt->lchild)+f(bt->rchild) \qquad 当\ bt\ 为单分支结点$$
$$f(bt)=f(bt->lchild)+f(bt->rchild) \qquad\qquad 其他情况$$

对应的算法如下。

```
int onenodes2(BTNode * bt)
{   int m,n;
    if (bt==NULL)                       //空树返回 0
        return 0;
    m=onenodes2(bt->lchild);
    n=onenodes2(bt->rchild);
    if ((bt->lchild==NULL && bt->rchild!=NULL)    //单分支结点
        || (bt->lchild!=NULL && bt->rchild==NULL))
        return(1+m+n);
    else                                //其他情况
        return(m+n);
}
```

从中看到,两种求解方式得到的结果是相同的。实际上,先序、中序和后序三种遍历方法本身就是递归的,所以采用递归模型设计方法求解更加基础。

【例 6.10】 假设以二叉链作为存储结构,设计一个算法求二叉树中双分支结点个数。

解 采用后序递归遍历方式求解。先求出左子树中双分支结点个数 m,再求出右子树中双分支结点个数 n,若根结点是双分支结点,则返回 $m+n+1$,否则返回 $m+n$。读者可以模仿例 6.9 写出相应的算法。

也可以直接采用递归的方法,设 $f(bt)$ 求二叉树 bt 的双分支结点个数,则 $f(bt->$ lchild)求二叉树 bt 的左子树的双分支结点个数,$f(bt->rchild)$求二叉树 bt 的右子树的双分支结点个数,显然有以下递归模型:

$f(bt)=0$ 当 bt=NULL
$f(bt)=1+f(bt->lchild)+f(bt->rchild)$ 当 bt 为双分支结点
$f(bt)=f(bt->lchild)+f(bt->rchild)$ 其他情况

对应的算法如下。

```
int twonodes(BTNode * bt)
{    if (bt==NULL)                                    //空树返回 0
         return 0;
     if (bt->lchild!=NULL && bt->rchild!=NULL)        //为双分支结点
         return 1+twonodes(bt->lchild)+twonodes(bt->rchild);
     else                                             //其他情况
         return twonodes(bt->lchild)+twonodes(bt->rchild);
}
```

【例 6.11】 假设以二叉链作为存储结构,设计一个算法复制一棵二叉树。

解 采用先序递归遍历方式求解。若二叉树 bt 不空,则首先复制根结点,相当于二叉树先序遍历算法中的访问根结点语句,然后分别复制二叉树根结点的左子树和右子树,这相当于二叉树先序遍历算法中的遍历左子树和右子树。读者可以模仿例 6.9 写出相应的算法。

可以直接采用递归模型设计方法。设 $f(bt,nt)$ 是由二叉链 bt 复制产生 nt,这是大问题。$f(bt->lchild,nt->lchild)$ 和 $f(bt->rchild,nt->rchild)$ 分别复制左子树和右子树,它们是小问题。假设小问题可解,也就是说左、右子树都可复制,则只需复制根结点了,如图 6.24 所示。对应的递归模型如下。

$f(bt,nt)\equiv nt=NULL$ 当 bt=NULL
$f(bt,nt)\equiv$ 由 bt 根结点复制产生 nt 根结点;   当 bt≠NULL
   $f(bt->lchild,nt->lchild)$;
   $f(bt->rchild,nt->rchild)$;

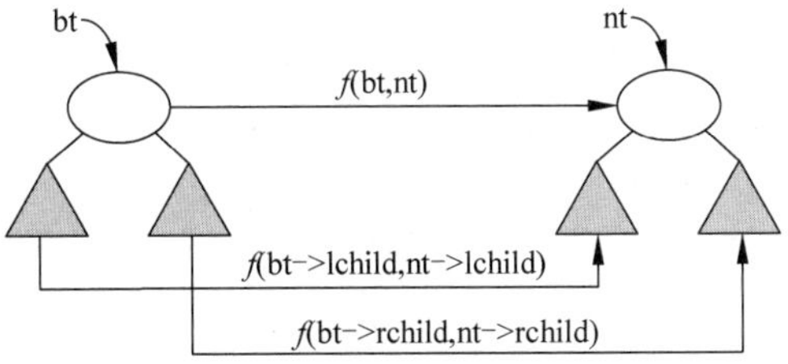

图 6.24 由二叉树 bt 复制产生二叉树 nt

对应的算法如下。

```
void CopyBTree(BTNode * bt, BTNode * &nt)          //由二叉树 bt 复制产生二叉树 nt
{   if (bt!=NULL)
    {   nt=(BTNode *)malloc(sizeof(BTNode));        //复制根结点
        nt->data=bt->data;
        CopyBTree(bt->lchild, nt->lchild);          //递归复制左子树
        CopyBTree(bt->rchild, nt->rchild);          //递归复制右子树
    }
    else nt=NULL;                                    //bt 为空树时 nt 也为空树
}
```

从上述算法看出,它是基于先序遍历的,即复制根结点、复制左子树和复制右子树。

【例 6.12】 设计一个算法,由给定的二叉树的二叉链存储结构建立其对应的顺序存储结构。

解 由二叉树的顺序存储结构 sb 可知,sb 初始时是一个所有元素为"#"的一维数组,它的空间是由系统自动分配的,二叉树中某一个结点值存放在 sb[i] 中,所以应由 sb[i] 指定一个结点而不仅仅是 sb。在二叉树的二叉链存储结构 bt 中,bt 指向根结点。当给定二叉链 bt 要建立顺序存储结构 sb 时,应由根结点 bt 修改 sb 中 sb[1] 元素值。

不妨设 $f(bt, sb, i)$ 的功能是由 bt 所指结点建立 sb[i] 结点,显然有如下递归模型:

$$f(bt, sb, i) \equiv sb[i]='\#' \qquad\qquad 当\ bt=NULL$$
$$f(bt, sb, i) \equiv sb[i]=bt->data; \qquad 其他情况$$
$$f(bt->lchild, sb, 2*i);$$
$$f(bt->rchild, sb, 2*i+1);$$

对应的递归算法如下。

```
void trans1(BTNode * bt, SqBinTree &sb, int i)
{   //i 的初值为根结点编号 1
    if (bt!=NULL)
    {   sb[i]=bt->data;                             //创建根结点
        trans1(bt->lchild, sb, 2*i);                //递归建立左子树
        trans1(bt->rchild, sb, 2*i+1);              //递归建立右子树
    }
    else sb[i]='#';                                  //不存在的结点的对应位置值为'#'
}
```

和例 6.11 算法一样,本例的算法也是以先序递归遍历算法为基础的。

【例 6.13】 设计一个算法,由给定的二叉树顺序存储结构建立其对应的二叉链存储结构。

解 由二叉树的顺序存储结构 sb 可知,对于 sb[i] 结点,如果有左孩子,左孩子为 sb[2*i],如果有右孩子,右孩子为 sb[2*i+1]。对应的递归算法如下。

```
void trans2(BTNode * &bt, SqBinTree sb, int i)
{   //i 的初值为根结点编号 1
    if (i<MaxSize && sb[i]!='#')                     //存在有效结点时
    {   bt=(BTNode *)malloc(sizeof(BTNode));         //创建根结点
        bt->data=sb[i];
        trans2(bt->lchild, sb, 2*i);                //递归建立左子树
        trans2(bt->rchild, sb, 2*i+1);              //递归建立右子树
```

```
        }
        else bt=NULL;                              //无效结点对应的二叉链为 NULL
}
```

同样,本例的算法也是以先序递归遍历算法为基础的。

【**例 6.14**】 假设以二叉链作为存储结构,设计一个算法,输出每个叶子结点的所有祖先结点。并给出如图 6.14 所示的二叉树的求解结果。

解法 1:采用先序遍历的递归方法求解。用 path 数组保存从根结点开始的路径,pathlen 保存 path 中的元素个数。在先序遍历时,当找到某个叶子结点时,path 中恰好保存了它的所有祖先结点,输出即可。若不是叶子结点,将其保存到 path 中,再在左子树中递归查找,之后再在右子树中递归查找。对应的递归算法如下。

```
void ancestor1(BTNode * bt,ElemType path[ ],int pathlen)
{   int i;
    if (bt!=NULL)
    {   if (bt->lchild==NULL && bt->rchild==NULL)    //bt 为叶子结点
        {   printf("   %c 结点的所有祖先结点: ",bt->data);
            for (i=pathlen-1;i>=0;i--)
                printf("%c ",path[i]);
            printf("\n");
        }
        else
        {   path[pathlen]=bt->data;                   //将当前结点放入路径中
            pathlen++;                                //path 中元素个数增 1
            ancestor1(bt->lchild,path,pathlen);       //递归扫描左子树
            ancestor1(bt->rchild,path,pathlen);       //递归扫描右子树
        }
    }
}
```

解法 2:采用层次遍历方法求解。设置一个非循环队列 qu,其中元素有两个域:*s* 为二叉树中结点指针,parent 存放该结点的双亲结点在 qu 中的下标,另外,front 和 rear 为队头队尾指针,初值均为 −1。先将根结点进队,其 parent 置为 −1(根结点没有双亲),当队不空时循环:出队一个结点 *p*,它在 qu 中的下标为 front,如果 *p* 结点为叶子结点,它的所有祖先必在队列 qu 中,通过结点的 parent 导出所有祖先结点并输出;否则,若 *p* 结点有左孩子,将左孩子进队,并置左孩子的 parent 为 front,若 *p* 结点有右孩子,将右孩子进队,并置右孩子的 parent 为 front。对应的非递归算法如下。

```
void ancestor2(BTNode * bt)
{   BTNode * p; int i;
    struct
    {   BTNode * s;                                  //存放结点指针
        int parent;                                  //存放其双亲结点在 qu 中的下标
    } qu[MaxSize];                                   //qu 存放队中元素
    int front=-1,rear=-1;                            //队头队尾指针
    rear++; qu[rear].s=bt;                           //根结点进队
    qu[rear].parent=-1;                              //根结点没有双亲,其 parent 置为 −1
    while (front!=rear)                              //队不空循环
    {   front++;
        p=qu[front].s;                               //出队结点 p,它在 qu 中的下标为 front
```

```
            if (p—>lchild==NULL && p—>rchild==NULL)    //若p为叶子结点
            {    printf("    %c结点的所有祖先结点: ",p—>data);
                 i=qu[front].parent;
                 while (i!=-1)
                 {    printf("%c ",qu[i].s—>data);
                      i=qu[i].parent;
                 }
                 printf("\n");
            }
            if (p—>lchild!=NULL)                            //p有左孩子,将左孩子进队
            {    rear++;
                 qu[rear].s=p—>lchild;
                 qu[rear].parent=front;                      //左孩子的双亲为qu[front]结点
            }
            if (p—>rchild!=NULL)                            //p有右孩子,将右孩子进队
            {    rear++;
                 qu[rear].s=p—>rchild;
                 qu[rear].parent=front;                      //右孩子的双亲为qu[front]结点
            }
        }
    }
```

设计如下主函数调用上述算法。

```
# include "BTree.cpp"
int main()
{    BTNode *bt;
     ElemType path[MaxSize];
     CreateBTree(bt,"A(B(D,E(G,H)),C(,F(K)))");      //建立图6.14的二叉链
     printf("bt括号表示法:"); DispBTree(bt); printf("\n");
     printf("解法1:\n");
     printf("输出每个叶结点的所有祖先结点:\n");
     ancestor1(bt,path,0);
     printf("解法2:\n");
     printf("输出每个叶结点的所有祖先结点:\n");
     ancestor2(bt);
     DestroyBTree(bt);
}
```

本程序的执行结果如下。

```
bt括号表示法: A(B(D,E(G,H)),C(,F(K)))
解法1:
输出每个叶结点的所有祖先结点:
    D结点的所有祖先结点: B A
    G结点的所有祖先结点: E B A
    H结点的所有祖先结点: E B A
    K结点的所有祖先结点: F C A
解法2:
输出每个叶结点的所有祖先结点:
    D结点的所有祖先结点: B A
    G结点的所有祖先结点: E B A
    H结点的所有祖先结点: E B A
    K结点的所有祖先结点: F C A
```

6.6 二叉树的构造

6.6.1 什么是二叉树的构造

一棵所有结点值不同的二叉树,其先序、中序、后序和层次遍历序列都是唯一的,也就是说一棵这样的二叉树,不可能有两种不同的先序遍历序列,也不可能有两种不同的中序序列。所谓二叉树的构造,就是给定某些遍历序列,反过来唯一地确定该二叉树。

一棵二叉树的形态由根结点 N、左子树 L 和右子树 R 三部分构成,如果这三部分确定了,这棵二叉树的形态也就确定了。

【例 6.15】 一棵二叉树的先序遍历序列和中序遍历序列相同,说明该二叉树的形态。

解 二叉树的先序遍历序列为 NLR,中序遍历序列为 LNR,要使 NLR=LNR,则 L 应为空(因为 N 为空后其 L、R 没有意义),所以这样的二叉树为右单支树(除叶子结点外每个结点只有一个右孩子)。

6.6.2 二叉树的构造方法

对于如图 6.8 所示的 5 棵二叉树,其先序、中序和后序遍历序列如表 6.1 所示。从中看到,对于不同形态的二叉树:

(1) 先序遍历序列可能相同(图 6.8 中 5 棵二叉树的先序遍历序列均相同,均为 ABC)。

(2) 中序遍历序列可能相同(将图 6.8(a)中 A、C 结点值交换,形态不变,与图 6.8(b)的中序遍历序列相同)。

(3) 后序遍历序列可能相同(图 6.8(b)~图 6.8(e)的后序遍历序列均相同,均为 CBA)。

(4) 先序遍历序列和后序遍历序列可能都相同(图 6.8(d)和图 6.8(e)的先序遍历序列和后序遍历序列均相同)。

实际上,在先序、中序和后序遍历序列中:

(1) 由先序遍历序列和中序遍历序列能够唯一确定一棵二叉树。

(2) 由后序遍历序列和中序遍历序列能够唯一确定一棵二叉树。

(3) 由先序遍历序列和后序遍历序列不能唯一确定一棵二叉树。

表 6.1 5 棵二叉树的三种遍历序列

遍历序列	图 6.8(a)的二叉树	图 6.8(b)的二叉树	图 6.8(c)的二叉树	图 6.8(d)的二叉树	图 6.8(e)的二叉树
先序遍历序列	ABC	ABC	ABC	ABC	ABC
中序遍历序列	BAC	BCA	ACB	CBA	ABC
后序遍历序列	BCA	CBA	CBA	CBA	CBA

为什么会出现上述情况呢?这是由各种遍历算法的特点确定的。先序遍历序列和后序遍历序列主要提供二叉树根结点的信息,而中序遍历序列在根结点已知时提供左、右子树的

信息,所以由先序遍历序列和中序遍历序列或后序遍历序列和中序遍历序列能够唯一确定一棵二叉树。层次遍历序列也提供了根结点的信息,所以由层次遍历序列和中序遍历序列也能够唯一确定一棵二叉树。

1. 由先序遍历序列和中序遍历序列构造一棵二叉树

设某棵二叉树具有 $n(n \geq 0)$ 个不同值的结点,其先序序列是 $a_0 a_1 \cdots a_{n-1}$;中序序列是 $b_0 b_1 \cdots b_{k-1} b_k b_{k+1} \cdots b_{n-1}$。由此构造一棵二叉树的过程如下。

(1) 在先序遍历过程中,访问根结点后,紧跟着遍历左子树,最后再遍历右子树。所以, a_0 必定是二叉树的根结点,这样就构造出根结点,而且 a_0 必然在中序序列中出现。也就是说,在中序序列中必有某个 $b_k(0 \leq k \leq n-1)$ 就是根结点 a_0。由于 b_k 是根结点,而在中序遍历过程中,先遍历左子树,再访问根结点,最后再遍历右子树,所以在中序序列中, $b_0 b_1 \cdots b_{k-1}$ 必是根结点 b_k(也就是 a_0)左子树的中序序列,即 b_k 的左子树有 k 个结点(注意, $k=0$ 表示结点 b_k 没有左子树)。而 $b_{k+1} \cdots b_{n-1}$ 必是根结点 b_k(也就是 a_0)右子树的中序序列,即 b_k 的右子树有 $n-k-1$ 个结点(注意, $k=n-1$ 时表示结点 b_k 没有右子树)。

(2) 由于 a_0 的左子树中有 k 个结点,右子树中有 $n-k-1$ 个结点,由先序序列 $a_0 a_1 \cdots a_{n-1}$ 可知, $a_1 \cdots a_k$ 为左子树的先序序列, $a_{k+1} \cdots a_{n-1}$ 为右子树的先序序列。

(3) 由先序序列 $a_1 \cdots a_k$ 和中序序列 $b_0 b_1 \cdots b_{k-1}$ 采用步骤(1)构造根结点 a_0 的左子树;由先序序列 $a_{k+1} \cdots a_{n-1}$ 和中序序列 $b_{k+1} \cdots b_{n-1}$ 采用步骤(1)构造根结点的右子树。

由根结点 a_0 和构造出的左、右子树,从而唯一地构造了该二叉树。

【例 6.16】 已知先序序列为 ABDECFG,中序序列为 DBEACGF,给出构造该二叉树的过程。

解 构造该二叉树的过程如图 6.25 所示。

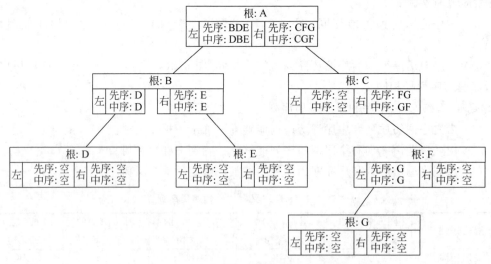

图 6.25 由先序和中序序列构造二叉树

2. 由中序遍历序列和后序遍历序列构造一棵二叉树

设某棵二叉树具有 $n(n \geq 0)$ 个不同值的结点,其中序序列是 $b_0 b_1 \cdots b_{n-1}$;后序序列是 $a_0 a_1 \cdots a_{n-1}$。由此构造一棵二叉树的过程如下。

(1) 在后序遍历过程中,先遍历左子树,再遍历右子树,最后访问根结点。所以,a_{n-1} 必定是二叉树的根结点,这样就构造出根结点,而且 a_{n-1} 必然在中序序列中出现。也就是说,在中序序列中必有某个 $b_k(0{\leqslant}k{\leqslant}n-1)$ 就是根结点 a_{n-1}。由于 b_k 是根结点,而在中序遍历过程中,先遍历左子树,再访问根结点,最后再遍历右子树,所以在中序序列中,$b_0\cdots b_{k-1}$ 必是根结点 b_k(也就是 a_{n-1})左子树的中序序列,即 b_k 的左子树有 k 个结点(注意,$k=0$ 表示结点 b_k 没有左子树)。而 $b_{k+1}\cdots b_{n-1}$ 必是根结点 b_k(也就是 a_{n-1})右子树的中序序列,即 b_k 的右子树有 $n-k-1$ 个结点(注意,$k=n-1$ 时表示结点 b_k 没有右子树)。

(2) 由于 a_0 的左子树中有 k 个结点,右子树中有 $n-k-1$ 个结点,由后序序列 $a_0a_1\cdots a_{n-1}$ 可知,$a_0\cdots a_{k-1}$ 为左子树的后序序列,$a_k\cdots a_{n-2}$ 为右子树的后序序列。

(3) 由后序序列 $a_0\cdots a_{k-1}$,中序序列 $b_0b_1\cdots b_{k-1}$ 采用步骤(1)构造根结点的左子树;由后序序列 $a_k\cdots a_{n-2}$,中序序列 $b_{k+1}\cdots b_{n-1}$ 采用步骤(1)构造根结点的右子树。

由根结点 a_{n-1} 和构造出的左、右子树,从而唯一地构造了该二叉树。

【例 6.17】　已知一棵二叉树的后序遍历序列为 DEBGFCA,中序遍历序列为 DBEACGF,给出构造该二叉树的过程。

解　构造该二叉树的过程如图 6.26 所示。

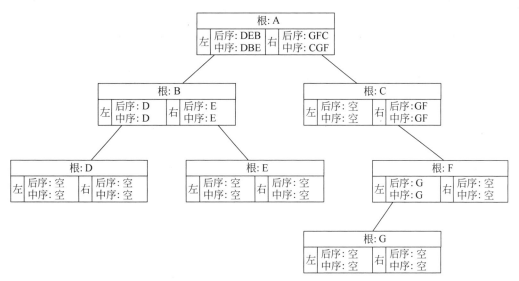

图 6.26　由后序和中序序列构造二叉树

另外,由层次遍历序列和中序遍历序列也可以唯一构造一棵二叉树。其构造过程是,层次遍历序列的第一个结点是二叉树的根结点,确定根结点后,到二叉树的中序遍历序列中找到该结点,这个结点将二叉树分为左子树、根和右子树三部分。左子树中所有结点在层次遍历序列中出现的次序对应左子树的层次遍历序列,右子树中所有结点在层次遍历序列中出现的次序对应右子树的层次遍历序列,再采用同样的方式构造左、右子树,从而构造出整棵二叉树。

6.7 二叉树与树之间的转换 ✳

前面讨论了二叉树的存储结构和运算，那么如何实现一般树的运算呢？由于一般树中许多结点的子树个数可能不同，如果采用类似二叉链的孩子链存储结构，其结点的指针域个数必须采用最多子树的个数，这样会浪费很多空间。为此，可将一般树转换成二叉树，采用二叉树的存储结构和运算方法，在处理之后再将该二叉树转换成一般树。下面讨论一般树与二叉树之间的转换方法。

6.7.1 森林/树转换成二叉树

这里的转换分为两种情况，一是单棵树转换成二叉树，二是由多树构成的森林转换成二叉树。不论哪种情况，都只转换成一棵二叉树。

将一棵树转换成二叉树的过程如下。

(1) 树中所有相邻兄弟之间加一条连线；

(2) 对树中的每个结点，只保留它与第一个孩子结点之间的连线，删除它与其他孩子结点之间的连线；

(3) 以树的根结点为轴心，将整棵树顺时针转动 45°，使之结构层次分明。

【例 6.18】 将如图 6.27(a)所示的树转换成二叉树。

解 转换的过程如图 6.27(b)～图 6.27(d)所示，最终结果如图 6.27(d)所示。

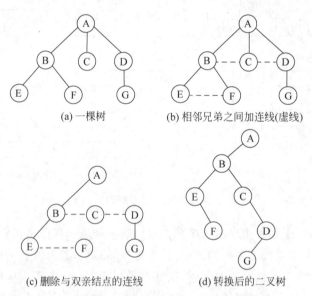

图 6.27 一棵树转换成二叉树的过程

从中看到，一棵树 T 转换成二叉树 BT 后，BT 中的左分支仍表示 T 中的孩子关系，BT 中的右分支却表示 T 中的兄弟关系。由于 T 的根结点没有兄弟，所以 BT 的根结点一定没有右孩子结点。

当要转换为二叉树的森林由两棵或两棵以上树构成时,将这样的森林转换为二叉树的过程如下。

(1) 将森林中的每棵树转换成相应的二叉树。

(2) 第一棵二叉树不动,从第二棵二叉树开始,依次把后一棵二叉树的根结点作为前一棵二叉树根结点的右孩子结点,当所有二叉树连在一起后,此时所得到的二叉树就是由森林转换得到的二叉树。

实际上,当森林 T 由两棵或两棵以上树 $\{T_1, T_2, \cdots, T_n\}$ 构成时,所有这些树的根结点构成兄弟关系,所以森林 T 转换成一棵二叉树 BT 后,将第一棵树 T_1 的根结点作为 BT 的根结点 t_1,T_2 的根结点作为 t_1 的右孩子结点 t_2,T_3 的根结点作为 t_2 的右孩子结点 t_3,……,以此类推。

【例 6.19】 将如图 6.28(a)所示的森林转换成二叉树。

解 转换的过程如图 6.28(b)~图 6.28(e)所示,最终结果如图 6.28(e)所示。

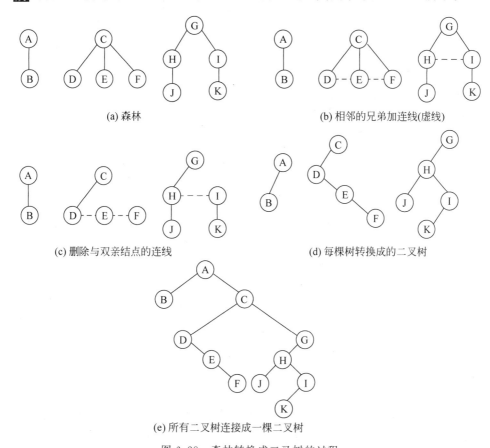

(a) 森林

(b) 相邻的兄弟加连线(虚线)

(c) 删除与双亲结点的连线

(d) 每棵树转换成的二叉树

(e) 所有二叉树连接成一棵二叉树

图 6.28 森林转换成二叉树的过程

【例 6.20】 设森林 F 中有三棵树,第一、第二、第三棵树的结点个数分别为 9、8、7。将其转换成二叉树,则该二叉树根结点的右子树上的结点个数是多少?

解 与森林 F 对应的二叉树根结点的右子树上的结点是由第二棵和第三棵树的全部结点转换而来的,所以二叉树根结点的右子树上的结点个数=8+7=15。

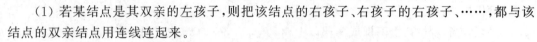

6.7.2 二叉树还原为树/森林

由于转换过程分为两种情况,所以还原过程也相应地分为两种情况,一是由单棵树转换成的二叉树还原成树,二是由多树构成的森林转换成的二叉树还原成树。

当一棵二叉树是由一棵树转换而来的,则该二叉树还原为树的过程如下。

(1) 若某结点是其双亲的左孩子,则把该结点的右孩子、右孩子的右孩子、……,都与该结点的双亲结点用连线连起来。

(2) 删除原二叉树中所有双亲结点与右孩子结点之间的连线。

(3) 整理由(1)、(2)两步所得到的树,使之结构层次分明。

实际上,二叉树的还原就是将二叉树中的左分支保持不变,将二叉树中的右分支还原成兄弟关系。

【例 6.21】 将如图 6.29(a)所示的一棵二叉树还原为森林。

解 转换的过程如图 6.29(b)~图 6.29(d)所示,最终结果如图 6.29(d)所示。

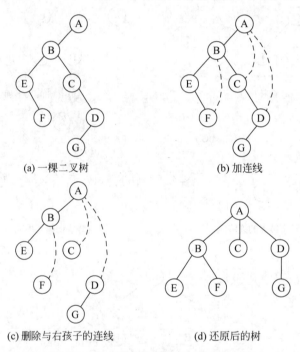

(a) 一棵二叉树

(b) 加连线

(c) 删除与右孩子的连线

(d) 还原后的树

图 6.29 一棵二叉树还原为森林的过程

当一棵二叉树是由 m 棵树构成的森林转换而来的,该二叉树的根结点一定有 $m-1$ 个右下结点,则该二叉树还原为森林的过程如下。

(1) 抹掉二叉树根结点右链上所有结点之间的"双亲—右孩子"关系,将其分成若干个以右链上的结点为根结点的二叉树,设这些二叉树为 bt_1、bt_2、……、bt_m。

(2) 分别将 bt_1、bt_2、……、bt_m 二叉树各自还原成一棵树。

【例 6.22】 将如图 6.30(a)所示的二叉树还原为森林。

解 还原为森林的过程如图 6.30(b)和图 6.30(c)所示,最终结果如图 6.30(c)所示。

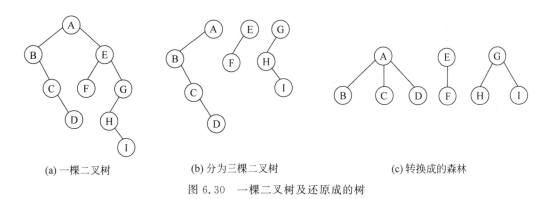

(a) 一棵二叉树　　　　(b) 分为三棵二叉树　　　　(c) 转换成的森林

图 6.30　一棵二叉树及还原成的树

6.8 线索二叉树

6.8.1 什么是线索

对于 n 个结点的二叉树,在二叉链存储结构中有 $n+1$ 个空链域,利用这些空链域存放在某种遍历次序下该结点的前驱结点和后继结点的指针,这些指针称为**线索**,加上线索的二叉树称为**线索二叉树**。线索二叉树分为先序、中序和后序线索二叉树。

在不同的遍历次序下,二叉树中的每个结点一般有不同的前驱和后继。例如,对于如图 6.31(a)所示二叉树中的结点 B 来说,它在先序序列和中序序列中的后继都是 D,在后序序列中的后继是 E。因此,线索二叉树一般可分为先序线索二叉树、中序线索二叉树和后序线索二叉树三种。

图 6.31(b)～图 6.31(d)中给出了三种不同的线索二叉树,图中虚线为线索。

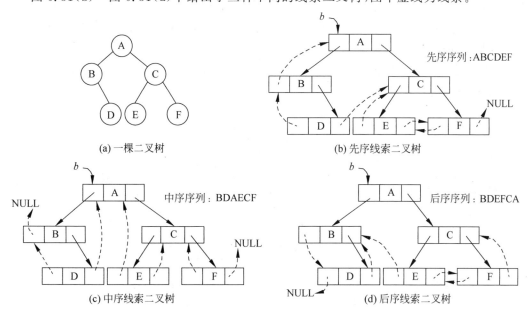

(a) 一棵二叉树　　　　(b) 先序线索二叉树

(c) 中序线索二叉树　　　　(d) 后序线索二叉树

图 6.31　一棵二叉树及其三种线索二叉树

6.8.2　线索二叉树的存储结构

线索二叉树的结点结构如图 6.32 所示。为了区分左指针和右指针是指向其左、右孩子结点还是指向其前驱结点、后继结点,在原二叉链中增加了 ltag 和 rtag 两个标志域。

左标志:

$$\text{ltag} = \begin{cases} 0 & \text{表示 lchild 指向结点的左孩子} \\ 1 & \text{表示 lchild 指向结点的前驱结点即为线索} \end{cases}$$

右标志:

$$\text{rtag} = \begin{cases} 0 & \text{表示 rchild 指向结点的右孩子} \\ 1 & \text{表示 rchild 指向结点的后继结点即为线索} \end{cases}$$

lchild	ltag	data	rtag	rchild

图 6.32　线索二叉树的结点结构

线索二叉树的类型声明如下。

```
typedef struct bthnode
{   ElemType data;
    struct bthnode  * lchild, * rchild;
    int ltag, rtag;
} BthNode;
```

下面以中序线索二叉树为例,讨论线索二叉树的建立和相关算法。

为了方便算法实现,为线索二叉树增加一个头结点,通过该头结点标识线索二叉树。如图 6.33(a)所示是一棵只有头结点的空线索二叉树的情况,图 6.33(b)是图 6.31(a)二叉树对应的带头结点的中序线索二叉树,其中头结点的 lchild 域指向根结点(head—>ltag=0),头结点的 rchild 域指向中序遍历序列中的最后一个结点(head—>rtag=1 表示是线索),该二叉树中序遍历序列的第一个结点的 lchild 域指向头结点(为线索),中序遍历序列的最后一个结点的 rchild 域指向头结点(为线索)。

这样的中序线索二叉树中,如果原来的二叉树是非空的,则所有空指针域均改为线索,不再有空指针域。

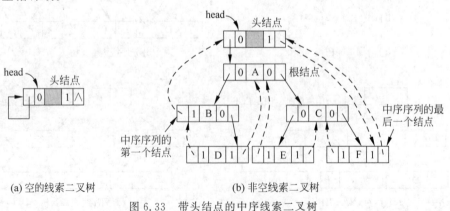

(a) 空的线索二叉树　　　(b) 非空线索二叉树

图 6.33　带头结点的中序线索二叉树

6.8.3 线索二叉树的建立及销毁

建立线索二叉树称为二叉树线索化。以中序线索化一棵二叉树为例,实质上就是中序遍历一棵二叉树,在遍历过程中,检查当前结点的左、右指针域是否为空;如果为空,将它们改为指向前驱结点或后继结点的线索。其算法思想是:先创建一个头结点 head,在进行中序遍历过程中需保留当前结点 p 的前驱结点的指针,设为 pre(全局变量,初值时指向头结点)。在 p 不空的情况下:

(1) 遍历左子树(即左子树线索化)。

(2) 对当前访问结点和前驱结点的空指针线索化:若 $p->$ lchild 为空,则置 $p->$ ltag=1,$p->$ lchild=pre,即将 $p->$ lchild 改为左线索;若 pre$->$ rchild 为空,则置 pre$->$ rtag=1,pre$->$ rchild=p,即将 pre$->$ rchild 改为右线索,再置 pre=p(pre 指向刚刚访问的结点 p)。

(3) 遍历右子树(即右子树线索化)。

对应的算法如下。

```
BthNode  * CreaThread(BthNode * bt)
//对以 bt 为根结点的二叉树中序线索化,并增加一个头结点 head
{   BthNode  * head;
    head=(BthNode  * )malloc(sizeof(BthNode));
    head-> ltag=0;head-> rtag=1;              //创建头结点 head
    head-> rchild=bt;
    if (bt==NULL)                             //bt 为空树时
    {   head-> ltag=0; head-> lchild=head;
        head-> rtag=1; head-> rchild=NULL;
    }
    else                                      //bt 不为空树时
    {   head-> lchild=bt;
        pre=head;                             //pre 是 p 的前驱结点,供加线索用
        Thread(bt);                           //中序遍历线索化二叉树
        pre-> rchild=head;                    //最后处理,加入指向根结点的线索
        pre-> rtag=1;
        head-> rchild=pre;                    //根结点右线索化
    }
    return head;
}
BthNode  * pre;                               //定义 pre 为全局变量
void Thread(BthNode  * &p)
//对以 *p 为根结点的二叉树进行中序线索化
{   if (p!=NULL)                              //遍历左子树      访问根结点
    {   Thread(p-> lchild);                   //左子树线索化
        if (p-> lchild==NULL)                 //前驱线索
        {   p-> lchild=pre;                   //给结点 p 添加前驱线索
            p-> ltag=1;
        }
        else p-> ltag=0;
        if (pre-> rchild==NULL)
        {   pre-> rchild=p;                   //给结点 pre 添加后继线索
            pre-> rtag=1;
        }
        else pre-> rtag=0;
        pre=p;
        Thread(p-> rchild);                   //右子树线索化
    }
}                   //遍历右子树
```

当建立好一棵中序线索二叉树 tb 后,销毁 tb 的过程是先销毁原来的二叉链,最后释放头结点。对应的算法如下。

```
void DestroyBTree1(BthNode * &b)
{   if (b->ltag==0)                                    //b 有左孩子,释放左子树
        DestroyBTree1(b->lchild);
    if (b->rtag==0)                                    //b 有右孩子,释放右子树
        DestroyBTree1(b->rchild);
    free(b);
}
void DestroyBTree(BthNode * &tb)
{   DestroyBTree1(tb->lchild);                         //释放以 tb->lchild 为根结点的树
    free(tb);                                          //释放头结点
}
```

扫一扫

视频讲解

6.8.4　线索二叉树的基本运算算法

中序线索二叉树的基本运算如下(其中,tb 指向中序线索二叉树的头结点)。

(1) 查找中序序列的第一个结点 FirstNode(tb)。

(2) 查找中序序列的最后一个结点 * LastNode(tb)。

(3) 查找 p 结点的前驱结点 PreNode(p)。

(4) 查找 p 结点的后继结点 PostNode(p)。

(5) 输出中序遍历序列 ThInOrder(tb)。

(6) 输出逆中序遍历序列 ThInOrder1(tb)。

下面介绍这些基本运算的实现过程。

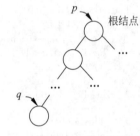

图 6.34　根结点的最左下结点即为中序序列的第一个结点

1. 查找中序序列的第一个结点

从中序线索二叉树的根结点出发沿左指针向下到达最左下结点,它是中序序列的第一个结点,如图 6.34 所示。而中序线索二叉树的根结点由头结点的 lchild 所指向。

对应的算法如下。

```
BthNode * FirstNode(BthNode * tb)      //在中序线索树中查找中序序列的第一个结点
{   BthNode * p=tb->lchild;            //p 指向根结点
    while (p->ltag==0)                 //找根结点的最左下结点
        p=p->lchild;
    return(p);
}
```

2. 查找中序序列的最后一个结点

在中序线索二叉树中,由头结点的 rchild 域指向中序序列的最后一个结点。对应的算法如下。

```
BthNode * LastNode(BthNode * tb)       //在中序线索树中查找中序序列的最后一个结点
{
    return(tb->rchild);
}
```

3. 查找 p 结点的中序前驱结点

若 $p->ltag=1$ (线索)，则 $p->lchild$ 指向前驱结点；否则，查找 p 结点的左孩子的最右下结点，该结点作为 p 结点的前驱结点，如图 6.35 所示。

这是因为一棵子树中，其根结点的最右下结点是该子树中序遍历序列的最后一个结点，在中序遍历时，先遍历 p 结点的左子树，再访问 p 结点，所以 p 结点的左孩子的最右下结点 pre 结点便是 p 结点的中序前驱结点。

对应的算法如下。

```
BthNode * PreNode(BthNode * p)        //在中序线索二叉树上，查找 p 结点的前驱结点
{   BthNode * pre;
    pre=p->lchild;
    if (p->ltag!=1)
    {   while (pre->rtag==0)
            pre=pre->rchild;
    }
    return(pre);
}
```

4. 查找 p 结点的中序后继结点

若 $p->rtag=1$，则 $p->rchild$ 指向后继结点；否则，查找 p 结点的右孩子的最左下结点，该结点作为 p 结点的后继结点，如图 6.36 所示。

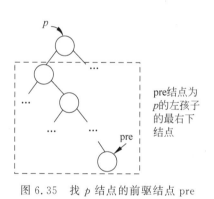

图 6.35　找 p 结点的前驱结点 pre　　　　图 6.36　找 p 结点的后继结点 post

这是因为一棵子树中，其根结点的最左下结点是该子树中序遍历序列的第一个结点，在中序遍历时，访问 p 结点后，马上遍历 p 结点的右子树，所以 p 结点的右孩子的最左下结点 post 便是 p 结点的中序后继结点。

对应的算法如下。

```
BthNode * PostNode(BthNode * p)        //在中序线索二叉树上，查找 p 结点的后继结点
{   BthNode * post;
    post=p->rchild;
    if (p->rtag!=1)
    {   while (post->ltag==0)
            post=post->lchild;
    }
    return(post);
}
```

5. 输出中序遍历序列

先访问第一个结点,继续访问其后继结点,直到遍历完所有结点为止。对应算法如下。

```
void ThInOrder(BthNode * tb)              //中序遍历线索二叉树,输出中序遍历序列
{   BthNode * p;
    p=FirstNode(tb);
    while (p!=tb)
    {   printf("%c ",p->data);
        p=PostNode(p);                    //找 p 的后继结点
    }
    printf("\n");
}
```

从上述算法看出,中序线索二叉树的优点是不需要栈可以实现二叉树的非递归中序遍历。上述中序遍历算法的时间复杂度为 $O(n)$,空间复杂度为 $O(1)$。

6. 输出逆中序遍历序列

先访问最后一个结点,继续访问其前驱结点,直到遍历完所有结点为止。对应的算法如下。

```
void ThInOrder1(BthNode * tb)             //中序遍历线索二叉树,输出逆中序遍历序列
{   BthNode * p;
    p=LastNode(tb);
    while (p!=tb)
    {   printf("%c ",p->data);
        p=PreNode(p);                     //找 p 的前驱结点
    }
    printf("\n");
}
```

说明:将中序线索二叉树的基本运算函数存放到 ThreadBTree.cpp 文件中。

当二叉树的遍历设计好后,给出以下程序调用这些基本运算函数,读者可以对照程序执行结果进行分析,进一步体会二叉树的各种遍历的实现过程。

```
#include "ThreadBTree.cpp"
int main()
{   BthNode * bt, * tb;
    CreateBTree(bt,"A(B(D,E(G,H)),C(,F(I)))");    //构造如图 6.14 所示的二叉链
    printf("二叉树 bt:");DispBTree(bt);printf("\n");
    printf("构造中序线索二叉树 tb\n");
    tb=CreaThread(bt);
    printf("中序遍历序列:"); ThInOrder(tb);
    printf("逆中序遍历序列:"); ThInOrder1(tb);
    DestroyBTree(bt);                             //销毁中序线索二叉树
}
```

上述程序的执行结果如下。

```
二叉树 bt:A(B(D,E(G,H)),C(,F(I)))
构造中序线索二叉树 tb
中序遍历序列:D B G E H A C I F
逆中序遍历序列:F I C A H E G B D
```

| 6.9 | 哈 夫 曼 树 | ✳ |

哈夫曼树(Huffman Tree)是一种特殊的二叉树,这种树的所有叶子结点都带有权值,哈夫曼树的主要目的是产生叶子结点的哈夫曼编码。本节介绍哈夫曼树的概念、哈夫曼树的构造过程和哈夫曼编码。

6.9.1 哈夫曼树的定义

视频讲解

设二叉树具有 n 个带权值的叶子结点,从根结点到每个叶子结点都有一个路径长度。从根结点到各个叶子结点的路径长度与相应结点权值的乘积的和称为该二叉树的**带权路径长度**,记作:

$$WPL = \sum_{i=1}^{n} w_i \times l_i$$

其中,w_i 为第 i 个叶子结点的权值,l_i 为第 i 个叶子结点的路径长度。如图 6.37 所示的二叉树,它的带权路径长度值 $WPL = 1\times3 + 3\times3 + 2\times2 + 4\times1 = 20$。

给定一组具有确定权值的叶子结点,可以构造出许多不同的二叉树,它们的带权路径长度可能不相同。其中具有最小带权路径长度的二叉树称为**哈夫曼树**。

图 6.37　带权二叉树

【例 6.23】　如图 6.38 所示的 4 棵二叉树具有相同的叶子结点,计算出它们的带权路径长度。

解 它们的带权路径长度分别为:

(a) $WPL = 1\times2 + 3\times2 + 5\times2 + 7\times2 = 32$

(b) $WPL = 1\times2 + 3\times3 + 5\times3 + 7\times1 = 33$

(c) $WPL = 7\times3 + 5\times3 + 3\times2 + 1\times1 = 43$

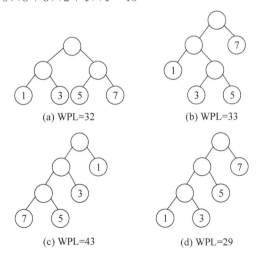

(a) WPL=32　　　(b) WPL=33

(c) WPL=43　　　(d) WPL=29

图 6.38　具有相同叶子结点和不同带权长度的二叉树

(d) WPL＝1×3＋3×3＋5×2＋7×1＝29

其中,如图 6.38(d)所示的二叉树就是一棵哈夫曼树。

6.9.2　构造哈夫曼树

根据哈夫曼树的定义,一棵二叉树要使其 WPL 值最小,必须使权值越大的叶子结点越靠近根结点,而权值越小的叶子结点越远离根结点。那么如何构造一棵哈夫曼树呢? 其方法如下。

(1) 由给定的 n 个权值$\{w_1,w_2,\cdots,w_n\}$构造 n 棵只有一个叶子结点的二叉树,从而得到一个二叉树的集合 $F=\{T_1,T_2,\cdots,T_n\}$;

(2) 在 F 中选取根结点的权值最小和次小的两棵二叉树 T_i、T_j 进行合并,即增加一个根结点,将 T_i、T_j 作为它的左、右子树(子树的次序可以任意),该根结点的权值为其左、右子树根结点权值之和;

(3) 重复步骤(2),当 F 中只剩下一棵二叉树时,这棵二叉树便是所要建立的哈夫曼树。

【例 6.24】　对于一组给定的叶子结点,它们的权值集合为 $W=\{4,2,1,7,3\}$,给出由此集合构造哈夫曼树的过程。

解　构造哈夫曼树的过程如图 6.39 所示。

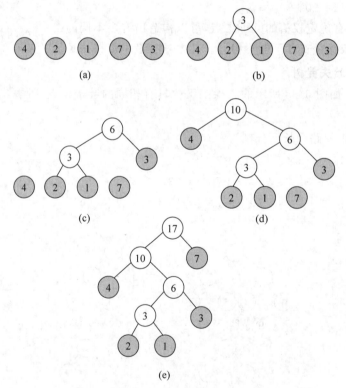

图 6.39　哈夫曼树的构造过程

从哈夫曼树的构造过程看出,哈夫曼树具有以下特点。

(1) 哈夫曼树属于二叉树。

(2) 由 n 个权值构造的哈夫曼树有 n 个叶子结点,总共有 $2n-1$ 个结点。

(3) 哈夫曼树中没有单分支结点,即度为 1 的结点个数为 0。

【**例 6.25**】 一棵哈夫曼树中共有 99 个结点,问其叶子结点的个数是多少?

解 该哈夫曼树中 $n=99$,哈夫曼树中 $n_1=0$,哈夫曼树属于二叉树,满足二叉树的性质 1,即 $n_0=n_2+1$,所以 $n_0=(n+1)/2=50$。

6.9.3 哈夫曼编码

哈夫曼编码具有广泛的应用,利用哈夫曼树构造的用于通信的二进制编码称为哈夫曼编码。例如,有一段电文"CAST TAT A SA"(其中,“ ”表示一个空格)。统计电文中字母的频度 $f('C')=1, f('S')=2, f('T')=3, f(' ')=3, f('A')=4$。以频度 $\{1,2,3,3,4\}$ 为权值生成哈夫曼树,并在每个叶子上注明对应的字符。树中从根到每个叶子都有一条路径,对路径上的各分支约定指向左子树的分支表示“0”码,指向右子树的分支表示“1”码,取每条路径上的“0”或“1”的序列作为和各个叶子对应的字符的编码,这就是哈夫曼编码。对应图 6.40 的哈夫曼树,上述字符编码为:

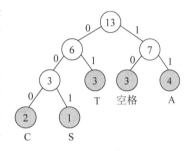

图 6.40 哈夫曼编码树

C	S	T	空格	A
000	001	01	10	11

从哈夫曼编码看出,对于 n 个字符,构造它们的哈夫曼编码,没有一个字符的哈夫曼编码是另一个字符的哈夫曼编码的前缀,如某个字符的哈夫曼编码为 01,则该组字符中不可能出现以 01 开头的哈夫曼编码了。所以哈夫曼编码也称为前缀码。

小 结

(1) 树适合表示具有层次结构的数据。

(2) 在一棵树中,根结点没有前驱结点,其余每个结点都有唯一的前驱结点。

(3) 度为 m 的树,至少有一个结点的度为 m,且没有度大于 m 的结点。

(4) 对于含有 n 个结点的树,无论树的度为多少,其分支数或所有结点度之和均为 $n-1$。

(5) 对于高度为 h 的 m 次树,为满 m 次树时结点个数最多。

(6) 树的遍历运算主要有先根遍历、后根遍历和层次遍历三种。

(7) 树的存储结构主要有双亲存储结构、孩子链存储结构和孩子兄弟链存储结构。

(8) 二叉树或者是一棵空树,或者是一棵由一个根结点和两棵互不相交的分别称作根结点的左子树和右子树所组成的非空树,左子树和右子树又同样都是一棵二叉树。

(9) 二叉树中所有结点的度均小于或等于 2。

(10) 度为 2 的树和二叉树是不同的。度为 2 的树至少有三个结点,而二叉树可以为空。

(11) 二叉树和树都属于树形结构,但二叉树并不是特殊的树,也就是说,二叉树并不隶属于树。

(12) 在二叉树中,根结点的层次为 1,一个结点的层次为其双亲结点的层次加 1。

(13) 在二叉树中,二叉树的高度等于从根结点到叶子结点的最长路径上的结点个数。

（14）满二叉树中除叶子结点以外的其他结点的度皆为2,且叶子结点在同一层上。

（15）满二叉树中单分支结点个数为0。

（16）若满二叉树的结点数为 n,则其高度为 $\log_2(n+1)$。

（17）完全二叉树中除最后一层外,其余层都是满的,并且最后一层的右边缺少连续若干个结点。

（18）完全二叉树中单分支结点个数即 n_1 为 1 或 0。可以由完全二叉树中结点个数 n 的奇偶性确定 n_1 的值,当 n 为奇数时,$n_1=0$,当 n 为偶数时,$n_1=1$。

（19）结点个数为 n 的完全二叉树的高度 $h=\lceil\log_2(n+1)\rceil$ 或者 $\lfloor\log_2 n\rfloor+1$。

（20）对于结点个数为 n 的完全二叉树和满二叉树,其树形是唯一确定的。

（21）二叉树的存储结构主要有顺序存储结构和二叉链存储结构两种。

（22）二叉树的遍历方式主要有先序遍历、中序遍历、后序遍历和层次遍历。

（23）在设计二叉树的递归算法时,通常以整棵二叉树的求解为"大问题",左、右子树的求解为"小问题",假设左、右子树可以求解,推导出"大问题"的求解关系,从而得到递归体,再根据递推方向考虑一个特殊情况(如空树或只有一个结点的二叉树)给出递归出口,得到递归模型,在此基础上写递归算法。

（24）在二叉树的先序遍历、中序遍历和后序遍历中,所有左子树均在右子树之前遍历,所以这三种遍历序列中叶子结点的相对次序是相同的。

（25）假设二叉树中的结点值均不相同,由先序遍历序列和中序遍历序列可以唯一确定一棵二叉树。

（26）假设二叉树中的结点值均不相同,由后序遍历序列和中序遍历序列可以唯一确定一棵二叉树。

（27）假设二叉树中的结点值均不相同,由层次遍历序列和中序遍历序列可以唯一确定一棵二叉树。

（28）将一棵非空树转换成二叉树时,树的根结点变为二叉树的根结点。

（29）将一棵非空树转换成二叉树时,树每个结点的最左孩子变为二叉树的左孩子,其他孩子变成该最左孩子的右下结点。

（30）线索二叉树是由二叉链存储结构变化而来的,将原来的空链域改为某种遍历次序下该结点的前驱结点和后继结点的指针。

（31）中序线索二叉树可以采用不需要栈的非递归算法来实现中序遍历。

（32）哈夫曼树是带权路径长度最小的二叉树。

（33）哈夫曼树中权值较大的叶子结点一般离根结点较近,权值较小的叶子结点一般离根结点较远。

（34）哈夫曼树中单分支结点个数为0。

（35）含有 m 个叶子结点的哈夫曼树中,其结点总数为 $2m-1$。

练 习 题

扫一扫

练习题

扫一扫

自测题

上机实验题

一个学生的感悟

　　每个人都有阶段性目标(当然也各有不同),就像老师说的那样——要多思考,富有激情地做每件事,别让自己觉得很轻松。目标完成一个,再挑战下一个。你能说自己没有或一直没有核心竞争力嘛!

——摘自著名的 IT 达人肖舸等著《IT 学生解惑真经》

第 7 章　图

图是一种非线性结构，它比树形结构更加复杂。图中数据元素
之间是多对多的关系，通常用于表示网状结构的数据。实际上，前面
讨论的线性表和树都可以看成是简单的图。图的应用十分广泛，在
通信工程、社会科学、管理科学和计算机科学等领域中的很多问题都
可以用图表示。本章介绍图的基本概念、存储结构和相关算法的实
现过程。

7.1 图的基本概念

7.1.1 图的定义

无论多么复杂的图都是由顶点和边构成的。采用形式化的定义，图 G(Graph)由两个集合 V(Vertex)和 E(Edge)组成，记为 $G=(V,E)$，其中，V 是顶点的有限集合，记为 $V(G)$，E 是连接 V 中两个不同顶点(顶点对)的边的有限集合，记为 $E(G)$。

对于图 G，其中数据元素就是顶点，$E(G)$ 确定了图中的数据元素的关系，它可以为空集；当 $E(G)$ 为空集时，图 G 只有顶点而没有边。

说明：对于含有 n 个顶点的图，通常用字母或自然数来唯一标识图中顶点。本书约定用数字 $i(0 \leqslant i \leqslant n-1)$ 表示第 i 个顶点的编号，通过这样的编号来唯一标识顶点。这样做不仅适合顶点的区分，而且十分方便图的算法设计。

【例 7.1】 一个图 $G_1=(V_1,E_1)$，其中：
$$V_1=\{0,1,2,3,4\}$$
$$E_1=\{(0,1),(1,2),(2,3),(3,4),(2,4),(0,3)\}$$
另一个图 $G_2=(V_2,E_2)$，其中：
$$V_2=\{0,1,2,3,4\}$$
$$E_2=\{<0,1>,<1,2>,<1,3>,<2,4>,<0,4>,<4,3>,<3,2>\}$$
画出这两个图的逻辑结构。

解 它们的逻辑结构如图 7.1 所示，从中看到图 G_1 是无向图，图 G_2 是有向图。

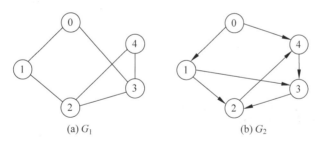

图 7.1 两个图 G_1 和 G_2

7.1.2 图的基本术语

有关图的一些基本术语定义如下。

1. 无向图和有向图

对于一个图 G，若边集 $E(G)$ 为无向边的集合，则称该图为**无向图**。例如，图 7.1(a)中的图就是一个无向图。对于一个图 G，若边集 $E(G)$ 为有向边的集合，则称该图为**有向图**。例如，图 7.1(b)中的图就是一个有向图。本书中讨论的图要么是无向图，要么是有向图，不考虑部分是有向图、另一部分为无向图的情况。

说明: 在一个无向图中,本书假定不存在两条或两条以上边(i,j),在有向图中,假定不存在两条或两条以上边$<i,j>$,即图中所有边不重复出现。

2. 端点和相邻点

在一个无向图中,若存在一条边(i,j),则称顶点i,j为该边的两个端点,并称它们互为相邻点(或者邻接点)。例如,图7.1(a)中,顶点0和顶点1是两个端点,它们互为相邻点。

在一个有向图中,若存在一条边$<i,j>$,则称此边是顶点i的一条出边,同时也是顶点j的一条入边,称顶点i和j分别为此边的**起始端点**(简称为起点)和**终止端点**(简称终点)。

例如,图7.1(b)中,对于边$<0,1>$,该边是顶点0的出边,顶点1的入边,同时,顶点0称为起点,顶点1称为终点。

3. 度、入度和出度

顶点v的度记为$D(v)$。对于无向图,每个顶点的度定义为以该顶点为一个端点的边数。对于有向图,顶点v的度分为入度和出度,入度是以该顶点为终点的入边数目;出度是以该顶点为起点的出边数目,该顶点的度等于其入度和出度之和。

例如,图7.1(a)中,$D(0)=2$;在图7.1(b)中,顶点4的入度为2,出度为1,所以$D(4)=3$。

若一个图(无论是有向图或无向图)中有n个顶点和e条边,每个顶点的度为d_i($0 \leqslant i \leqslant n-1$),则有:$e = \dfrac{1}{2}\sum_{i=0}^{n-1} d_i$。

也就是说,一个图中所有顶点的度之和等于边数的两倍,因为图中每条边分别作为两个相邻点的度各计一次。

【例7.2】 一个无向图中有16条边,度为4的顶点有3个,度为3的顶点有4个,其余顶点的度均小于3,则该图至少有_____个顶点。

    A. 10   B. 11   C. 12   D. 13

解 设该图有n个顶点,图中度为i的顶点数为n_i($0 \leqslant i \leqslant 4$),$n_4=3$,$n_3=4$,要使顶点数最少,该图应是连通的,即$n_0=0$,$n=n_4+n_3+n_2+n_1+n_0=7+n_2+n_1$,即$n_2+n_1=n-7$。度之和$=4\times3+3\times4+2\times n_2+n_1=24+2n_2+n_1 \leqslant 24+2(n_2+n_1)=24+2\times(n-7)=10+2n$。而度之和$=2e=32$,所以有$10+2n \geqslant 32$,即$n \geqslant 11$。本题答案为B。

4. 子图

设有两个图$G=(V,E)$和$G'=(V',E')$,若V'是V的子集,即$V' \subseteq V$,且E'是E的子集,即$E' \subseteq E$,则称G'是G的子图。

5. 完全无向图和完全有向图

对于无向图,若具有$n(n-1)/2$条边,则称之为**完全无向图**。例如,图7.2(a)是完全无向图G_3,这里$n=4$,边数为6。

对于有向图,若具有$n(n-1)$条边,则称之为**完全有向图**。例如,图7.2(b)是完全有向图G_4,这里$n=4$,边数为12。

6. 稀疏图和稠密图

边数较少(边数$e \ll n\log_2 n$,其中n为顶点数)的图称为**稀疏图**。边数较多的图称为**稠密图**。

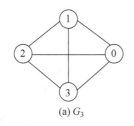
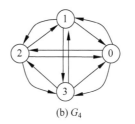

(a) G_3　　　　　　　　　(b) G_4

图 7.2　完全无向图 G_3 和完全有向图 G_4

7. 路径和路径长度

在一个图 G 中，从顶点 i 到顶点 j 的一条**路径**是一个顶点序列 $i = i_0, i_1, \cdots, i_m = j$，若是无向图，则 $(i_{k-1}, i_k) \in E(G)(1 \leqslant k \leqslant m)$；若该图是有向图，则 $<i_{k-1}, i_k> \in E(G)(1 \leqslant k \leqslant m)$，其中，顶点 i 称为该路径的开始点，顶点 j 称为该路径的结束点。**路径长度**是指一条路径上经过的边的数目。

8. 简单路径

若一条路径的顶点序列中顶点不重复出现，称该路径为**简单路径**。例如，图 7.1(a) 中，路径 0→1→2→4 是一条简单路径，其长度为 3。图 7.1(b) 中，路径 0→1→3→2 是一条简单路径，其长度也为 3。

9. 回路(环)

若一条路径上的开始点和结束点为同一个顶点，则称该路径为**回路**(环)。除开始点与结束点相同外，其余顶点不重复出现的回路称为**简单回路**(简单环)。

例如，图 7.1(a) 中，路径 0→1→2→4→3→0 是一条回路(环)，也是一条简单回路(简单环)，其长度为 5。

10. 连通、连通图和连通分量

在无向图 G 中，若从顶点 i 到顶点 j 有路径，则称顶点 i 和 j 是**连通**的。若无向图 G 中任意两个顶点都是连通的，则称 G 为**连通图**，否则为非连通图。无向图 G 中极大连通子图称为 G 的**连通分量**。例如，图 7.1(a) 的连通分量就是自身，因为该图是连通图。

11. 强连通图和强连通分量

在有向图 G 中，若任意两个顶点 i 和 j 都是连通的，即从顶点 i 到 j 和从顶点 j 到 i 都存在路径，则称该图是**强连通图**。有向图 G 中极大强连通子图称为 G 的**强连通分量**。

例如，对于图 7.1(b) 的有向图，顶点 0 的入度为 0，也就是说其余顶点都没有到达顶点 0 的路径，所以单个顶点 0 是一个强连通分量；顶点 1 只有一条从顶点 0 到它的入边，除顶点 0 外其余顶点没有到达顶点 1 的路径，所以单个顶点 1 也是一个强连通分量；顶点 2、3、4 构成一个有向环，这些顶点之间都有路径，该图的强连通分量如图 7.3 所示。

12. 权和网

在一个图中，每条边可以标上具有某种含义的数值，该数值称为该边的**权**。边上带权的图称为**带权图**，也称为**网**。图 7.4 中的图 G_5 就是一个带权图。本书中规定除特别指定外所有边的权均为非负数。

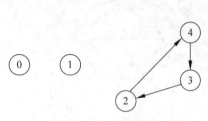

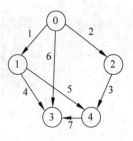

图 7.3　图 G_2 的三个强连通分量　　　　图 7.4　一个带权图 G_5

【例 7.3】　如果图 G 是一个具有 n 个顶点的连通图,那么 G 最多有多少条边? G 最少有多少条边? 如果图 G' 是一个具有 n 个顶点的强连通图,那么 G' 最多有多少条边? G' 最少有多少条边?

解　图 G 为完全无向图时边最多,即图 G 最多有 $n(n-1)/2$ 条边;图 G 为一棵树时边最少,即 G 最少有 $n-1$ 条边。

说明:含有 n 个顶点 $n-1$ 条边的连通图称为树图。一个含有 n 个顶点 e 条边的无向图,如果 $e<n-1$,则该图是非连通图。

图 G' 为完全有向图时边最多,即图 G' 最多有 $n(n-1)$ 条边;图 G' 构成一个首尾相连的有向环时边最少,即图 G' 最少有 n 条边。

7.1.3　图的基本操作

图的基本运算如下。

(1) 建立图 CreateGraph(G):建立图 G 的某种存储结构。

(2) 销毁图 DestroyGraph(G):释放图 G 占用的内存空间。

(3) 输出图 DispGraph(G):显示图 G 的结构。

(4) 求顶点的度 Degree(G,v):求图 G 中顶点 v 的度。

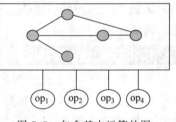

图 7.5　包含基本运算的图

包含基本运算的图如图 7.5 所示,其中,$op_1 \sim op_4$ 表示上述 4 个基本运算。

7.2　图的存储结构　✳

图是一种复杂的数据结构,顶点之间的逻辑关系也错综复杂,因此图的存储结构也是多种多样的,主要有两种基本的存储结构,即邻接矩阵和邻接表。

7.2.1　邻接矩阵

邻接矩阵是表示顶点之间相邻关系的矩阵。设 $G=(V,E)$ 是具有 n 个顶点的图,顶点

编号依次为 $0,1,\cdots,n-1$。

不带权图 G 的邻接矩阵是具有如下定义的 n 阶方阵 A：

$$A[i][j]=\begin{cases} 1 & \text{对于无向图，}(i,j)\text{或}(j,i)\in E(G)\text{；对于有向图，}<i,j>\in E(G) \\ 0 & i=j \\ 0 & \text{其他情况} \end{cases}$$

若 G 是带权图或网，则邻接矩阵可定义为（其中，w_{ij} 为边 (i,j) 或 $<i,j>$ 的权）：

$$A[i][j]=\begin{cases} w_{ij} & \text{对于无向图，}(i,j)\text{或}(j,i)\in E(G)\text{；对于有向图，}<i,j>\in E(G) \\ 0 & i=j \\ \infty & \text{其他情况} \end{cases}$$

例如，图 7.1(a) 的图 G_1 对应的邻接矩阵为 A_1，图 7.1(b) 的图 G_2 对应的邻接矩阵为 A_2，图 7.4 的图 G_5 对应的邻接矩阵为 A_3，这三个邻接矩阵如图 7.6 所示。

(a) 图 G_1 对应的邻接矩阵 A_1　(b) 图 G_2 对应的邻接矩阵 A_2

(c) 图 G_5 对应的邻接矩阵 A_3

图 7.6　三个邻接矩阵

图的邻接矩阵具有这样的特点，对于 n 个顶点 e 条边的图采用邻接矩阵存储时占用存储空间为 $O(n^2)$，与边数 e 无关（不考虑压缩存储），特别适合存储稠密图；任何图的邻接矩阵表示是唯一的；图采用邻接矩阵存储时判断两个顶点 i、j 之间是否有边十分容易。

【例 7.4】 一个图的邻接矩阵是对称矩阵，则该图是_____。

A. 无向图　　　　 B. 有向图　　　　 C. 无向图或有向图　 D. 以上都不对

解 无向图的邻接矩阵一定是对称的，而有向图的邻接矩阵也可能是对称的，如完全有向图的邻接矩阵就是对称的，所以邻接矩阵是对称矩阵的图可以是无向图或有向图。本题答案为 C。

【例 7.5】 对于无向图（不带权）的邻接矩阵来说，_____。

A. 第 i 行上的非零元素个数和第 i 列的非零元素个数一定相等

　　B. 矩阵中的非零元素个数等于图中的边数

　　C. 第 i 行上、第 i 列上非零元素总数等于顶点 i 的度数

　　D. 邻接矩阵中非全零行的行数等于图中的顶点数

解 无向图的邻接矩阵一定是对称矩阵,所以第 i 行上的非零元素个数和第 i 列的非零元素个数一定相等;无向图(不带权)的邻接矩阵中的非零元素个数等于图中的边数的两倍;这样的邻接矩阵中,第 i 行上或第 i 列上非零元素个数等于顶点 i 的度数;这样的邻接矩阵的行数等于图中的顶点数。本题答案为 A。

为了全面存储一个图的信息,通常声明图的邻接矩阵类型如下。

```
#define MAXVEX 100                          //图中最大顶点个数
typedef char VertexType[10];                //定义 VertexType 为字符串类型
typedef struct vertex
{    int adjvex;                            //顶点编号
     VertexType data;                       //顶点的信息
} VType;                                    //顶点类型
typedef struct graph
{    int n,e;                               //n 为实际顶点数,e 为实际边数
     VType vexs[MAXVEX];                    //顶点集合
     int edges[MAXVEX][MAXVEX];             //边的集合
} MatGraph;                                 //图的邻接矩阵类型
```

其中,VType 类型描述一个顶点的基本数据,所有顶点的信息存放在 vexs 数组中,所有的边信息存放在 edges 数组(它是通常所指的邻接矩阵)中,而 MatGraph 定义了一个图的完整邻接矩阵,包含该图的所有顶点和边,以及顶点数和边数等信息。

在邻接矩阵上实现图的主要基本运算的算法如下。

1. 建立图的邻接矩阵运算算法

由邻接矩阵数组 **A**、顶点数 n 和边数 e 建立图 G 的邻接矩阵存储结构。对应的算法如下。

```
void CreateGraph(MatGraph &g,int A[][MAXVEX],int n,int e)
{    int i,j;
     g.n=n; g.e=e;
     for (i=0;i<n;i++)
     {    for (j=0;j<n;j++)
              g.edges[i][j]=A[i][j];
     }
}
```

2. 销毁图运算算法

这里邻接矩阵是图的一种顺序存储结构,其内存空间是由系统自动分配的,在不再需要时由系统自动释放其空间,所以对应的函数不含任何语句。对应的算法如下。

```
void DestroyGraph(MatGraph g)
{    }
```

3. 输出图运算算法

将图 G 的邻接矩阵存储结构输出到屏幕上,对应的算法如下。

```
void DispGraph(MatGraph g)
{    int i,j;
     for (i=0;i<g.n;i++)
     {    for (j=0;j<g.n;j++)
          {    if (g.edges[i][j]<INF)
                    printf("%4d",g.edges[i][j]);
               else
                    printf("%4s","∞");
          }
          printf("\n");
     }
}
```

4. 求顶点度运算算法

对于无向图和有向图,求顶点度有所不同。依据定义,求无向图 G 中顶点 v 的度的算法如下。

```
int Degree1(MatGraph g,int v)                  //求无向图中顶点的度
{    int i,d=0;
     if (v<0 || v>=g.n)
          return −1;                           //顶点编号错误返回−1
     for (i=0;i<g.n;i++)
     {    if (g.edges[v][i]>0 && g.edges[v][i]<INF)
               d++;                            //统计第 v 行既不为 0 也不为∞的边数即度
     }
     return d;
}
```

求有向图 G 中顶点 v 的度的算法如下。

```
int Degree2(MatGraph g,int v)                  //求有向图中顶点的度
{    int i,d1=0,d2=0,d;
     if (v<0 || v>=g.n)
          return −1;                           //顶点编号错误返回−1
     for (i=0;i<g.n;i++)
     {    if (g.edges[v][i]>0 && g.edges[v][i]<INF)
               d1++;                           //统计第 v 行既不为 0 也不为∞的边数即出度
     }
     for (i=0;i<g.n;i++)
     {    if (g.edges[i][v]>0 && g.edges[i][v]<INF)
               d2++;                           //统计第 v 列既不为 0 也不为∞的边数即入度
     }
     d=d1+d2;
     return d;
}
```

提示:将邻接矩阵类型声明及其图基本运算函数存放在 MatGraph.cpp 文件中。

当邻接矩阵的基本运算设计好后,给出以下主函数调用这些基本运算函数,读者可以对照程序执行结果进行分析,进一步体会在邻接矩阵上图的各种操作的实现过程。

```
#include <stdio.h>
#include "MatGraph.cpp"                        //包含邻接矩阵的基本运算函数
int main()
```

```
{   MatGraph g;
    int n=5,e=7,i;
    int A[MAXVEX][MAXVEX]={{0,1,2,6,INF},{INF,0,INF,4,5},
        {INF,INF,0,INF,3},{INF,INF,INF,0,INF},{INF,INF,INF,7,0}};
    CreateGraph(g,A,n,e);                    //建立图7.4中图的邻接矩阵
    printf("图 G 的存储结构:\n"); DispGraph(g);
    printf("图 G 中所有顶点的度:\n");
    printf("    顶点\t 度\n");
    for (i=0;i<g.n;i++)
        printf("    %d\t%d\n",i,Degree2(g,i));
    DestroyGraph(g);
}
```

上述程序的执行结果如图 7.7 所示。

```
图G的存储结构:
  0   1   2   6   ∞
  ∞   0   ∞   4   5
  ∞   ∞   0   ∞   3
  ∞   ∞   ∞   0   ∞
  ∞   ∞   ∞   7   0
图G中所有顶点的度:
  顶点    度
   0      3
   1      3
   2      2
   3      3
   4      3
```

图 7.7 邻接矩阵程序的执行结果

7.2.2　邻接表

扫一扫

视频讲解

　　邻接表是图的一种链式和顺序相结合的存储结构。在邻接表中,对图中每个顶点建立一个带头结点的单链表,把该顶点的所有相邻点链起来,其中每个结点对应一条边,称为**边结点**。所有的头结点构成一个数组,称为头结点数组,用 adjlist 表示,第 i 个单链表 adjlist$[i]$ 中的结点表示依附于顶点 i 的边,也就是说头结点数组元素的下标与顶点编号一致。

　　每个单链表中的边结点由三个域组成:顶点域 adjvex(用以指示该相邻点在头结点数组中的下标或相邻点的编号)、权值域 weight(存放对应边的权值)和指针域 nextarc(用以指向依附于顶点 i 的下一条边所对应的结点)。为了统一,对于不带权图,一条边的 weight 域置为1;对于带权图,一条边的 weight 域置为该边的权值。

　　例如,图 7.1 中的两个图 G_1、G_2 和图 7.4 的图 G_3 对应的邻接表表示如图 7.8 所示,其中前两个不带权图的权值均可看成 1,所以边结点的 weight 域没有画出。

　　图的邻接表具有这样的特点,对于 n 个顶点 e 条边的图采用邻接表存储时占用存储空间为 $O(n+e)$,与边数 e 有关,特别适合存储稀疏图;图的邻接表表示不一定是唯一的,这是因为邻接表的每个单链表中,各结点的顺序是任意的;图采用邻接表存储时查找一个顶点的所有相邻顶点十分容易。

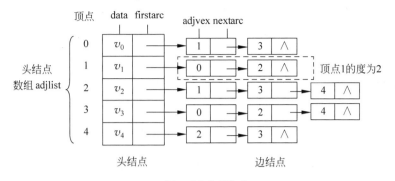

(a) 图 G_1 对应的邻接表

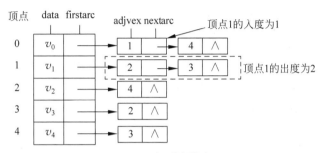

(b) 图 G_2 对应的邻接表

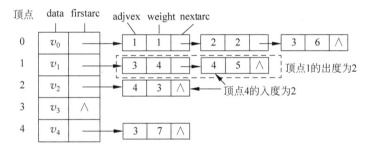

(c) 图 G_5 对应的邻接表

图 7.8　三个邻接表

【例 7.6】　在有向图的邻接表表示中,顶点 v 在所有单链表中出现的次数是_____。

　　A. 顶点 v 的度　　　　　　　　　　B. 顶点 v 的出度

　　C. 顶点 v 的入度　　　　　　　　　　D. 依附于顶点 v 的边数

解　有向图的邻接表表示中,若顶点 v 出现在顶点 u 的边单链表中,表示有一条边< u,v >,即为顶点 v 的入边。本题答案为 C。

一个图的邻接表存储结构的类型声明如下。

```
typedef char VertexType[10];          //定义 VertexType 为字符串类型
typedef struct edgenode
{   int adjvex;                       //相邻点编号
    int weight;                       //边的权值
    struct edgenode * nextarc;        //下一条边的顶点
} ArcNode;                            //每个顶点建立的单链表中边结点的类型
typedef struct vexnode
```

```
{       VertexType data;                                //存放一个顶点的信息
        ArcNode * firstarc;                             //指向第一个边结点
} VHeadNode;                                            //单链表的头结点类型
typedef struct
{       int n,e;                                        //n 为实际顶点数,e 为实际边数
        VHeadNode adjlist[MAXVEX];                      //单链表头结点数组
} AdjGraph;                                             //图的邻接表类型
```

其中,VHeadNode 是头结点的类型,它描述一个顶点的基本数据(由 data 域指定)和它相关边的信息,所有顶点的这些信息存放在 adjlist 数组中,为了简便,adjlist[i]就作为顶点 i 的单链表的头结点。AdjGraph 定义了一个图的完整邻接表,包含该图的所有顶点、边、顶点数和边数等信息。

在邻接表上实现图的主要基本运算的算法如下。

1. 建立图的邻接表运算算法

由邻接矩阵数组 A、顶点数 n 和边数 e 建立图 G 的邻接表存储结构。其基本思路是,先创建邻接表头结点数组,并置所有头结点的 firstarc 为 NULL,遍历邻接矩阵数组 A,当 $A[i][j]\neq0$ 且 $A[i][j]\neq\infty$时,说明有一条从顶点 i 到顶点 j 的边,建立一个边结点 p,置其 adjvex 域为 j,其 weight 域为 $A[i][j]$,将 p 结点插入顶点 i 的单链表头部,如图 7.9 所示(即将 p 结点采用头插法插入头结点 $G\rightarrow$adjlist[i]的单链表中)。

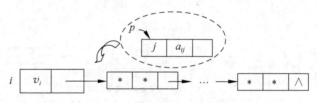

图 7.9　将 p 结点插入顶点 i 的单链表头部

对应的算法如下。

```
void CreateGraph(AdjGraph * &G,int A[][MAXVEX],int n,int e)
{       int i,j;
        ArcNode * p;
        G=(AdjGraph * )malloc(sizeof(AdjGraph));
        G->n=n; G->e=e;
        for (i=0;i<G->n;i++)                            //邻接表中所有头结点的指针域置空
            G->adjlist[i].firstarc=NULL;
        for (i=0;i<G->n;i++)                            //检查 A 中每个元素
        {       for (j=G->n-1;j>=0;j--)
                {   if (A[i][j]>0 && A[i][j]<INF)        //存在一条边
                    {   p=(ArcNode * )malloc(sizeof(ArcNode)); //创建一个结点 p
                        p->adjvex=j;
                        p->weight=A[i][j];
                        p->nextarc=G->adjlist[i].firstarc; //采用头插法插入 p
                        G->adjlist[i].firstarc=p;
                    }
                }
        }
}
```

2. 销毁图运算算法

邻接表的头结点和边结点都是采用 malloc 函数分配的,在不再需要时应用 free 函数释放所有分配的空间。其基本思路是,通过 adjlist 数组遍历每个单链表,释放所有的边结点,最后释放 adjlist 数组的空间。对应的算法如下。

```
void DestroyGraph(AdjGraph  * &G)                 //销毁图
{   int i;
    ArcNode  * pre, * p;
    for (i=0;i<G->n;i++)                          //遍历所有的头结点
    {   pre=G->adjlist[i].firstarc;
        if (pre!=NULL)
        {   p=pre->nextarc;
            while (p!=NULL)                        //释放 adjlist[i]的所有边结点空间
            {   free(pre);
                pre=p; p=p->nextarc;
            }
            free(pre);
        }
    }
    free(G);                                       //释放 G 所指的头结点数组的内存空间
}
```

3. 输出图运算算法

将图 G 的邻接表存储结构输出到屏幕上,对应的算法如下。

```
void DispGraph(AdjGraph  * G)                     //输出图的邻接表
{   ArcNode  * p;
    int i;
    for (i=0;i<G->n;i++)                          //遍历所有的头结点
    {   printf("  [%2d]",i);
        p=G->adjlist[i].firstarc;                 //p 指向第一个相邻点
        if (p!=NULL)
            printf(" →");
        while (p!=NULL)
        {   printf(" %d(%d)",p->adjvex,p->weight);
            p=p->nextarc;                          //p 移向下一个相邻点
        }
        printf("\n");
    }
}
```

4. 求顶点度运算算法

对于无向图和有向图,求顶点度有所不同。依据定义,求无向图 G 中顶点 v 的度的算法如下。

```
int Degree1(AdjGraph  * G,int v)                  //求无向图 G 中顶点 v 的度
{   int d=0;
    ArcNode  * p;
    if (v<0 || v>=G->n)
        return −1;                                 //顶点编号错误返回−1
    p=G->adjlist[v].firstarc;
```

```
    while (p!=NULL)                          //统计 v 顶点的单链表中边结点个数即度
    {   d++;
        p=p->nextarc;
    }
    return d;
}
```

求有向图 G 中顶点 v 的度的算法如下。

```
int Degree2(AdjGraph  * G,int v)             //求有向图 G 中顶点 v 的度
{   int i,d1=0,d2=0,d;
    ArcNode  * p;
    if (v<0 || v>=G->n)
        return -1;                           //顶点编号错误返回-1
    p=G->adjlist[v].firstarc;
    while (p!=NULL)                          //统计 v 顶点的单链表中边结点个数即出度
    {   d1++;
        p=p->nextarc;
    }
    for (i=0;i<G->n;i++)                      //统计边结点中 adjvex 为 v 的个数即入度
    {   p=G->adjlist[i].firstarc;
        while (p!=NULL)
        {   if (p->adjvex==v) d2++;
            p=p->nextarc;
        }
    }
    d=d1+d2;
    return d;
}
```

提示：将邻接表结点类型声明及其图基本运算函数存放在 AdjGraph.cpp 文件中。

当邻接表的基本运算设计好后,给出以下主函数调用这些基本运算函数,读者可以对照程序执行结果进行分析,进一步体会在邻接表上图的各种操作的实现过程。

```
# include <stdio.h>
# include "AdjGraph.cpp"                      //包含邻接表的基本运算函数
int main()
{   AdjGraph  * G;
    int n=5,e=7,i;
    int A[MAXVEX][MAXVEX]={{0,1,2,6,INF},{INF,0,INF,4,5},
        {INF,INF,0,INF,3},{INF,INF,INF,0,INF},{INF,INF,INF,7,0}};
    CreateGraph(G,A,n,e);                     //建立图 7.4 中图的邻接表
    printf("图 G 的存储结构:\n"); DispGraph(G);
    printf("图 G 中所有顶点的度:\n");
    printf("  顶点\t度\n");
    for (i=0;i<G->n;i++)
        printf("  %d\t%d\n",i,Degree2(G,i));
    DestroyGraph(G);
}
```

上述程序的执行结果如图 7.10 所示。

【例 7.7】　对于具有 n 个顶点的带权有向图 G,设计以下两个算法。

(1) 设计一个将邻接矩阵 g 转换为邻接表 G 的算法。

```
图G的存储结构:
[0] → 1(1) 2(2) 3(6)
[1] → 3(4) 4(5)
[2] → 4(3)
[3]
[4] → 3(7)
图G中所有顶点的度:
   顶点    度
    0      3
    1      3
    2      2
    3      3
    4      3
```

图 7.10　邻接表程序的执行结果

（2）设计一个将邻接表 G 转换为邻接矩阵 g 的算法。

解 （1）先分配邻接表 G 的内存空间,并将头结点数组 adjlist 所有元素的 firstarc 域置为 NULL。遍历邻接矩阵 g,查找元素值不为 0 且不为 ∞ 的元素 $g.\text{edges}[i][j]$,找到这样的元素后创建一个边结点 p,将其插入 $G \to \text{adjlist}[i]$ 单链表的首部。对应的算法如下。

```
void MatToAdj(MatGraph g, AdjGraph * &G)              //将邻接矩阵 g 转换成邻接表 G
{   int i,j;
    ArcNode * p;
    G=(AdjGraph * )malloc(sizeof(AdjGraph));
    for (i=0;i<g.n;i++)                               //给邻接表中所有头结点的指针域置初值
        G->adjlist[i].firstarc=NULL;
    for (i=0;i<g.n;i++)                               //检查邻接矩阵中每个元素
    {   for (j=g.n-1;j>=0;j--)
        {   if (g.edges[i][j]!=0 && g.edges[i][j]!=INF)  //存在一条边
            {   p=(ArcNode * )malloc(sizeof(ArcNode));   //创建一个结点 p
                p->adjvex=j;
                p->weight=g.edges[i][j];
                p->nextarc=G->adjlist[i].firstarc;       //采用头插法插入 p
                G->adjlist[i].firstarc=p;
            }
        }
    }
    G->n=g.n;G->e=g.e;                                //置顶点数和边数
}
```

（2）先将邻接矩阵 g 中所有元素初始化:对角线元素置为 0,其他元素置为 ∞。然后遍历邻接表的每个单链表,当访问到 $G \to \text{adjlist}[i]$ 单链表的结点 p 时,将邻接矩阵 g 的元素 $g.\text{edges}[i][p \to \text{adjvex}]$ 修改为 $p \to \text{weight}$。对应的算法如下。

```
void AdjToMat(AdjGraph * G, MatGraph &g)              //将邻接表 G 转换成邻接矩阵 g
{   int i,j;
    ArcNode * p;
    for (i=0;i<G->n;i++)
    {   for (j=0;j<G->n;j++)
        {   if (i==j) g.edges[i][i]=0;                //对角线置为 0
```

```
        else g.edges[i][j]=INF;
    }
}
for (i=0;i<G->n;i++)
{   p=G->adjlist[i].firstarc;
    while (p!=NULL)
    {   g.edges[i][p->adjvex]=p->weight;
        p=p->nextarc;
    }
}
g.n=G->n; g.e=G->e;                        //置顶点数和边数
}
```

7.3   图 的 遍 历

给定一个图 $G=(V,E)$ 和其中的任一顶点 v，从顶点 v 出发，访问图 G 中的所有顶点而且每个顶点仅被访问一次，这一过程称为**图的遍历**。和二叉树遍历算法一样，图遍历算法是许多图算法设计的基础。

图的遍历要比树的遍历复杂得多，由于图的任一顶点可能和多个顶点相邻，所以在访问了某个顶点之后，可能沿着某条边又遍历到已访问过的顶点。为了避免同一顶点被访问多次，在遍历图的过程中，必须记下每个已访问过的顶点。为此设一个辅助数组 visited[]，用以标记顶点是否被访问过，其初态应为 0(false)。一旦一个顶点 i 被访问，则 visited[i]=1(true)。

图遍历的基本方法有深度优先遍历和广度优先遍历两种。对于一个连通图，可以采用这两种遍历方法访问图中所有顶点；对于一个非连通图，可以一个连通分量接着一个连通分量地遍历，同样可以访问图中所有顶点。

下面讨论这两种遍历算法的实现，并假设图采用邻接表方式存储。

7.3.1   深度优先遍历算法

从图 G 中某个顶点 v 出发的深度优先遍历(Depth First Search,DFS)过程如下。

(1) 访问顶点 v；

(2) 选择一个与顶点 v 相邻且没被访问过的顶点 w，从 w 出发深度优先遍历。

(3) 直到图中与 v 相邻的所有顶点都被访问过为止。

例如，对于图 7.8(a)的邻接表，先置 visited[]数组所有元素为 0，从顶点 0 出发进行深度优先遍历的过程如下。

(1) 找到下标为 0 的单链表 adjlist[0]，访问顶点 0，置 visited[0]为 1，找出其 firstarc 域指向的单链表。

(2) adjlist[0]单链表的第一个相邻顶点是 1，该顶点未访问；将指针移到序号为 1 的表头 adjlist[1]，访问顶点 1，置 visited[1]为 1，再找其 firstarc 域指向的单链表。

(3) adjlist[1]单链表的第一个相邻顶点是 0，该顶点已访问过则不访问它，再移到下一个结点，即移到编号为 2 的顶点，该顶点未访问；将指针移到序号为 2 的表头 adjlist[2]，访问顶点 2,置 visited[2]为 1,再找其 firstarc 域指向的单链表。

（4）adjlist[2]单链表的第一个相邻顶点是 1,该顶点已访问过,再移到下一个结点,即移到序号为 3 的顶点,该顶点未访问;将指针移到序号为 3 的表头 adjlist[3],访问顶点 3,置 visited[3]为 1,再找其 firstarc 域指向的单链表。

（5）adjlist[3]单链表的第一个相邻顶点是 0,该顶点已访问,再移到下一个结点,即移到编号为 2 的顶点,该顶点访问过,再移到下一个结点,即移到编号为 4 的顶点,该顶点未访问过,将指针移到序号为 4 的表头 adjlist[4],访问顶点 4,置 visited[4]为 1,再找其 firstarc 域指向的单链表。

（6）adjlist[4]单链表的第一个相邻顶点是 2,该顶点访问过,再移到编号为 3 的顶点,该顶点访问过,再移到下一个结点,这时 next 域为 NULL,表示 adjlist[4]单链表的所有结点都遍历完毕。

（7）再依次回退到 adjlist[3]、adjlist[2]、adjlist[1]、adjlist[0]单链表,直到每个单链表的所有结点都找完为止。所以最终的深度优先访问序列是 0、1、2、3、4。

说明：尽管到第（6）步已经访问了图中所有顶点,但从完整的深度优先遍历过程看仍没有结束,还需要回退遍历邻接表中所有的结点,也就是说,从 adjlist[0]开始,也必须回到 adjlist[0]的所有结点找完为止。

以邻接表存储图时,对应的深度优先遍历算法如下。

```
void DFS(AdjGraph * G,int v)          //对邻接表 G 从顶点 v 开始进行深度优先遍历
{   int w;
    ArcNode  * p;
    printf("%d ",v);                   //访问 v 顶点
    visited[v]=1;
    p=G−>adjlist[v].firstarc;          //找 v 的第一个相邻点
    while (p!=NULL)                     //找 v 的所有相邻点
    {    w=p−>adjvex;                   //顶点 v 的相邻点 w
        if (visited[w]==0)             //顶点 w 未访问过
            DFS(G,w);                  //从 w 出发深度优先遍历
        p=p−>nextarc;                  //找 v 的下一个相邻点
    }
}
```

对于有 n 个顶点 e 条边的邻接表 G,上述算法的时间复杂度为 $O(n+e)$。

对于图 7.8(a)的邻接表 G,DFS$(G,0)$的执行过程如图 7.11 所示,图中圆圈内数字表示顶点访问的次序。

以邻接矩阵存储图时,对应的深度优先遍历算法如下。

```
void DFS1(MatGraph g,int v)           //邻接矩阵的 DFS 算法
{   int w;
    printf("%d ",v);                   //输出被访问顶点的编号
    visited[v]=1;                      //置已访问标记
    for (w=0;w<g.n;w++)                //找顶点 v 的所有相邻点
    {   if (g.edges[v][w]!=0 && g.edges[v][w]!=INF
            && visited[w]==0)
        DFS1(g,w);                     //找顶点 v 的未访问过的相邻点 w
    }
}
```

对于有 n 个顶点 e 条边的图，上述 DFS1 算法的时间复杂度为 $O(n^2)$。

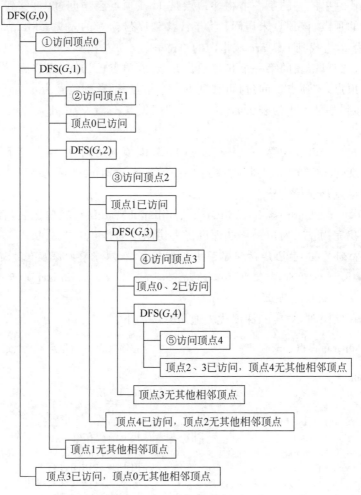

图 7.11　DFS(G,0)的执行过程

7.3.2　广度优先遍历算法

从图 G 中某个顶点 v 出发的广度优先遍历(Breadth First Search,BFS)过程如下。

(1) 访问顶点 v。

(2) 访问顶点 v 的所有未被访问过的相邻点，假设访问次序是 $v_{i1},v_{i2},\cdots,v_{it}$。

(3) 按 $v_{i1},v_{i2},\cdots,v_{it}$ 的次序，访问每个顶点的所有未被访问过的相邻点，直到图中所有和初始点 v 有路径相通的顶点都被访问过为止。

例如，对于图 7.8(a)的邻接表，先置 visited[]数组所有元素为 0，从顶点 0 出发进行广度优先遍历的过程如下。

(1) 找到下标为 0 的单链表 adjlist[0]，访问顶点 0，置 visited[0]为 1，并将初始顶点 0进队。

(2) 队列不为空进行第一轮循环：出队一个顶点即顶点 0，找到编号为 0 的表头结点 adjlist[0]，找到 firstarc 域指向的单链表,该单链表的第一个顶点是 1,该顶点未访问过,访问顶点 1,置 visited[1]为 1,并将其进队,下移一个结点,即移到序号为 3 的顶点,该顶点未访问过,访问顶点 3,置 visited[3]为 1,并将其进队。

(3) 开始第二轮循环:出队一个顶点即顶点 1,找到编号为 1 的表头结点 adjlist[1],找到 firstarc 域指向的单链表,该链表的第一个顶点是 0,该顶点已访问过,下移一个结点,即移到序号为 2 的顶点,该顶点未访问过,访问顶点 2,置 visited[2]为 1,并将其进队。

(4) 开始第三轮循环:出队一个顶点即顶点 3,找到编号为 3 的表头结点 adjlist[3],找到 firstarc 域指向的单链表,该链表的第一个顶点是 1,该顶点已访问过,下移一个结点,即移到序号为 3 的顶点,该顶点已访问过,再下移一个结点,即移到编号为 4 的顶点,该顶点未访问过,访问顶点 4,置 visited[4]为 1,并将其进队。

(5) 开始第四轮循环:出队一个顶点即顶点 2,找到编号为 2 的表头结点 adjlist[2],找到 firstarc 域指向的单链表,其中所有顶点均已访问。

(6) 开始第五轮循环:出队一个顶点即顶点 4,找到编号为 4 的表头结点 adjlist[4],找到 firstarc 域指向的单链表,其中所有顶点均已访问。

(7) 这时队列已空,退出循环,整个算法结束。所以最终的遍历序列是 0、1、3、2、4。

以邻接表存储图时,对应的广度优先遍历算法如下。

```
void BFS(AdjGraph * G,int v)              //对邻接表 G 从顶点 v 开始进行广度优先遍历
{   int i,w,visited[MAXVEX];
    int Qu[MAXVEX],front=0,rear=0;        //定义一个循环队列 Qu
    ArcNode  * p;
    for (i=0;i<G->n;i++) visited[i]=0;    //visited 数组置初值 0
    printf("%d ",v);                      //访问初始顶点
    visited[v]=1;
    rear=(rear=1)%MAXVEX;
    Qu[rear]=v;                           //初始顶点 v 进队
    while (front!=rear)                   //队不为空时循环
    {   front=(front+1) % MAXVEX;
        w=Qu[front];                      //出队顶点 w
        p=G->adjlist[w].firstarc;         //查找 w 的第一个相邻点
        while (p!=NULL)                   //查找 w 的所有相邻点
        {   if (visited[p->adjvex]==0)    //未访问过则访问之
            {   printf("%d ",p->adjvex);  //访问该点并进队
                visited[p->adjvex]=1;
                rear=(rear+1) % MAXVEX;
                Qu[rear]=p->adjvex;
            }
            p=p->nextarc;                 //查找 w 的下一个相邻点
        }
    }
}
```

对于有 n 个顶点 e 条边的邻接表 G,上述算法的时间复杂度为 $O(n+e)$。

对于图 7.8(a)的邻接表 G,BFS(G,0)的执行过程如图 7.12 所示,图中圆圈内数字表示顶点访问的次序。

以邻接矩阵存储图时,对应的广度优先遍历算法如下。

```
void BFS1(MatGraph g,int v)              //邻接矩阵的 BFS 算法
{   int i,w,visited[MAXVEX];
    int Qu[MAXVEX],front=0,rear=0;       //定义一个循环队列 Qu
```

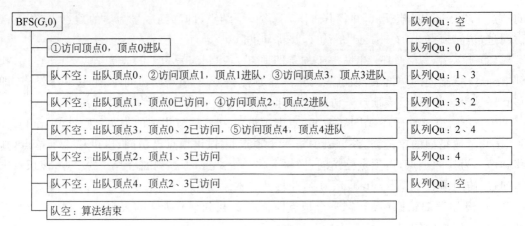

图 7.12　BFS(G,0)的执行过程

```
for (i=0;i<g.n;i++) visited[i]=0;          //visited 数组置初值 0
printf("%d ",v);                           //访问初始顶点
visited[v]=1;
rear=(rear=1)%MAXVEX;
Qu[rear]=v;                                 //初始顶点 v 进队
while (front!=rear)                         //队不为空时循环
{   front=(front+1) % MAXVEX;
    w=Qu[front];                            //出队顶点 w
    for (i=0;i<g.n;i++)                     //找与顶点 w 相邻的顶点
    {   if (g.edges[w][i]!=0 && g.edges[w][i]!=INF && visited[i]==0)
        {   printf("%d ",i);                //访问 w 的未被访问的相邻顶点 i
            visited[i]=1;                   //置该顶点已被访问的标志
            rear=(rear+1)%MAXVEX;
            Qu[rear]=i;                     //该顶点进队
        }
    }
}
}
```

对于有 n 个顶点 e 条边的图,上述 BFS1 算法的时间复杂度为 $O(n^2)$。

提示:将两种遍历算法的函数存放在 GSearch.cpp 文件中。

当两种遍历算法设计好后,给出以下主函数调用这些遍历函数,读者可以对照程序执行结果进行分析,进一步体会两种遍历算法的实现过程。

```
#include "GSearch.cpp"
int main()
{   AdjGraph * G;
    int n=5,e=6,i;
    int A[MAXVEX][MAXVEX]={{0,1,0,1,0},{1,0,1,0,0},{0,1,0,1,1},
                    {1,0,1,0,1},{0,0,1,1,0}};
    CreateGraph(G,A,n,e);                   //建立图 7.8(a)的邻接表
    printf("邻接表 G:\n"); DispGraph(G);
    for (i=0;i<G->n;i++) visited[i]=0;
    printf("各种遍历序列:\n");
    printf("   DFS:"); DFS(G,0); printf("\n");
    printf("   BFS:"); BFS(G,0); printf("\n");
    DestroyGraph(G);
}
```

上述程序的执行结果如图 7.13 所示。

7.3.3　图遍历算法的应用

本节通过几个示例讨论图遍历算法的应用。

【例 7.8】　假设无向图 G 采用邻接表存储,设计一个算法,判断图 G 是否为连通图。若为连通图返回 1;否则返回 0。

解　可以采用深度优先遍历或者广度优先遍历,从顶点0(或者任何一个顶点)出发遍历,如果能够访问所有顶点,则为连通图,否则为非连通图。这里用深度优先遍历方法,先给 visited[] 数组置初值 0,然后从 0 顶点开始遍历该图,在一次遍历之后,若所有顶点 i 的 visited[i] 均为 1,则该图是连通图,返回 1;否则是非连通图,返回 0。对应的算法如下。

```
int visited[MAXVEX];              //全局数组
int Connect(AdjGraph *G)          //判断无向图 G 的连通性
{   int i,flag=1;
    DFS(G,0);                     //调用 DFS 算法,从顶点 0 开始深度优先遍历
    for (i=0;i<G->n;i++)
    {   if (visited[i]==0)
        {   flag=0;
            break;
        }
    }
    return flag;
}
```

```
邻接表G:
    [0] → 1(1) 3(1)
    [1] → 0(1) 2(1)
    [2] → 1(1) 3(1) 4(1)
    [3] → 0(1) 2(1) 4(1)
    [4] → 2(1) 3(1)
各种遍历序列:
    DFS: 0 1 2 3 4
    BFS: 0 1 3 2 4
```

图 7.13　遍历程序的执行结果

例如,设计以下主函数调用上述算法判断图 7.1(a)(对应图 7.8(a) 的邻接表)是否为连通图。

```
int main()
{   AdjGraph *G;
    int n=5,e=6,i;
    int A[MAXVEX][MAXVEX]={
        {0,1,0,1,0},{1,0,1,0,0},{0,1,0,1,1},{1,0,1,0,1},{0,0,1,1,0}};
    CreateGraph(G,A,n,e);              //建立图 7.8(a) 的邻接表
    for (i=0;i<G->n;i++)
        visited[i]=0;
    if (Connect(G))
        printf("\n 图 G 是连通图\n");
    else
        printf("\n 图 G 是非连通图\n");
    DestroyGraph(G);
}
```

执行上述程序,输出"图 G 是连通图",表示图 7.1(a) 是一个连通图。

【例 7.9】　假设图 G 采用邻接表存储,设计一个算法判断无向图 G 中顶点 u 到顶点 $v(u \neq v)$ 之间是否有简单路径。

解　采用深度优先遍历思路设计求解算法 HasaPath(G,u,v),先置全局 visited 数组的

所有元素值为 0。

从顶点 u 出发进行深度优先遍历，置 visited$[u]$=1；找到顶点 u 的一个未访问过的相邻点 u_1，置 visited$[u_1]$=1；找到顶点 u_1 的一个未访问过的相邻点 u_2，置 visited$[u_2]$=1；以此类推，当找到某个未访问过的相邻点 u_n=v 时，说明顶点 u 到 v 有一条简单路径，返回 1。当整个遍历中都没有找到顶点 v，说明 u 到 v 没有路径，返回 0。其过程如图 7.14 所示。

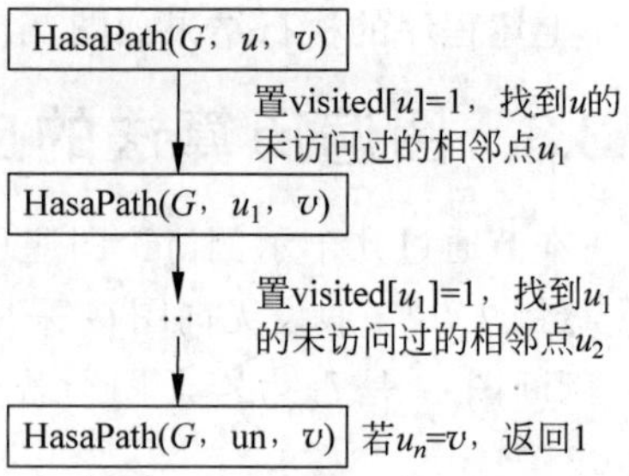

对应的算法如下。

图 7.14　查找从顶点 u 到 v 是否有简单路径的过程

```
int visited[MAXVEX];                          //全局数组
int HasaPath(AdjGraph  * G, int u, int v)
{    ArcNode  * p;
     int w;
     visited[u]=1;
     p=G->adjlist[u].firstarc;               //p 指向 u 的第一个相邻点
     while (p!=NULL)
     {    w=p->adjvex;                        //相邻点的编号为 w
          if (w==v)                           //找到顶点 v 后返回 1
              return 1;
          if (visited[w]==0)                  //若顶点 w 没有访问过
          {    if (HasaPath(G,w,v))           //从 w 出发进行深度优先遍历
                   return 1;                  //若从 w 出发找到顶点 v 返回 1
          }
          p=p->nextarc;                       //p 指向下一个相邻点
     }
     return 0;                                //没有找到顶点 v，返回 0
}
```

深度优先遍历是一个递归算法，也可以从递归算法设计的角度求解本问题。设 $f(G,u,v)$ 表示顶点 u 到 v 是否存在简单路径，它是大问题，从顶点 u 找到一个未访问的相邻点 w，则 $f(G,w,v)$ 是小问题。对应的递归模型如下。

$f(G,u,v)=1$　　　　　　　　　当 $u=v$
$f(G,u,v)=f(G,w,v)$　　　　　对于顶点 u 的所有未访问的相邻点 w（存在这样的 w）
$f(G,u,v)=0$　　　　　　　　　其他情况

对应的递归算法（本质上也是基于深度优先遍历的）如下。

```
int visited[MAXVEX];                          //全局数组
int HasaPath1(AdjGraph  * G, int u, int v)
{    ArcNode  * p;
     int w;
     if (u==v) return 1;                      //找到顶点 v 后返回 1
     visited[u]=1;
     p=G->adjlist[u].firstarc;               //p 指向 u 的第一个相邻点
     while (p!=NULL)
     {    w=p->adjvex;                        //相邻点的编号为 w
          if (visited[w]==0)                  //若顶点 w 没有访问过
          {    if (HasaPath1(G,w,v))          //从 w 出发进行深度优先遍历
                   return 1;                  //若从 w 出发找到顶点 v 返回 1
          }
```

```
        p=p->nextarc;                    //p 指向下一个相邻点
    }
    return 0;                            //没有找到顶点 v,返回 0
}
```

例如,设计以下主函数,调用上述算法判断图 7.1(a)(对应图 7.8(a)的邻接表)中顶点 0
到 4 是否有简单路径。

```
int main()
{   AdjGraph  * G;
    int n=5,e=6,i;
    int A[MAXVEX][MAXVEX]={
        {0,1,0,1,0},{1,0,1,0,0},{0,1,0,1,1},{1,0,1,0,1},{0,0,1,1,0}};
    CreateGraph(G,A,n,e);                //建立图 7.8(a)的邻接表
    for (i=0;i<G->n;i++)
        visited[i]=0;
    int u=0,v=4;
    if (HasaPath1(G,u,v))                //将 HasaPath1 改为 HasaPath,结果完全相同
        printf("顶点%d 到%d 有简单路径\n",u,v);
    else
        printf("顶点%d 到%d 没有简单路径\n",u,v);
    DestroyGraph(G);
}
```

执行上述程序输出"顶点 0 到 4 有简单路径"。

【例 7.10】 假设图 G 采用邻接表存储,设计一个算法求无向图 G 中顶点 u 到顶点
$v(u \neq v)$ 的一条简单路径(假设这两个顶点之间存在一条或多条简单路径)。

解 采用深度优先遍历思路设计求解算法 FindaPath(G,u,v,path,d),其中,用 path
$[0..d]$ 存放图中从顶点 u 到 v 的一条简单路径,初始时数组 path 为空,d 为 -1。先置
visited 数组的所有元素值为 0,从顶点 u 开始遍历,置 visited$[u]=1$,将顶点 u 添加到 path
中;找到顶点 u 的一个未访问过的相邻点 u_1,再从顶点 u_1 出发遍历,置 visited$[u_1]=1$,将
顶点 u_1 添加到 path 中;以此类推,当找到某个未访问过的相邻点 $u_n=v$ 时,说明找到了顶
点 u 到 v 的一条简单路径,输出 path 中顶点序列并返回。其过程如图 7.15 所示。

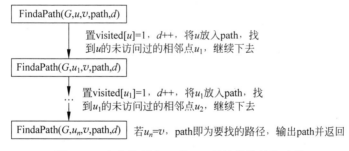

图 7.15 查找从顶点 u 到 v 一条简单路径的过程

对应的算法如下。

```
int visited[MAXVEX];                     //全局数组
void FindaPath(AdjGraph * G,int u,int v,int path[],int d)
{   ArcNode * p; int w,i;
    visited[u]=1;
```

```
        d++; path[d]=u;                        //顶点 u 加入路径中
        if (u==v)                              //找到一条路径
        {   for (i=0;i<=d;i++)                 //输出找到一条路径并返回
                printf("%d ",path[i]);
            printf("\n");
            return;
        }
        p=G->adjlist[u].firstarc;             //p 指向 u 的第一个相邻点
        while (p!=NULL)
        {   w=p->adjvex;                       //相邻点的编号为 w
            if (visited[w]==0)
                FindaPath(G,w,v,path,d);       //递归调用
            p=p->nextarc;                      //p 指向下一个相邻点
        }
    }
```

对于图 7.8(a)的邻接表 G,调用上述算法 FindaPath$(G,0,4,\text{path},-1)$,输出从顶点 0 到顶点 4 的一条简单路径为:0 1 2 3 4。

说明:在 FindaPath(G,u,v,path,d)执行过程中,路径 path[0..d]作为递归算法的参数会自动回退。当找到顶点 v 时并不会输出全部访问过的顶点,此时 path 中恰好存放顶点 u 到 v 的一条简单路径。

【例 7.11】 假设图 G 采用邻接表存储,设计一个算法求无向图 G 中顶点 u 到顶点 $v(u\neq v)$之间的所有简单路径(假设这两个顶点之间存在一条或多条简单路径)。

解 采用带回溯的深度优先遍历思路设计求解算法 FindallPath(G,u,v,path,d),其中用 path[0..d]存放图中从顶点 u 到 v 的一条简单路径,初始时数组 path 为空,d 为-1。

先置 visited 数组的所有元素值为 0。从顶点 u 开始,置 visited$[u]=1$,将 u 放入 path,若找到 u 的未访问过的相邻点 u_1,继续下去,若找不到 u 的未访问过的相邻点,置 visited$[u]=0$ 以便 u 成为另一条路径上的顶点(这称为回溯);再从顶点 u_1 出发,置 visited$[u_1]=1$,将 u_1 放入 path,若找到 u_1 的未访问过的相邻点 u_2,继续下去,若找不到 u_1 的未访问过的相邻点,置 visited$[u_1]=0$ 以便 u_1 成为另一条路径上的顶点(回溯)……当找到某个未访问过的相邻点 $u_n=v$,说明 path 中存放的是顶点 u 到 v 的一条简单路径,输出 path 并回溯。

每次输出的 path 构成顶点 u 到 v 的全部简单路径中的一条,所有输出的 path 构成顶点 u 到 v 的全部简单路径。其过程如图 7.16 所示(图中虚箭头表示回溯)。

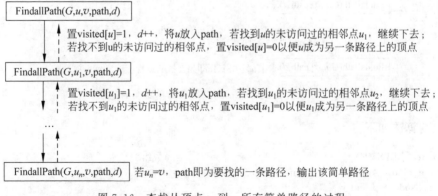

图 7.16　查找从顶点 u 到 v 所有简单路径的过程

对应的算法如下。

```
int visited[MAXVEX];                        //全局访问标记数组
void FindallPath(AdjGraph * G,int u,int v,int path[],int d)
{   ArcNode * p;
    int w,i;
    visited[u]=1;
    d++; path[d]=u;                         //顶点 u 加入路径中
    if (u==v)                               //找到终点 v
    {   for (i=0;i<=d;i++)                   //输出找到的一条路径并返回
            printf(" %d",path[i]);
        printf("\n");
        visited[u]=0;                       //从终点 v 回溯以便找所有路径
    }
    else                                    //尚未找到终点 v
    {   p=G->adjlist[u].firstarc;           //p 指向 u 的第一个相邻点
        while (p!=NULL)
        {   w=p->adjvex;                     //相邻点的编号为 w
            if (visited[w]==0)
                FindallPath(G,w,v,path,d);   //递归调用
            p=p->nextarc;                    //p 指向下一个相邻点
        }
        visited[u]=0;                       //从顶点 u 回溯以便找所有路径
    }
}
```

例如,设计以下主函数,调用上述算法求图 7.1(a)(对应图 7.8(a)的邻接表)中顶点 0 到 4 的所有简单路径。

```
int main()
{   AdjGraph * G;
    int n=5,e=6,i;
    int path[MAXVEX],d=-1;
    int u=0,v=4;
    int A[MAXVEX][MAXVEX]={
        {0,1,0,1,0},{1,0,1,0,0},{0,1,0,1,1},{1,0,1,0,1},{0,0,1,1,0}};
    CreateGraph(G,A,n,e);                   //建立图 7.8(a)的邻接表
    for (i=0;i<G->n;i++)
        visited[i]=0;
    printf("从顶点%d到%d 的所有路径:\n",u,v);
    FindallPath(G,u,v,path,d);
    DestroyGraph(G);
}
```

上述程序的输出结果如下。

```
从顶点 0 到 4 的所有路径:
0 1 2 3 4
0 1 2 4
0 3 2 4
0 3 4
```

说明:本算法称为带回溯的深度优先遍历,主要体现在一个顶点 *u* 访问过,需要将 visited[*u*] 置为 1,这是为了避免一条路径中出现重复的顶点。但顶点 *u* 到 *v* 可能有多条简

单路径,不同的简单路径中会出现相同的顶点,如(0,1,2,4)和(0,3,2,4)两条简单路径中顶点0、2和4是相同的,为此在visited[u]置为1并且从顶点u出发的一条简单路径查找完后还需要重置visited[u]=0,以便找另外的简单路径。

例如,对于图7.8(a)的邻接表求顶点0到顶点4的全部路径,从顶点0出发依次访问顶点1、2、3,同时将visited[0..3]均置为1,再访问顶点4,visited[4]置为1,输出路径0→1→2→3→4,从顶点4回退到顶点3,重置visited[4]置为0,再从顶点3回退到顶点2,重置visited[3]置为0,访问顶点2的邻接点4,visited[4]置为1,输出路径0→1→2→4。再按4-2-1-0的顺序回退到顶点0,重置visited[4]、visited[2]和visited[1]置为0,最后访问顶点0的邻接点3,输出0→3→2→4和0→3→4的简单路径。

【例7.12】 假设图 G 采用邻接表存储。设计一个算法,求不带权无向连通图 G 中从顶点 u 到顶点 $v(u \neq v)$ 的一条最短逆路径(假设这两个顶点之间存在一条或多条简单路径)。

解 图 G 是不带权的无向连通图,一条边的长度计为1,因此,求顶点 u 和顶点 v 的最短路径即求距离顶点 u 到顶点 v 的边数最少的顶点序列。

利用广度优先遍历算法,从 u 出发进行广度遍历,类似于从顶点 u 出发一层一层地向外扩展,当第一次找到顶点 v 时队列中便包含从顶点 u 到顶点 v 最近的路径,如图7.17所示,再利用队列输出最短路径(逆路径)。由于要利用队列找出路径,所以设计成非循环队列。

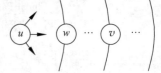

图7.17 查找顶点 u 和顶点 v 的最短路径

对应的算法如下。

```
void ShortPath(AdjGraph * G,int u,int v)
{   struct QUEUE                              //非循环队列类型
    {   int data;                             //顶点编号
        int parent;                           //前一个顶点的位置
    } qu[MAXVEX];                             //定义一个非循环队列 qu
    int front=-1,rear=-1;                     //队列的头、尾指针
    ArcNode * p;
    int w,i;
    for (i=0;i<G->n;i++) visited[i]=0;        //访问标记置初值 0
    rear++;                                   //顶点 u 进队
    qu[rear].data=u; qu[rear].parent=-1;      //起点的双亲置为-1
    visited[u]=1;
    while (front!=rear)                       //队不空循环
    {   front++;                              //出队顶点 w
        w=qu[front].data;
        if (w==v)                             //找到 v 时输出路径之逆并退出
        {   i=front;                          //通过队列输出逆路径
            while (qu[i].parent!=-1)
            {   printf("%d ",qu[i].data);
                i=qu[i].parent;
            }
            printf("%d\n",qu[i].data);
            break;                            //找到路径后退出 while 循环
        }
        p=G->adjlist[w].firstarc;             //找 w 的第一个相邻点
```

```
        while (p!=NULL)
        {   if (visited[p-> adjvex]==0)
            {   visited[p-> adjvex]=1;
                rear++;                             //将 w 的未访问过的相邻点进队
                qu[rear].data=p-> adjvex;
                qu[rear].parent=front;             //进队顶点的双亲置为 front
            }
            p=p-> nextarc;                          //找 w 的下一个相邻点
        }
    }
}
```

例如,设计以下主函数,调用上述算法求图 7.1(a)(对应图 7.8(a)的邻接表)中顶点 0 到 4 的一条最短逆路径。

```
int main()
{   AdjGraph * G;
    int n=5,e=6,i;
    int u=0,v=4;
    int A[MAXVEX][MAXVEX]={
        {0,1,0,1,0},{1,0,1,0,0},{0,1,0,1,1},{1,0,1,0,1},{0,0,1,1,0}};
    CreateGraph(G,A,n,e);                           //建立图 7.8(a)的邻接表
    for (i=0;i< G-> n;i++)
        visited[i]=0;
    printf("从顶点%d 到%d 的最短逆路径:",u,v);
    ShortPath(G,u,v);
    DestroyGraph(G);
}
```

上述程序的输出为"从顶点 0 到 4 的最短逆路径:4 3 0"。本例设计中两个说明如下。

(1) 为什么采用广度优先遍历算法求出的路径是最短路径呢?

在广度优先遍历中搜索的顶点个数并不一定比深度优先遍历中搜索的顶点个数少,而是采用广度优先遍历时,一旦找到终点 v,通过从顶点 v 在队列中反推出从顶点 u 到 v 的一条路径,该路径中每一层(按顶点 v 到起点 u 的最短路径长度分层)只有一个顶点,所以这样的路径长度是最短的。例如,对于图 7.1(a),起点为 0,它到其他顶点的最短路径长度如下。

① 起点 0 到顶点 1 的最短路径为 0→1,最短路径长度为 1。

② 起点 0 到顶点 2 的最短路径为 0→1→2,0→3→2,最短路径长度为 2。

③ 起点 0 到顶点 3 的最短路径为 0→3,最短路径长度为 1。

④ 起点 0 到顶点 4 的最短路径为 0→3→4,最短路径长度为 2。

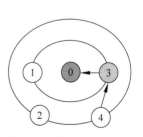

按最短路径长度分层如图 7.18 所示。当需要求顶点 0 到 4 的最短简单路径时,通过广度优先遍历从顶点 0 出发一圈(层)一圈查找,找到顶点 4 时,通过反推出简单路径逆路径为 4→3→0,对应的正向路径为 0→3→4,由于每一层仅有一个顶点,所以它一定是最短路径。

图 7.18 以顶点 0 为起点的分层

(2) 为什么这里采用非循环队列而不是循环队列呢?

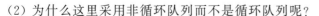

　　循环队列的优点是重复利用已经出队的元素空间,从而提高空间利用率,但这里每个进队的顶点都需要保存,因为在找到终点时需要通过队列中的顶点反推出最短路径。如果采用循环队列,出队的顶点(如顶点0)的位置可能被后来进队的顶点覆盖,这样会导致无法利用队列中的顶点反推出对应的路径。

7.4　生成树和最小生成树

7.4.1　什么是图的生成树和最小生成树

　　在一个无向连通图 G 中,如果取它的全部顶点和一部分边构成一个子图 G',即 $V(G')=V(G)$ 和 $E(G')\subseteq E(G)$。若边集 $E(G')$ 中的边既将图 G 中的所有顶点连通又不形成回路,则称子图 G' 是原图 G 的一棵**生成树**。显然,对于含有 n 个顶点的无向连通图,其生成树中恰好有 $n-1$ 条边。

　　可以通过遍历方式产生一个无向图的生成树。通过深度优先遍历产生的生成树称为**深度优先生成树**,通过广度优先遍历产生的生成树称为**广度优先生成树**。

　　对无向图进行遍历时:

　　(1) 对于连通图,仅需要从图中任一顶点出发,进行深度优先遍历或广度优先遍历便可以访问到图中所有顶点,因此连通图的一次遍历所经过的边的集合及图中所有顶点的集合就构成了该图的一棵生成树。

　　(2) 对于非连通图,它是由多个连通分量构成的,则需要从每个连通分量的任一顶点出发进行遍历,每次从一个新起点出发进行遍历过程得到的顶点访问序列恰为各个连通分量中的顶点集。每个连通分量产生的生成树合起来构成整个非连通图的生成树。

　　由一个无向图可能产生多棵生成树,对于带权无向图,把具有权之和最小的生成树称为图的**最小生成树**(Minimum Cost Spanning Tree,MCST)。最小生成树的概念可以应用到许多实际问题中。例如,以尽可能低的总造价建造若干条高速公路,把 n 个城市联系在一起等都涉及最小生成树的概念。

　　构造一个图的最小生成树主要有两个算法,即 Prim 算法和 Kruskal 算法。

7.4.2　Prim 算法

　　Prim(普里姆)算法是一种构造性算法。假设 $G=(V,E)$ 是一个具有 n 个顶点的带权无向连通图,$T=(U,TE)$ 是 G 的最小生成树,其中,U 是 T 的顶点集,TE 是 T 的边集,则由 G 构造从起始顶点 v 出发的最小生成树 T 的步骤如下。

　　(1) 初始化 $U=\{v\}$。以 v 到其他顶点的所有边为候选边。

　　(2) 重复以下步骤 $n-1$ 次,使得其他 $n-1$ 个顶点被加入 U 中。

　　① 从候选边中挑选权值最小的边加入 TE,设该边在 $V-U$ 中的顶点是 k,将 k 加入 U 中;

　　② 考查当前 $V-U$ 中的所有顶点 j,修改候选边:若 (k,j) 的权值小于原来和顶点 j 关联的候选边,则用 (k,j) 取代后者作为候选边。

例如,对于如图 7.19 所示的带权无向图 G_6,采用 Prim 算法求从起始顶点 0 出发的最小生成树的过程如图 7.20 所示,图 7.20(d)中所有顶点加上粗线构成一棵最小生成树。

在实现 Prim 算法时,为了便于在两个顶点集 U 和 $V-U$ 之间选择权最小的边,建立了两个辅助数组 closest 和 lowcost,它们记录从 U 到 $V-U$ 具有最小权值的边,对于某个顶点 $j \in V-U$,closest[j]存储该边依附的在 U 中的顶点编号,lowcost[j]存储该边的权值,如图 7.21 所示。

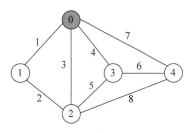

图 7.19 一个带权无向图 G_6

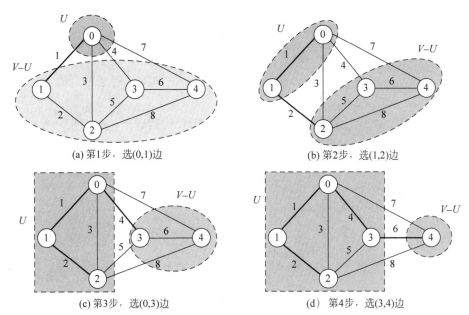

(a) 第1步,选(0,1)边

(b) 第2步,选(1,2)边

(c) 第3步,选(0,3)边

(d) 第4步,选(3,4)边

图 7.20 用 Prim 算法构造图 G_6 的最小生成树的过程

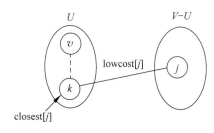

图 7.21 顶点集合 U 和 $V-U$

在图中,若 lowcost[j]=0,则表明顶点 $j \in U$;若 $0 <$ lowcost[j]$< \infty$,则顶点 $j \in V-U$,且顶点 j 和 U 中的顶点 closest[j]构成的边(closest[j],j)是所有与顶点 j 相邻、另一端在 U 的边中的具有最小权值的边,其最小的权值为 lowcost[j](对于每个顶点 $j \in V-U$,U 中的所有顶点到顶点 j 可能有多条边,但只有一条最小边,用 closest[j]表示该顶点,lowcost[j]表示该边的权值);若 lowcost[j]$= \infty$,则表示顶点 j 与 closest[j]之间没有边。

例如,对于如图 7.18 所示的带权无向图 G_6,其邻接矩阵如下。

{{0,1,3,4,7},{1,0,2,∞,∞},{3,2,0,5,8},{4,∞,5,0,6},{7,∞,8,6,0}}

采用 Prim 算法从顶点 0 开始构造最小生成树时,两个辅助数组 lowcost 和 closest 的初值设置如下(lowcost 值直接来源于邻接矩阵)。

lowcost[0]=0,closest[0]=0
lowcost[1]=1,closest[1]=0,边(0,1)的权值为1
lowcost[2]=3,closest[2]=0,边(0,2)的权值为3
lowcost[3]=4,closest[3]=0,边(0,3)的权值为4
lowcost[4]=7,closest[4]=0,边(0,4)的权值为7

现在 $U=\{0\}$，$V-U=\{1,2,3,4\}$，从 $V-U$ 顶点集中选 lowcost[i]最小的顶点 i，这里 $i=1$，即构造的最小生成树的第一条边为(0,1)，将顶点 1 加入 U 中，即将 lowcost[1]置为 0，则$U=\{0,1\}$，$V-U=\{2,3,4\}$。修正 lowcost、closest 数组，由于这两个数组保存顶点 1 加入 U 之前的 U、$V-U$ 两个顶点之间的最小边，所以只需要相对顶点 1 进行修正，如图 7.22 所示，修正后的结果如下。

lowcost[2]=2,closest[2]=1,顶点 2 到 U 中的最小边为(1,2),权值为 2
lowcost[3]=4,closest[3]=0,顶点 3 到 U 中的最小边为(0,3),权值为 4
lowcost[4]=7,closest[4]=0,顶点 4 到 U 中的最小边为(0,4),权值为 7

再从上述 lowcost 中选一个最小值对应的边为(1,2)，即构造的最小生成树的第二条边为(1,2)。

重复上述过程，对于 n 个顶点的带权无向图，共需要构造 $n-1$ 条即可。

为了方便，假设图 G 采用邻接矩阵 **g** 存储，对应的 Prim(g,v)算法如下。

```
void Prim(MatGraph g,int v)            //输出求得的最小生树的所有边
{   int lowcost[MAXVEX];               //建立数组 lowcost
    int closest[MAXVEX];               //建立数组 closest
    int min,i,j,k;
    for (i=0;i<g.n;i++)                //给 lowcost[]和 closest[]置初值
    {   lowcost[i]=g.edges[v][i];
        closest[i]=v;
    }
    for (i=1;i<g.n;i++)                //构造 n-1 条边
    {   min=INF; k=-1;
        for (j=0;j<g.n;j++)            //在 V-U 中找出离 U 最近的顶点 k
        {   if (lowcost[j]!=0 && lowcost[j]<min)
            {   min=lowcost[j];
                k=j;                   //k 为最近顶点的编号
            }
        }
        printf("  边(%d,%d),权值为%d\n",closest[k],k,min);
        lowcost[k]=0;                  //标记 k 已经加入 U
        for (j=0;j<g.n;j++)            //修正数组 lowcost 和 closest
        {   if (lowcost[j]!=0 && g.edges[k][j]<lowcost[j])
            {   lowcost[j]=g.edges[k][j];
                closest[j]=k;
            }
        }
    }
}
```

Prim 算法中有两重 for 循环，所以时间复杂度为 $O(n^2)$，其中，n 为图的顶点个数。由于与 e 无关，所以 Prim 算法特别适合于稠密图求最小生成树。

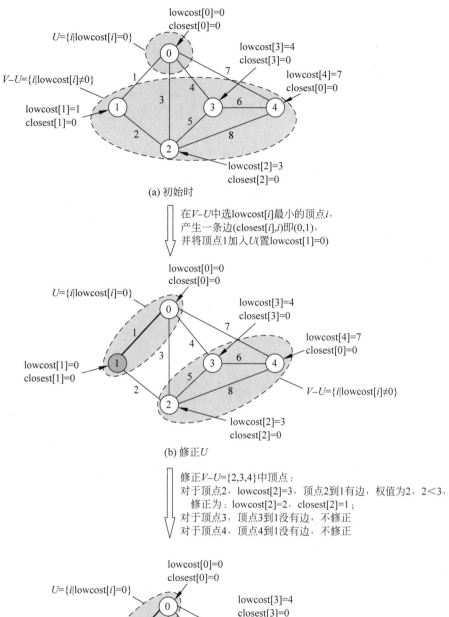

(a) 初始时

在$V-U$中选lowcost[i]最小的顶点i，
产生一条边(closest[i],i)即(0,1)，
并将顶点1加入U(置lowcost[1]=0)

(b) 修正U

修正$V-U$={2,3,4}中顶点：
　对于顶点2，lowcost[2]=3，顶点2到1有边，权值为2，2<3，
　　修正为：lowcost[2]=2，closest[2]=1；
　对于顶点3，顶点3到1没有边，不修正
　对于顶点4，顶点4到1没有边，不修正

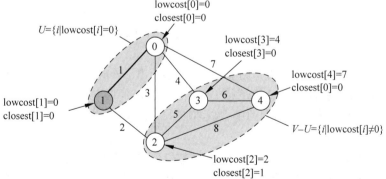

(c) 修正lowcost和closest后的结果

图 7.22　选择一条边后修正 lowcost、closest 数组的过程

7.4.3　Kruskal 算法

扫一扫

视频讲解

Kruskal(克鲁斯卡尔)算法是一种按权值的递增次序选择合适的边来构造最小生成树的方法。假设 $G=(V,E)$ 是一个具有 n 个顶点的带权连通无向图，$T=(U,TE)$ 是 G 的最小生成树，则构造最小生成树的步骤如下。

(1) 置 U 的初值等于 V(即包含 G 中的全部顶点)，TE 的初值为空集(即图 T 中每一个顶点都构成一个连通分量)。

(2) 将图 G 中的边按权值从小到大的顺序依次选取：若选取的边未使生成树 T 形成回路，则加入 TE；否则舍弃，直到 TE 中包含 $n-1$ 条边为止。

为了方便，假设图 G 采用邻接矩阵 g 存储，实现 Kruskal 算法的关键是如何判断选取的边是否与生成树中已保留的边形成回路，这可通过判断边的两个顶点所在的连通分量的方法来解决。为此设置一个辅助数组 vset[0..n-1]，它用于判定两个顶点之间是否连通。数组元素 vset[i](初值为 i)代表编号为 i 的顶点所属的连通子图的编号(当选中两个连续子图之间的一条边后，它们分属的两个顶点集合按其中的一个编号重新统一编号)。当两个连通子图的编号不同时，加入这两个顶点构成的边到最小生成树中时一定不会形成回路。

首先需要对所有边按权值递增排序，为此定义一个具有如下类型的边数组 $E[]$。

```
typedef struct
{    int u;                              //边的起始顶点
     int v;                              //边的终止顶点
     int w;                              //边的权值
} Edge;                                  //边数组元素类型
```

从图的邻接矩阵 g 中提取出边数组 E，然后按边权值递增排序。例如，图 7.19 的带权无向图对应的 E 数组排序的结果如表 7.1 所示，每个元素的三个数值分别是起点、终点和权值，由于是无向图，仅取 $i>j$ 的边 (i,j)，这样每条边仅对应数组 E 中的一个元素。

表 7.1　边数组 E 按权值递增排序的结果

下标 j	0	1	2	3	4	5	6	7
元素	(1,0,1)	(2,1,2)	(2,0,3)	(3,0,4)	(3,2,5)	(4,3,6)	(4,0,7)	(8,4,2)

例如，图 7.19 的带权无向图采用 Kruskal 算法 Kruskal() 构造最小生成树过程如图 7.23 所示，图中顶点旁的数字为 vset 元素值。

初始时，顶点 i 对应的 vset[i] 值为 i，图中各顶点旁边标出了该值的变化过程。图 7.23(a) 是仅含有顶点的初始情况，选中数组 E 中下标 $j=0$ 的边 (1,0)，顶点 1 和顶点 0 是不连通的(因为 vset[1]≠vset[0])，将该边加到图中，这样顶点 1 和顶点 0 就连通了，需将 vset[1] 改为 0，如图 7.23(b) 所示。

再选中数组 E 中下标 $j=1$ 的边 (2,1)，顶点 2 和顶点 1 是不连通的(因为 vset[2]≠vset[1])，将该边加到图中，这样顶点 2 和顶点 1 就连通了，需将 vset[2] 改为 0，如图 7.23(c) 所示。

再选中数组 E 中下标 $j=2$ 的边 (2,0)，顶点 2 和顶点 0 是连通的(因为 vset[2]=vset[0])，不能加入。选中数组 E 中下标 $j=3$ 的边 (3,0)，顶点 3 和顶点 0 是不连通的(因

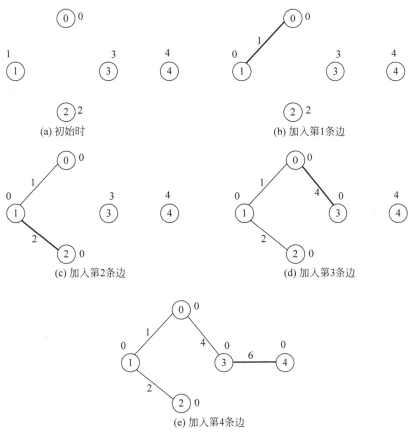

(a) 初始时   (b) 加入第1条边

(c) 加入第2条边   (d) 加入第3条边

(e) 加入第4条边

图 7.23   用 Kruskal 算法构造图 G_6 的最小生成树的过程

为 vset[3]≠vset[0]),将该边加到图中,这样顶点 3 和顶点 0 就连通了,需将 vset[3]改为 0,如图 7.23(d)所示。

再选中数组 E 中下标 $j=4$ 的边(3,2),不能加入,选中数组 E 中下标 $j=5$ 的边(4,3),可以加到图中,这样顶点 4 和顶点 3 就连通了,需将 vset[4]改为 0,如图 7.23(e)所示。共加了 4 条边,构造过程结束。

在实现 Kruskal 算法时,假设采用直接插入排序法对边集 E 按权值递增排序。对应的 Kruskal 算法如下。

```
void SortEdge(Edge E[ ],int e)          //直接插入排序:对 E 数组按权值递增排序
{   int i,j,k=0;
    Edge temp;
    for (i=1;i<e;i++)
    {   temp=E[i];
        j=i-1;                          //从右向左在有序区 E[0..i-1]中找 E[i]的插入位置
        while (j>=0 && temp.w<E[j].w)
        {   E[j+1]=E[j];                 //将权值大于 E[i].w 的记录后移
            j--;
        }
        E[j+1]=temp;                     //在 j+1 处插入 E[i]
    }
}
```

```
}
    void Kruskal(MatGraph g)                    //输出求得的最小生树的所有边
    {   int i,j,u1,v1,sn1,sn2,k;
        int vset[MAXVEX];                       //建立数组 vset
        Edge E[MAXE];                           //建立存放所有边的数组 E
        k=0;                                    //k 统计 E 数组中边数
        for (i=0;i<g.n;i++)                     //由图的邻接矩阵 g 产生的边集数组 E
        {   for (j=0;j<=i;j++)                  //无向图只提取邻接矩阵中主对角和下三角部分的元素
            {   if (g.edges[i][j]!=0 && g.edges[i][j]!=INF)
                {   E[k].u=i; E[k].v=j;
                    E[k].w=g.edges[i][j];
                    k++;                        //累加边数
                }
            }
        }
        SortEdge(E,k);                          //采用直接插入排序对 E 数组按权值递增排序
        for (i=0;i<g.n;i++) vset[i]=i;          //初始化辅助数组
        k=1;                                    //k 表示当前构造生成树的第几条边,初值为 1
        j=0;                                    //j 为 E 数组下标,初值为 0
        while (k<g.n)                           //生成的边数小于 n 时循环
        {   u1=E[j].u; v1=E[j].v;               //取一条边的头尾顶点
            sn1=vset[u1];
            sn2=vset[v1];                       //分别得到两个顶点所属的集合编号
            if (sn1!=sn2)                       //两顶点属于不同的集合,该边是最小生成树的一条边
            {   printf("  边(%d,%d),权值为%d\n",u1,v1,E[j].w);
                k++;                            //生成的边数增 1
                for (i=0;i<g.n;i++)             //两个集合统一编号
                {   if (vset[i]==sn2)           //集合编号为 sn2 的改为 sn1
                        vset[i]=sn1;
                }
            }
            j++;                                //扫描下一条边
        }
    }
```

　　如果给定的带权连通无向图 G 有 e 条边,上述 Kruskal 算法的时间复杂度并不是最好的,但可以改进后达到 $O(e\log_2 e)$,所以一般认为 Kruskal 算法的时间复杂度为 $O(e\log_2 e)$。

　　提示:将两种求带权连通图最小生成树的算法存放在 MCST.cpp 文件中。

　　给出以下主函数调用上述求最小生成树函数,读者可以对照程序执行结果进行分析,进一步体会求最小生成树算法的实现过程。

```
#include "MCST.cpp"                            //包含构造最小生成树的算法
int main()
{   MatGraph g;
    int n=5,e=8;
    int A[MAXVEX][MAXVEX]={{0,1,3,4,7},{1,0,2,INF,INF},
            {3,2,0,5,8},{4,INF,5,0,6},{7,INF,8,6,0}};
    CreateGraph(g,A,n,e);                       //建立图 7.18 中图的邻接矩阵
    printf("图 G 的存储结构:\n"); DispGraph(g);
    printf("Prim:从顶点 0 出发构造的最小生成树:\n");
    Prim(g,0);
    printf("Kruskal:构造的最小生成树:\n");
```

```
    Kruskal(g);
    DestroyGraph(g);
}
```

上述程序的执行结果如下。

图 G 的存储结构：
```
0   1   3   4   7
1   0   2   ∞   ∞
3   2   0   5   8
4   ∞   5   0   6
7   ∞   8   6   0
```
Prim:从顶点 0 出发构造的最小生成树：
    边(0,1),权值为 1
    边(1,2),权值为 2
    边(0,3),权值为 4
    边(3,4),权值为 6
Kruskal:构造的最小生成树：
    边(1,0),权值为 1
    边(2,1),权值为 2
    边(3,0),权值为 4
    边(4,3),权值为 6

从上述结果看到,Prim 算法和 Kruskal 算法产生的最小生成树是相同的。实际上,当一个图中有多个最小生成树时,两种算法产生的最小生成树可能相同,也可能不同。

7.5　最　短　路　径

在实际中经常遇到这样的问题,从一个城市到另一个城市有若干条通路,问哪一条路的距离最短呢？如果用计算机解决这一问题,可用一个带权图描述交通网络。在这样的图中,顶点表示城市,边的权值表示城市之间的距离,这样上述问题就变成寻找一条从一个顶点到另一个顶点所经过的路径上的各边权值和最小的路径,即最短路径问题。

求最短路径问题分为两种情况,一种是求从一个顶点到其他各顶点的最短路径,称为单源最短路径问题；另一种是求每对顶点之间的最短路径,称为多源最短路径问题。下面分别讨论这两个问题的求解算法。

7.5.1　单源最短路径算法

求单源最短路径算法是由 Dijkstra(狄杰斯特拉)提出的,称为 Dijkstra 算法。给定一个图 G 和一个起始顶点即源点 v,Dijkstra 算法的具体步骤如下。

(1) 初始时,顶点集 S 只包含源点,即 S＝{v},顶点 v 到自己的距离为 0。顶点集 U 包含除 v 外的其他顶点,源点 v 到 U 中顶点 i 的距离为边上的权(若 v 与 i 有边<v,i>)或∞(若顶点 i 不是 v 的出边相邻点)。

(2) 从 U 中选取一个顶点 u,它是源点 v 到 U 中距离最小的一个顶点,然后把顶点 u 加入 S 中(该选定的距离就是源点 v 到顶点 u 的最短路径长度)。

(3) 以顶点 u 为新考虑的中间点,修改源点 v 到 U 中各顶点 $j(j \in U)$ 的距离:若从源点 v 到顶点 j 经过顶点 u 的距离(图 7.24 中为 $c_{vu} + w_{uj}$)比原来不经过顶点 u 的距离(图 7.24 中为 c_{vj})更短,则修改从源点 v 到顶点 j 的最短距离值(图 7.23 中修改为 $c_{vu} + w_{uj}$)。

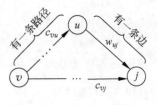

图 7.24 从源点 v 到顶点 j 的路径比较

(4) 重复步骤(2)和(3)直到 S 包含所有的顶点即 U 为空。

下面介绍 Dijkstra 算法的实现过程。设有向图 $G = (V, E)$,以邻接矩阵作为存储结构。

为了保存最短路径长度,设置一个数组 dist[0..n-1],dist[i] 用来保存从源点 v 到顶点 i 的目前最短路径长度,它的初值为 <v,i> 边上的权值,若顶点 v 到顶点 i 没有边,则权值定为 ∞。以后每考虑一个新的中间点 u 时,dist[i] 的值可能被修改变小。

为了保存最短路径,另设置一个数组 path[0..n-1],其中,path[i] 存放从源点 v 到顶点 i 的最短路径。为什么能够用一个一维数组保存多条最短路径呢?

如图 7.25 所示,假设从源点 v 到顶点 j 有多条路径,其中 $v \rightarrow \cdots a \rightarrow \cdots u \rightarrow j$ 是最短路径,即最短路径上顶点 j 的前一个顶点是顶点 u,则 $v \rightarrow \cdots a \rightarrow \cdots u$ 也一定是从源点 v 到顶点 u 的最短路径。因为否则的话,说明从源点 v 到顶点 u 还有另一条最短路径如 $v \rightarrow \cdots b \rightarrow \cdots u$,而这条路径加上顶点 j 即 $v \rightarrow \cdots b \rightarrow u \rightarrow j$ 构成从源点 v 到顶点 j 的最短路径,这与前面的假设矛盾,所以,若 $v \rightarrow \cdots a \rightarrow \cdots u \rightarrow j$ 是一条最短路径,则 $v \rightarrow \cdots a \rightarrow \cdots u$ 一定是从源点 v 到顶点 u 的最短路径,这样就可以用 path[j] 保存从源点 v 到顶点 j 的最短路径,即置 path[j] 为最短路径上的前一个顶点 u(即 path[j]=u),再由 path[u] 一步一步向前推,直到源点 v,这样可以推出从源点 v 到顶点 j 的最短路径。也就是说,path[j] 只保存当前最短路径中的前一个顶点的编号,从而只需要用一个一维数组 path 便可以保存所有的最短路径了。

例如,对于如图 7.26 所示的带权有向图 G_7,采用 Dijkstra 算法求从顶点 0 到其他顶点的最短路径时,S、U、dist 和 path 到各顶点的距离的变化过程如表 7.2 所示,其中,dist 和 path 中阴影部分表示发生了修改。

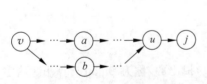

图 7.25 顶点 v 到 j 的最短路径

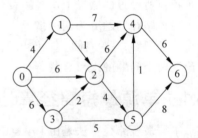

图 7.26 一个带权有向图 G_7

最后求出顶点 0 到 1~6 各顶点的最短距离分别为 4、5、6、10、9 和 16。

path 值为 (0,0,1,0,5,2,4),以求顶点 0 到顶点 4 的最短路径为例说明通过 path 求最短路径的过程:path[4]=5,path[5]=2,path[2]=1,path[1]=0(源点),则顶点 0 到顶点 4 的最短路径逆为 4、5、2、1、0,则正向最短路径为 0→1→2→5→4。

表 7.2 求从顶点 0 出发的最短路径时 S、U、dist 和 path 的变化过程

S	U	dist							path							选择 U 中最近的顶点 u
		0	1	2	3	4	5	6	0	1	2	3	4	5	6	
{0}	{1,2,3,4,5,6}	0	4	6	6	∞	∞	∞	0	0	0	0	−1	−1	−1	1
{0,1}	{2,3,4,5,6}	0	4	5	6	11	∞	∞	0	0	1	0	1	−1	−1	2
{0,1,2}	{3,4,5,6}	0	4	5	6	11	9	∞	0	0	1	0	1	2	−1	3
{0,1,2,3}	{4,5,6}	0	4	5	6	11	9	∞	0	0	1	0	1	2	−1	5
{0,1,2,3,5}	{4,6}	0	4	5	6	10	9	17	0	0	1	0	5	2	5	4
{0,2,3,5,4}	{6}	0	4	5	6	10	9	16	0	0	1	0	5	2	4	6
{0,1,2,3,5,4,6}	{}	0	4	5	6	10	9	16	0	0	1	0	5	2	4	算法结束

对应的 Dijkstra 算法如下（v 为源点编号）。

```
void Dijkstra(MatGraph g,int v)          //求从 v 到其他顶点的最短路径
{   int dist[MAXVEX];                    //建立 dist 数组
    int path[MAXVEX];                    //建立 path 数组
    int S[MAXVEX];                       //建立 S 数组
    int mindis,i,j,u=0;
    for (i=0;i<g.n;i++)
    {   dist[i]=g.edges[v][i];           //距离初始化
        S[i]=0;                          //S[] 置空
        if (g.edges[v][i]<INF)           //路径初始化
            path[i]=v;                   //顶点 v 到顶点 i 有边时,置顶点 i 的前一个顶点为 v
        else                             //顶点 v 到顶点 i 没边时,置顶点 i 的前一个顶点为−1
            path[i]=−1;
    }
    S[v]=1;                              //源点编号 v 放入 S 中
    for (i=0;i<g.n−1;i++)                //循环向 S 中添加 n−1 个顶点
    {   mindis=INF;                      //mindis 置最小长度初值
        for (j=0;j<g.n;j++)              //选取不在 S 中且具有最小距离的顶点 u
        {   if (S[j]==0 && dist[j]<mindis)
            {   u=j;
                mindis=dist[j];
            }
        }
        printf("将顶点%d 加入 S 中\n",u);
        S[u]=1;                          //顶点 u 加入 S 中
        for (j=0;j<g.n;j++)              //修改不在 s 中的顶点的距离
        {   if (S[j]==0)
            {   if (g.edges[u][j]<INF && dist[u]+g.edges[u][j]<dist[j])
                {   dist[j]=dist[u]+g.edges[u][j];
                    path[j]=u;
                }
            }
        }
    }
    DispAllPath(g,dist,path,S,v);        //输出所有最短路径及长度
}
```

```
void DispAllPath(MatGraph g,int dist[ ],int path[ ],int S[ ],int v)
//输出从顶点 v 出发的所有最短路径
{   int i,j,k;
    int apath[MAXVEX],d;              //存放一条最短路径(逆向)及其顶点个数
    for (i=0;i<g.n;i++)               //循环输出从顶点 v 到 i 的路径
    {   if (S[i]==1 && i!=v)
        {   printf(" 从%d 到%d 最短路径长度为:%d\t 路径:",v,i,dist[i]);
            d=0; apath[d]=i;          //添加路径上的终点
            k=path[i];
            if (k==-1)                //没有路径的情况
                printf("无路径\n");
            else                      //存在路径时输出该路径
            {   while (k!=v)
                {   d++; apath[d]=k;
                    k=path[k];
                }
                d++; apath[d]=v;      //添加路径上的起点
                printf("%d",apath[d]);   //先输出起点
                for (j=d-1;j>=0;j--)  //再输出其他顶点
                    printf("→%d",apath[j]);
                printf("\n");
            }
        }
    }
}
```

Dijkstra 算法 Dijkstra(g,v)的时间复杂度为 $O(n^2)$。

7.5.2　多源最短路径算法

求解每对顶点之间的最短路径的一个办法是:每次以一个顶点为源点,重复执行 Dijkstra 算法 n 次,这样便可以求得每一对顶点之间的最短路径。解决该问题的另一种方法是 Floyd(弗洛伊德)算法。

假设带权有向图 $G=(V,E)$ 采用邻接矩阵 g 表示,另外设置一个二维数组 A 用于存放当前顶点之间的最短路径长度,即分量 $A[i][j]$ 表示当前顶点 i 到顶点 j 的最短路径长度。弗洛伊德算法的基本思想是递推产生一个矩阵序列 $A_0,A_1,\cdots,A_k,\cdots,A_{n-1}$,其中,$A_k[i][j]$ 表示从顶点 i 到顶点 j 的路径上所经过的顶点编号不大于 k 的最短路径长度。

初始时,有 $A_{-1}[i][j]=g.edges[i][j]$。若 $A_{k-1}[i][j]$ 已求出,当求从顶点 i 到顶点 j 的路径上所经过的顶点编号不大于 k 的最短路径长度 $A_k[i][j]$ 时,此时从顶点 i 到顶点 j 的最短路径有以下两种情况。

一种情况是从顶点 i 到顶点 j 的路径不经过顶点编号为 k 的顶点,此时不需要调整,即 $A_k[i][j]=A_{k-1}[i][j]$。

另一种情况是从顶点 i 到顶点 j 的最短路径上经过编号为 k 的顶点,如图 7.27 所示,原来的最短

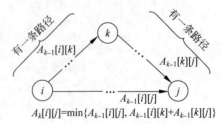

图 7.27　在考虑顶点 k 时求顶点 i 到 j 的最短路径长度 $A_k[i][j]$

路径长度为 $A_{k-1}[i][j]$。而经过编号为 k 的顶点的路径分为两段,这条经过编号为 k 的顶点的路径的长度为 $A_{k-1}[i][k]+A_{k-1}[k][j]$,如果其长度小于原来的最短路径长度即 $A_{k-1}[i][j]$,则取经过编号为 k 的顶点的路径为新的最短路径。

归纳起来,弗洛伊德思想可用如下的表达式来描述:

$$A_{-1}[i][j]=g.\text{edges}[i][j]$$
$$A_k[i][j]=\text{MIN}\{A_{k-1}[i][j],A_{k-1}[i][k]+A_{k-1}[k][j]\}\quad 0\leqslant k\leqslant n-1$$

该式是一个迭代表达式,A_{k-1} 表示已考虑顶点 $0,1,\cdots,k-1$ 这 k 个顶点后得到的各顶点之间的最短路径,那么 $A_{k-1}[i][j]$ 表示由顶点 i 到顶点 j 已考虑顶点 $0,1,\cdots,k-1$ 这 k 个顶点后得到的最短路径,在此基础上再考虑顶点 k,求出各顶点在考虑顶点 k 后的最短路径,即得到 A_k。每迭代一次,在从顶点 i 到顶点 j 的最短路径上就多考虑了一个顶点;经过 n 次迭代后所得的 $A_{n-1}[i][j]$ 值,就是考虑所有顶点后从顶点 i 到顶点 j 的最短路径,也就是最后的解。

另外,用二维数组 path 保存最短路径,它与当前迭代的次数有关,即当迭代完毕,path$[i][j]$ 存放从顶点 i 到顶点 j 的最短路径中顶点 j 的前一个顶点的编号。和 Dijkstra 算法中采用的方式相似,在求 $A_{k-1}[i][j]$ 时,path$_{k-1}[i][j]$ 存放从顶点 i 到顶点 j 已考虑 $0 \sim k-1$ 顶点的最短路径上前一个顶点的编号,考虑顶点 k 的调整情况如图 7.28 所示。在算法结束时,由二维数组 path 的值追溯,可以得到从顶点 i 到顶点 j 的最短路径。

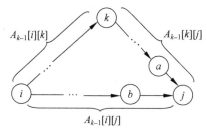

path$_{k-1}[i][j]=b$,　path$_{k-1}[k][j]=a$,
若 $A_{k-1}[i][j]>A_{k-1}[i][k]+A_{k-1}[k][j]$,
选择经过顶点 k 的路径,
即 path$_k[i][j]=a=$path$_{k-1}[k][j]$。

图 7.28　在路径调整后修改 path$_k[i][j]$

例如,对于图 7.29 的有向图 G_8,对应的邻接矩阵如图 7.30 所示,求所有顶点之间最短路径时,$\boldsymbol{A}$、path 数组的变化如表 7.3 所示。

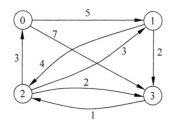

图 7.29　一个有向图 G_8

$$\begin{bmatrix} 0 & 5 & \infty & 7 \\ \infty & 0 & 4 & 2 \\ 3 & 3 & 0 & 2 \\ \infty & \infty & 1 & 0 \end{bmatrix}$$

图 7.30　图 G_8 对应的邻接矩阵

初始时,$\boldsymbol{A}_{-1}$ 和邻接矩阵相同,当存在顶点 i 到顶点 j 的边时,path$[i][j]$ 置为 i,否则置为 -1。

在考虑顶点 0 时,没有任何最短路径得到修改,所以 $\boldsymbol{A}_0$ 与 $\boldsymbol{A}_{-1}$ 相同,path$_0$ 与 path$_{-1}$ 相同。

表 7.3　求最短路径时 A、path 数组的变化过程

A_{-1}				path$_{-1}$			
0	5	∞	7	−1	0	−1	0
∞	0	4	2	−1	−1	1	1
3	3	0	2	2	2	−1	2
∞	∞	1	0	−1	−1	3	−1

A_0				path$_0$			
0	5	∞	7	−1	0	−1	0
∞	0	4	2	−1	−1	1	1
3	3	0	2	2	2	−1	2
∞	∞	1	0	−1	−1	3	−1

A_1				path$_1$			
0	5	9	7	−1	0	1	0
∞	0	4	2	−1	−1	1	1
3	3	0	2	2	2	−1	2
∞	∞	1	0	−1	−1	3	−1

A_2				path$_2$			
0	5	9	7	−1	0	1	0
7	0	4	2	2	−1	1	1
3	3	0	2	2	2	−1	2
4	4	1	0	2	2	3	−1

A_3				path$_3$			
0	5	8	7	−1	0	3	0
6	0	3	2	2	−1	3	1
3	3	0	2	2	2	−1	2
4	4	1	0	2	2	3	−1

在考虑顶点 1 时,顶点 0 到顶点 2 原来没有路径,现在有一条通过顶点 1 的路径 0→1→2,其长度为 $5+4=9$,$A[0][2]$ 由原来的 ∞ 修改为 9,path$[0][2]$ 由原来的 −1 修改为 path$[1][2]$ 即 1,其他两个顶点的最短路径没有修改。

再依次考虑顶点 2、3,得到最终的 A_3 和 path$_3$。

在得到 A_3 和 path$_3$ 后,由 A_3 数组可以直接得到两个顶点之间的最短路径长度,如 $A_3[1][0]=6$,说明顶点 1 到 0 的最短路径长度为 6。

由 path$_3$ 数组可以推导出所有顶点之间的最短路径,其中,第 $i(0 \leqslant i \leqslant n-1)$ 行用于推导顶点 i 到其他各顶点的最短路径。下面以求顶点 1 到 0 的最短路径及长度为例进行说明求路径过程。

path$[1][0]=2$,说明顶点 0 的前一顶点是顶点 2;path$[1][2]=3$,表示顶点 2 的前一个顶点是顶点 3;path$[1][3]=1$,表示顶点 3 的前一个顶点是顶点 1,找到起点。依次得到的顶点序列为 0、2、3、1,则顶点 1 到 0 的最短路径为 1→3→2→0。

Floyd 算法如下。

```
void Floyd(MatGraph g)                //求每对顶点之间的最短路径
{   int A[MAXVEX][MAXVEX];            //建立 A 数组
```

```
    int path[MAXVEX][MAXVEX];              //建立 path 数组
    int i,j,k;
    for (i=0;i<g.n;i++)                     //给数组 A 和 path 置初值即求 A−1[i][j]
    {   for (j=0;j<g.n;j++)
        {   A[i][j]=g.edges[i][j];
            if (i!=j && g.edges[i][j]<INF)
                path[i][j]=i;              //i 和 j 顶点之间有一条边时
            else                            //i 和 j 顶点之间没有一条边时
                path[i][j]=−1;
        }
    }
    for (k=0;k<g.n;k++)                     //求 Ak[i][j]
    {   for (i=0;i<g.n;i++)
        {   for (j=0;j<g.n;j++)
            {   if (A[i][j]>A[i][k]+A[k][j])   //找到更短路径
                {   A[i][j]=A[i][k]+A[k][j];   //修改路径长度
                    path[i][j]=path[k][j];     //修改最短路径为经过顶点 k
                }
            }
        }
    }
    DispAllPath(g,A,path);                  //输出最短路径和长度
}
void DispAllPath(MatGraph g,int A[][MAXVEX],int path[][MAXVEX])
//输出所有的最短路径和长度
{   int i,j,k,s;
    int apath[MAXVEX],d;                    //存放一条最短路径中间顶点(反向)及其顶点个数
    for (i=0;i<g.n;i++)
    {   for (j=0;j<g.n;j++)
        {   if (A[i][j]!=INF && i!=j)       //若顶点 i 和 j 之间存在路径
            {   printf("  顶点%d 到%d 的最短路径长度:%d\t 路径:",i,j,A[i][j]);
                k=path[i][j];
                d=0; apath[d]=j;            //路径上添加终点
                while (k!=−1 && k!=i)       //路径上添加中间点
                {   d++; apath[d]=k;
                    k=path[i][k];
                }
                d++; apath[d]=i;            //路径上添加起点
                printf("%d",apath[d]);      //输出起点
                for (s=d−1;s>=0;s−−)        //输出路径上的中间顶点
                    printf("→%d",apath[s]);
                printf("\n");
            }
        }
    }
}
```

Floyd 算法 Floyd(g) 中有三重循环, 其时间复杂度为 $O(n^3)$。

提示: 将前面两个求带权有向图中最短路径的函数存放在 MinPath.cpp 文件中。

当求最短路径算法设计好后, 以下主函数调用它们求如图 7.31 所示的带权有向图的最短路径, 读者可以对照程序执行结果进行分析, 进一步体会两种求最短路径算法的实现过程。

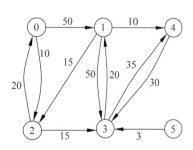

图 7.31 一个带权有向图 G_9

```
#include "MinPath.cpp"                          //含有两个求带权有向图中最短路径的函数
int main()
{    MatGraph g;
     int n=6,e=11,v=2;
     int A[ ][MAXVEX]={
         {0,50,10,INF,INF,INF},
         {INF,0,15,50,10,INF},
         {20,INF,0,15,INF,INF},
         {INF,20,INF,0,35,INF},
         {INF,INF,INF,30,0,INF},
         {INF,INF,INF,3,INF,0}};
     CreateGraph(g,A,n,e);                       //建立图7.31中图的邻接矩阵
     printf("图 G 的存储结构:\n"); DispGraph(g);
     printf("Dijkstra 求解结果如下:\n");
     Dijkstra(g,v);
     printf("\nFloyd 求解结果如下:\n");
     Floyd(g);
     DestroyGraph(g);
}
```

上述程序的执行结果如下(阴影部分表示对应的最短路径长度或者最短路径得到了修改)。

图 G 的存储结构:

```
 0   50   10   ∞    ∞    ∞
 ∞    0   15   50   10   ∞
20    ∞    0   15    ∞    ∞
 ∞   20    ∞    0   35    ∞
 ∞    ∞    ∞   30    0    ∞
 ∞    ∞    ∞    3    ∞    0
```

Dijkstra 求解结果如下:

```
         dist                          path
20    ∞    0   15    ∞    ∞       2   -1   2   2  -1  -1
将顶点 3 加入 S 中
         dist                          path
20   35    0   15   50    ∞       2    3   2   2   3  -1
将顶点 0 加入 S 中
         dist                          path
20   35    0   15   50    ∞       2    3   2   2   3  -1
将顶点 1 加入 S 中
         dist                          path
20   35    0   15   45    ∞       2    3   2   2   1  -1
将顶点 4 加入 S 中
         dist                          path
20   35    0   15   45    ∞       2    3   2   2   1  -1
将顶点 4 加入 S 中
         dist                          path
20   35    0   15   45    ∞       2    3   2   2   1  -1
    从 2 到 0 最短路径长度为:20      路径:2→0
    从 2 到 1 最短路径长度为:35      路径:2→3→1
    从 2 到 3 最短路径长度为:15      路径:2→3
    从 2 到 4 最短路径长度为:45      路径:2→3→1→4
```

Floyd 求解结果如下:

A[−1]

```
0    50   10   ∞    ∞    ∞
∞    0    15   50   10   ∞
20   ∞    0    15   ∞    ∞
∞    20   ∞    0    35   ∞
∞    ∞    ∞    30   0    ∞
∞    ∞    ∞    3    ∞    0
```

path[−1]

```
-1   0    0    -1   -1   -1
-1   -1   1    1    1    -1
2    -1   -1   2    -1   -1
-1   3    -1   -1   3    -1
-1   -1   -1   4    -1   -1
-1   -1   -1   5    -1   -1
```

A[0]

```
0    50   10   ∞    ∞    ∞
∞    0    15   50   10   ∞
20   70   0    15   ∞    ∞
∞    20   ∞    0    35   ∞
∞    ∞    ∞    30   0    ∞
∞    ∞    ∞    3    ∞    0
```

path[0]

```
-1   0    0    -1   -1   -1
-1   -1   1    1    1    -1
2    0    -1   2    -1   -1
-1   3    -1   -1   3    -1
-1   -1   -1   4    -1   -1
-1   -1   -1   5    -1   -1
```

A[1]

```
0    50   10   100  60   ∞
∞    0    15   50   10   ∞
20   70   0    15   80   ∞
∞    20   35   0    30   ∞
∞    ∞    ∞    30   0    ∞
∞    ∞    ∞    3    ∞    0
```

path[1]

```
-1   0    0    1    1    -1
-1   -1   1    1    1    -1
2    0    -1   2    1    -1
-1   3    1    -1   1    -1
-1   -1   -1   4    -1   -1
-1   -1   -1   5    -1   -1
```

A[2]

```
0    50   10   25   60   ∞
35   0    15   30   10   ∞
20   70   0    15   80   ∞
55   20   35   0    30   ∞
∞    ∞    ∞    30   0    ∞
∞    ∞    ∞    3    ∞    0
```

path[2]

```
-1   0    0    2    1    -1
2    -1   1    2    1    -1
2    0    -1   2    1    -1
2    3    1    -1   1    -1
-1   -1   -1   4    -1   -1
-1   -1   -1   5    -1   -1
```

A[3]

```
0    45   10   25   55   ∞
35   0    15   30   10   ∞
20   35   0    15   45   ∞
55   20   35   0    30   ∞
85   50   65   30   0    ∞
58   23   38   3    33   0
```

path[3]

```
-1   3    0    2    1    -1
2    -1   1    2    1    -1
2    3    -1   2    1    -1
2    3    1    -1   1    -1
2    3    1    4    -1   -1
2    3    1    5    1    -1
```

A[4]

```
0    45   10   25   55   ∞
35   0    15   30   10   ∞
20   35   0    15   45   ∞
55   20   35   0    30   ∞
85   50   65   30   0    ∞
58   23   38   3    33   0
```

path[4]

```
-1   3    0    2    1    -1
2    -1   1    2    1    -1
2    3    -1   2    1    -1
2    3    1    -1   1    -1
2    3    1    4    -1   -1
2    3    1    5    1    -1
```

A[5]

```
0    45   10   25   55   ∞
35   0    15   30   10   ∞
20   35   0    15   45   ∞
55   20   35   0    30   ∞
85   50   65   30   0    ∞
58   23   38   3    33   0
```

path[5]

```
-1   3    0    2    1    -1
2    -1   1    2    1    -1
2    3    -1   2    1    -1
2    3    1    -1   1    -1
2    3    1    4    -1   -1
2    3    1    5    1    -1
```

顶点 0 到 1 的最短路径长度:45　　路径:0→2→3→1
顶点 0 到 2 的最短路径长度:10　　路径:0→2
顶点 0 到 3 的最短路径长度:25　　路径:0→2→3
顶点 0 到 4 的最短路径长度:55　　路径:0→2→3→1→4
顶点 1 到 0 的最短路径长度:35　　路径:1→2→0
顶点 1 到 2 的最短路径长度:15　　路径:1→2
顶点 1 到 3 的最短路径长度:30　　路径:1→2→3
顶点 1 到 4 的最短路径长度:10　　路径:1→4
顶点 2 到 0 的最短路径长度:20　　路径:2→0
顶点 2 到 1 的最短路径长度:35　　路径:2→3→1
顶点 2 到 3 的最短路径长度:15　　路径:2→3
顶点 2 到 4 的最短路径长度:45　　路径:2→3→1→4
顶点 3 到 0 的最短路径长度:55　　路径:3→1→2→0
顶点 3 到 1 的最短路径长度:20　　路径:3→1
顶点 3 到 2 的最短路径长度:35　　路径:3→1→2
顶点 3 到 4 的最短路径长度:30　　路径:3→1→4
顶点 4 到 0 的最短路径长度:85　　路径:4→3→1→2→0
顶点 4 到 1 的最短路径长度:50　　路径:4→3→1
顶点 4 到 2 的最短路径长度:65　　路径:4→3→1→2
顶点 4 到 3 的最短路径长度:30　　路径:4→3
顶点 5 到 0 的最短路径长度:58　　路径:5→3→1→2→0
顶点 5 到 1 的最短路径长度:23　　路径:5→3→1
顶点 5 到 2 的最短路径长度:38　　路径:5→3→1→2
顶点 5 到 3 的最短路径长度:3　　路径:5→3
顶点 5 到 4 的最短路径长度:33　　路径:5→3→1→4

上述两种求最短路径算法的示例都是针对带权有向图的,实际上容易将一个带权无向图转换成一个带权有向图,所以它们也适合于带权无向图求最短路径。

【例 7.13】 给定 n 个村庄之间的交通图,如图 7.32 所示,若村庄 i 与村庄 j 之间有路可通,则将顶点 i 与顶点 j 之间用边连接,边上的权值 w_{ij} 表示这条道路的长度。现打算在这 n 个村庄中选定一个村庄建一所医院。设计一个算法求该医院应建在哪个村庄(称为最佳村庄),能使其他所有村庄到医院的路径总和最短(当有多个这样的村庄时,求出任一个村庄即可)。

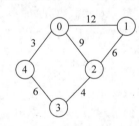

图 7.32　一个带权无向图 G_{10}

解 假设村庄图采用邻接矩阵 g 表示,先采用 Floyd 算法求出图中每对顶点之间的最短路径长度数组 A,再累加每行的元素之和并放到 B 数组中,其中,$B[i]$ 表示顶点 i 到其他所有顶点的最短路径长度之和,最后求出 B 中最小元素 $B[minv]$,并返回 minv。对应的算法如下。

```
void Floyd(MatGraph g,int A[][MAXVEX])        //求每对顶点之间的最短路径
{   int i,j,k;
    for (i=0;i<g.n;i++)                       //给数组 A 和 path 置初值即求 A_-1[i][j]
        for (j=0;j<g.n;j++)
            A[i][j]=g.edges[i][j];
    for (k=0;k<g.n;k++)                       //求 A_k[i][j]
    {   for (i=0;i<g.n;i++)
        {   for (j=0;j<g.n;j++)
            {   if (A[i][j]>A[i][k]+A[k][j])   //找到更短路径
                    A[i][j]=A[i][k]+A[k][j];   //修改路径长度
```

```
            }
         }
      }
   }
   int FindVex(int A[ ][MAXVEX],int n)              //返回找到的最佳村庄编号
   {   int B[MAXVEX];
       int i,j,minv;
       for (i=0;i<n;i++)                            //求村庄 i 到其他所有村庄最短路径长度之和 B[i]
       {   B[i]=0;
           for (j=0;j<n;j++)
               B[i]+=A[i][j];
       }
       minv=0;                                      //求 B 数组中最小的 B[minv]
       for (i=1;i<n;i++)
           if (B[i]<B[minv])
               minv=i;
       return minv;
   }
```

设计以下主函数求图 7.32 中的最佳村庄。

```
   int main()
   {   MatGraph g;
       int A[MAXVEX][MAXVEX];                       //建立数组 A
       int n=5,e=6;
       int B[MAXVEX][MAXVEX]={
           {0,12,9,INF,3},{12,0,6,INF,INF},
           {9,6,0,4,INF}, {INF,INF,4,0,6},
           {3,INF,INF,6,0}};
       CreateGraph(g,B,n,e);                        //建立图 7.32 的邻接矩阵
       printf("图 G 的存储结构:\n"); DispGraph(g);
       Floyd(g,A);
       printf("最佳村庄编号为%d\n",FindVex(A,g.n));
       DestroyGraph(g);
   }
```

上述程序执行结果为：最佳村庄编号为 2。

7.6 拓 扑 排 序

扫一扫

视频讲解

设 $G=(V,E)$ 是一个具有 n 个顶点的有向图,图中用顶点表示活动,用边表示活动之间的优先关系,这样的有向图称为用顶点表示活动的网,简称 AOV 网(Activity on Vertex Network)。该网中顶点序列 $v_1,v_2,\cdots,v_n$ 称为一个**拓扑序列**,当且仅当该顶点序列满足下列条件：若$<v_i,v_j>$是图中的边(即从顶点 v_i 到顶点 v_j 有一条路径),则在序列中顶点 v_i 必须排在顶点 v_j 之前。

在一个有向图中找一个拓扑序列的过程称为**拓扑排序**。

例如,计算机专业的学生必须完成一系列规定的基础课和专业课才能毕业,假设这些课程的名称与相应编号如表 7.4 所示。

表 7.4　课程名称与相应代号的关系

课程编号	课 程 名 称	先 修 课 程
C_1	高等数学	无
C_2	程序设计	无
C_3	离散数学	C_1
C_4	数据结构	C_2,C_3
C_5	编译原理	C_2,C_4
C_6	操作系统	C_4,C_7
C_7	计算机组成原理	C_2

课程之间的先后关系可用有向图表示,如图 7.33 所示。

对这个有向图进行拓扑排序可得到一个拓扑序列:$C_1 \to C_3 \to C_2 \to C_4 \to C_7 \to C_6 \to C_5$。也可得到另一个拓扑序列:$C_2 \to C_7 \to C_1 \to C_3 \to C_4 \to C_5 \to C_6$,还可以得到其他的拓扑序列。学生按照任何一个拓扑序列都可以顺序地进行课程学习。

拓扑排序方法如下。

(1) 从 AOV 网中选择一个没有前驱(即入度为 0)的顶点并且输出它。

(2) 从 AOV 网中删去该顶点,并且删去从该顶点发出的全部有向边。

(3) 重复上述两步,直到剩余的网中不再存在没有前驱的顶点为止。

在 AOV 网中,如果出现有向环即回路,顶点之间的先后关系陷入了死循环,则意味着某个活动应该以自身完成为先决条件,这显然是不合理的。如图 7.34 所示的有向图中出现回路,如果它表示课程之间的先修关系,则课程表无法编排。所以只有有向无环图进行拓扑排序才是有意义的。

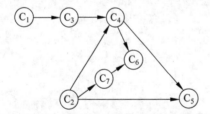

图 7.33　课程之间的先后关系有向图

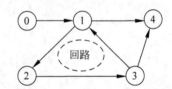

图 7.34　AOV 网的死循环现象

因此对任一有向图进行拓扑排序有两种结果:一种是图中全部顶点都包含在拓扑序列中,这说明该图中不存在有向回路;另一种是图中部分顶点未被包含在拓扑序列中,这说明该图中存在有向回路。所以可以采用拓扑排序判断一个有向图中是否存在回路。

【例 7.14】 给出如图 7.35 所示的有向图 G_{11} 的全部可能的拓扑排序序列。

解 从图 G_{11} 中看到,入度为 0 的有两个顶点,即 0 和 4。

先考虑顶点 0;删除 0 及相关边,入度为 0 者有 4;删除 4 及相关边,入度为 0 者有 1 和 5;考虑顶点 1,删除 1 及相关边,入度为 0 者有 2 和 5;如此得到拓扑序列:041253,041523,045123。

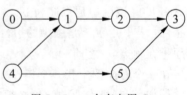

图 7.35　一个有向图 G_{11}

再考察顶点 4,类似地得到拓扑序列:450123,401253,405123,401523。

因此,所有的拓扑序列为:041253,041523,045123,450123,401253,405123,401523。

7.7 AOE 网与关键路径

视频讲解

若用前面介绍过的带权有向图(DAG)描述工程的预计进度,以顶点表示事件,有向边表示活动,边 e 的权 $c(e)$ 表示完成活动 e 所需的时间(比如天数),或者说活动 e 持续时间,图中入度为 0 的顶点表示工程的开始事件(如开工仪式),出度为 0 的顶点表示工程结束事件,则称这样的有向图为 AOE(Activity on Edge)网。

通常每个工程都只有一个开始事件和一个结束事件,因此表示工程的 AOE 网都只有一个入度为 0 的顶点,称为源点(Source),以及一个出度为 0 的顶点,称为汇点(Converge)。如果图中存在多个入度为 0 的顶点,只要加一个虚拟源点,使这个虚拟源点到原来所有入度为 0 的点都有一条长度为 0 的边,变成只有一个源点。对存在多个出度为 0 的顶点的情况做类似的处理,所以只需讨论单源点和单汇点的情况。

利用这样的 AOE 网,能够计算完成整个工程预计需要多少时间,并找出影响工程进度的"关键活动",从而为决策者提供修改各活动的预计进度的依据。

在 AOE 网中,从源点到汇点的所有路径中,具有最大路径长度的路径称为**关键路径**。完成整个工程的最短时间就是网中关键路径的长度,也就是网中关键路径上各活动持续时间的总和,关键路径上的活动称为**关键活动**。因此,只要找出 AOE 网中的关键活动,也就找到了关键路径。关键活动不存在富余时间,即关键活动如果不能按期完工,整个工程工期会发生拖延。相对应地,非关键活动存在富余的时间,适当地拖延非关键活动可能不影响整个工程的工期。

例如,图 7.36 表示某工程的 AOE 网,共有 9 个事件和 11 项活动。其中,A 表示开始事件,I 表示结束事件。

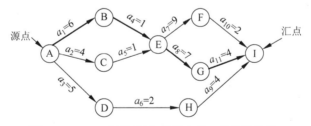

图 7.36 AOE 网的示例(粗线表示一条关键路径)

在 AOE 网中,若有一个活动 $a=<x,y>$,称 x 为 y 的前驱事件,y 为 x 的后继事件。

下面介绍如何利用 AOE 网计算出影响工程进度的关键活动,这样的 AOE 网一定是没有回路的。

在 AOE 网中,先进行拓扑排序,产生一个拓扑序列,按照拓扑序列的先后次序求出每个事件(顶点)的最早开始时间,再按照拓扑序列的反序求出每个事件的最迟开始时间,最后求出每个活动(边)的最早开始和最迟开始时间,最早开始和最迟开始时间相等的活动即为关键活动,由此求出该 AOE 网中的所有的关键活动。

(1) 事件最早开始时间:规定源点事件的最早开始时间为 0;定义 AOE 网中任一事件 v 的最早开始时间(Early Event)$ve(v)$ 等于所有前驱事件最早开始时间加上相应活动持续时间的最大值。例如,事件 v 有 x、y、z 共三个前驱事件(即有三个活动到事件 v,持续时间分别为 a、b、c),求事件 v 的最早开始时间如图 7.37 所示。归纳起来,事件 v 的最早开始时间定义如下。

$ve(v)=0$ 当 v 为源点时

$ve(v)=\text{MAX}\{ve(x_i)+c(a_j)|a_j$ 为活动 $<x_i,v>,c(a_j)$ 为活动 a_j 的持续时间$\}$ 否则

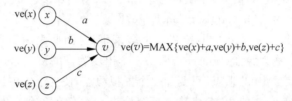

图 7.37 求事件 v 的最早开始时间

(2) 事件最迟开始时间:定义在不影响整个工程进度的前提下,事件 v 必须发生的时间称为 v 的最迟开始时间(Late Event),记作 $vl(v)$。规定汇点事件的最迟开始时间等于其最早开始时间,定义 AOE 网中任一事件 v 的 $vl(v)$ 应等于所有后继事件最迟开始时间减去相应活动持续时间的最小值。例如,事件 v 有 x、y、z 三个后继事件(即从事件 v 出发有三个活动,持续时间分别为 a、b、c),求事件 v 的最迟开始时间如图 7.38 所示。归纳起来,事件 v 的最迟开始时间定义如下。

$vl(v)=ve(v)$ 当 v 为汇点时

$vl(v)=\text{MIN}\{vl(x_i)-c(a_j)|a_j$ 为活动 $<v,x_i>,c(a_j)$ 为活动 a_j 的持续时间$\}$ 当 v 不为汇点时

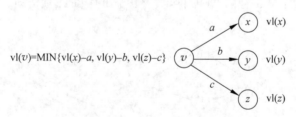

图 7.38 求事件 v 的最迟开始时间

(3) 活动最早开始时间。活动 $a=<x,y>$ 的最早开始时间 $e(a)$ 等于 x 事件的最早开始时间,如图 7.39 所示,即

$$e(a)=ve(x)$$

(4) 活动最迟开始时间。活动 $a=<x,y>$ 的最迟开始时间 $l(a)$ 等于 y 事件的最迟开始时间与该活动持续时间之差,如图 7.39 所示,即

$$l(a)=vl(y)-c(a)$$

(5) 关键活动:如果一个活动 a 的最早开始时间等于最迟开始时间,即 $e(a)=l(a)$,称

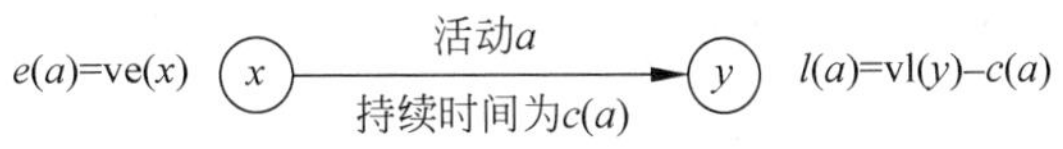

图 7.39   活动 a 的最早开始时间和最迟开始时间

为关键活动。也就是说,如果关键活动 a 对应的两个事件 y、x 的最迟开始时间和最早开始时间之差恰好为 $c(a)$,即活动 a 不存在富余的时间,那么活动 a 就是关键活动。

例如,老师布置的作业要求一个星期交,而小明恰好需要一个星期做完,那么这个作业对于小明来说就是关键活动;如果小英只需要 3 天做完,那么这个作业对于小英来说就不是关键活动,她有 4 天的富余时间。

【例 7.15】   求如图 7.36 所示的 AOE 网的关键路径。

解   对于如图 7.36 所示的 AOE 图,假设求出的一种拓扑序列为 A、B、C、D、E、F、G、H、I,即为 A 到 I 的序列,其反序为 I 到 A 的序列。其源点为顶点 A,汇点为顶点 I。依 A 到 I 的次序计算各事件 v 的 $ve(v)$ 如下。

$$ve(A) = 0$$
$$ve(B) = ve(A) + c(a_1) = 6$$
$$ve(C) = ve(A) + c(a_2) = 4$$
$$ve(D) = ve(A) + c(a_3) = 5$$
$$ve(E) = MAX(ve(B) + c(a_4), ve(C) + c(a_5)) = MAX\{7,5\} = 7$$
$$ve(F) = ve(E) + c(a_7) = 16$$
$$ve(G) = ve(E) + c(a_8) = 14$$
$$ve(H) = ve(D) + c(a_6) = 7$$
$$ve(I) = MAX\{ve(F) + c(a_{10}), ve(G) + c(a_{11}), ve(H) + c(a_9)\} = MAX(18,18,11) = 18$$

依 I 到 A 的次序计算各事件 v 的 $vl(v)$ 如下:

$$vl(I) = ve(I) = 18$$
$$vl(H) = vl(I) - c(a_9) = 14$$
$$vl(G) = vl(I) - c(a_{11}) = 14$$
$$vl(F) = vl(I) - c(a_{10}) = 16$$
$$vl(E) = MIN(vl(F) - c(a_7), vl(G) - c(a_8)) = MIN\{7,7\} = 7$$
$$vl(D) = vl(H) - c(a_6) = 12$$
$$vl(C) = vl(E) - c(a_5) = 6$$
$$vl(B) = vl(E) - c(a_4) = 6$$
$$vl(A) = MIN(vl(B) - c(a_1), vl(C) - c(a_2), vl(D) - c(a_3)) = MIN\{0,2,7\} = 0$$

计算各活动 a 的 $e(a)$、$l(a)$ 和差值 $d(a)$ 如下。

活动 a_1：$e(a_1) = ve(A) = 0$　　　$l(a_1) = vl(B) - 6 = 0$　　　$d(a_1) = 0$
活动 a_2：$e(a_2) = ve(A) = 0$　　　$l(a_2) = vl(C) - 4 = 2$　　　$d(a_2) = 2$
活动 a_3：$e(a_3) = ve(A) = 0$　　　$l(a_3) = vl(D) - 5 = 7$　　　$d(a_3) = 7$
活动 a_4：$e(a_4) = ve(B) = 6$　　　$l(a_4) = vl(E) - 1 = 6$　　　$d(a_4) = 0$
活动 a_5：$e(a_5) = ve(C) = 4$　　　$l(a_5) = vl(E) - 1 = 6$　　　$d(a_5) = 2$
活动 a_6：$e(a_6) = ve(D) = 5$　　　$l(a_6) = vl(H) - 2 = 12$　　　$d(a_6) = 7$
活动 a_7：$e(a_7) = ve(E) = 7$　　　$l(a_7) = vl(F) - 9 = 7$　　　$d(a_7) = 0$
活动 a_8：$e(a_8) = ve(E) = 7$　　　$l(a_8) = vl(G) - 7 = 7$　　　$d(a_8) = 0$
活动 a_9：$e(a_9) = ve(H) = 7$　　　$l(a_9) = vl(I) - 4 = 14$　　　$d(a_9) = 7$
活动 a_{10}：$e(a_{10}) = ve(F) = 16$　　　$l(a_{10}) = vl(I) - 2 = 16$　　　$d(a_{10}) = 0$
活动 a_{11}：$e(a_{11}) = ve(G) = 14$　　　$l(a_{11}) = vl(I) - 4 = 14$　　　$d(a_{11}) = 0$

由此可知,关键活动有 a_{11}、a_{10}、a_8、a_7、a_4、a_1,因此关键路径有两条:A→B→E→F→I 和 A→B→E→G→I。

说明:关键路径长度是从源点到汇点的最长路径长度,它是由关键活动构成的。在一个 AOE 网中可能存在多条关键路径,所有关键路径的长度均相同。减少某个关键活动的持续时间并不一定能减少工期,但减少所有关键路径中共有的某个关键活动的持续时间可以相应地减少工期,也不能无限制地减少这样的关键活动的持续时间以期相应地减少工期,因为减少到一定限度可能变成非关键活动。

小　结

(1) 图由两个集合组成,$G=(V,E)$,V 是顶点的有限集合,E 是边的有限集合。

(2) 在无向图 $G=(V,E)$ 中,集合 E 中的元素为无序对。

(3) 在有向图 $G=(V,E)$ 中,集合 E 中的元素为有序对。

(4) 如果图中从顶点 u 到顶点 v 之间存在一条路径,则称 u 到 v 是连通的。

(5) 如果无向图 G 中任意两个顶点都是连通的,称 G 为连通图。无向图 G 的极大连通子图称为 G 的连通分量。

(6) 如果有向图 G 中任意两个顶点都是连通的,称 G 为强连通图。

(7) 图的主要存储结构有邻接矩阵和邻接表。

(8) 无向图的邻接矩阵一定是对称矩阵,但对称矩阵对应的图不一定是无向图。

(9) 一个图的邻接矩阵是不对称的,则该图一定是有向图。

(10) 若用邻接表存储图,图中的每个顶点 v 都对应一个单链表。对链表中每个结点存放的顶点 u,u 满足 $<v,u>\in E(G)$ 或者 $(v,u)\in E(G)$。

(11) 对于连通图,从它的任一顶点出发进行一次深度优先遍历或深度优先遍历可访问到图的每个顶点。

(12) 若一个无向图的以顶点 v 为源点的深度优先遍历序列唯一,则可唯一确定该图。

(13) 图的深度优先遍历与二叉树的先序遍历类似。

(14) 图的广度优先遍历与二叉树的层次遍历类似。

(15) 如果树 T 是图 G 的一个子图,且 $V(T)=V(G)$,即 G 的所有顶点也都是 T 的顶点,则称 T 为 G 的生成树。

(16) 一个带权无向图的最小生成树并非指边数最少的生成树,因为所有生成树的边数相同,而是指所有边权值之和最小的生成树。

(17) 一个带权无向图的最小生成树不一定是唯一的,但最小生成树的所有边权值之和一定是唯一的。

(18) Prim 算法用于构造带权无向图的最小生成树,需要给定一个起点,时间复杂度为 $O(n^2)$,适合稠密图求最小生成树。

(19) Kruskal 算法用于构造带权无向图的最小生成树,不需要给定起点,时间复杂度为 $O(e\log_2 e)$,适合稀疏图求最小生成树。

(20) 一个图的最短路径一定是简单路径。

(21) 求单源最短路径的 Dijkstra 算法既适合于带权有向图,也适合于带权无向图。

（22）Dijkstra 算法不适合含负权的图求最短路径。

（23）Floyd 算法适合含负权的图求最短路径,但这样的图中不能出现权值和为负数的回路。

（24）一个有向图中如果存在回路,则不能进行拓扑排序,所以一个强连通图（其中有环）是不能进行拓扑排序的。

（25）如果一个有向图的拓扑序列是唯一的,则图中必定仅有一个顶点的入度为 0,一个顶点的出度为 0。

（26）一个 AOE 网中至少有一条关键路径,且是从源点到汇点的路径中最长的一条。

（27）一个 AOE 网的关键路径不一定是唯一的,但其关键路径长度一定是唯一的。

练 习 题

扫一扫

练习题

扫一扫

自测题

上机实验题

扫一扫

上机实验题

计算思维简述

计算思维是运用计算机科学的基础概念去求解问题、设计系统和理解人类的行为,它包括涵盖计算机科学广度的一系列思维活动,和数学思维、物理思维一起构成人类的三大思维方式。计算机科学的教授应当为大学新生开一门称为"怎么像计算机科学家一样思维"的课程,面向所有专业,而不仅仅是计算机科学专业的学生。我们应当使进入大学之前的学生接触计算的方法和模型,我们应当设法激发公众对计算机领域科学探索的兴趣,而不是悲叹对其兴趣的衰落或者哀泣其研究经费的下降。所以,我们应当传播计算机科学的快乐、崇高和力量,致力于使计算思维成为常识。

——摘自美国卡内基·梅隆大学计算机科学系主任周以真教授在美国计算机权威期刊 *Communications of the ACM* 杂志上发表的论文

第 8 章　查找

　　查找又称为检索,是指在某种数据结构中找出满足给定条件的元素,若找到满足给定条件的元素,表示查找成功,否则查找失败。查找是数据结构中很常用的基本运算,例如,在学生成绩表中查找某位学生的成绩;在图书馆的书目文件中查找某编号的图书。本章介绍常用的几种查找算法。

视频讲解

8.1 查找的概念

在查找表中,所有数据元素的类型相同,在数据元素(或记录)中某个数据项的值可以标识一个数据元素,称该数据项为**关键字**。若此关键字可以唯一地标识一个数据元素,称该关键字为**主关键字**,对于不同的数据元素,其主关键字均不同。反之,称用以标识若干数据元素的关键字为**次关键字**。当数据元素只有一个数据项时,其关键字即为该数据元素的值。

注意:本章中除特别指出外,所有的查找是按主关键字进行查找,即查找数据中所有元素的主关键字是唯一的。

查找是对已存入计算机中的数据所进行的一种运算,采用何种查找方法,首先取决于使用哪种数据结构来表示"表",即表中数据元素是按何种方式组织的。为了提高查找速度,常常用某些特殊的数据结构来组织表,或对表事先进行诸如排序这样的运算。因此在研究各种查找方法时,必须弄清这些方法所需要的数据结构是什么,对表中关键字的次序有何要求,例如,是对无序表查找还是对有序表查找。

若在查找的同时对表做修改运算(如插入和删除),则适合这样操作的表称为**动态查找表**,否则不适合修改运算的查找表称为**静态查找表**。

由于查找运算的主要运算是关键字的比较,所以通常把查找过程中对关键字执行的平均比较次数(也称为平均查找长度)作为衡量一个查找算法效率优劣的标准。平均查找长度(Average Search Length,ASL)定义为:

$$ASL = \sum_{i=1}^{n} p_i c_i$$

其中,n 是查找表中元素的个数,p_i 是查找第 $i(1 \leqslant i \leqslant n)$ 个元素的概率。一般地,除特别指出外,均认为每个元素的查找概率相等,即 $p_i = \dfrac{1}{n}$,c_i 是找到第 i 个元素所需进行的比较次数。

平均查找长度分为成功查找情况下的平均查找长度 ASL_{succ} 和不成功查找情况下的平均查找长度 ASL_{unsucc} 两种。前者指在表中找到指定关键字的元素平均所需关键字比较的次数,后者指在表中找不到指定关键字的元素平均所需关键字比较的次数。在实际应用的大多数情况下,查找成功的可能性比不成功的可能性大得多,特别是在表中数据元素个数 n 很大时,查找不成功的概率可以忽略不计。当查找不成功的情形不能忽略时,查找算法的平均查找长度应是查找成功时的平均查找长度与查找不成功时的平均查找长度之和。

8.2 静态查找表

静态查找表采用顺序存储结构,顺序表是一种典型的顺序存储结构,本节静态查找表采用顺序表组织方式,并假设顺序表中数据元素类型的定义如下。

```
typedef int KeyType;
```

```
typedef struct
{    KeyType key;                  //存放关键字,KeyType 为关键字类型
     ElemType data;                //其他数据,ElemType 为其他数据的类型
} SqType;
```

这里,KeyType 和 ElemType 分别为关键字数据类型和其他数据的数据类型,均可以是任何相应的数据类型,这里假设 KeyType 默认为 int 型。

静态查找表的查找算法主要有顺序查找、折半查找和索引查找等。

8.2.1 顺序查找

顺序查找又称为线性查找,是一种最简单的查找方法。它的基本思路是:从表的一端开始顺序扫描顺序表,依次将扫描到的元素关键字和给定值 k 相比较,若当前扫描到的元素关键字与 k 相等,则查找成功;若扫描结束后,仍未找到关键字等于 k 的元素,则查找失败。

【例 8.1】 在关键字序列为 $(3,9,1,5,8,10,6,7,2,4)$ 的顺序表中采用顺序查找方法查找关键字为 6 的元素。

解 顺序查找过程如图 8.1 所示。

第1次比较:	3 9 1 5 8 10 6 7 2 4
	↑$i=0$
第2次比较:	3 9 1 5 8 10 6 7 2 4
	↑$i=1$
第3次比较:	3 9 1 5 8 10 6 7 2 4
	↑$i=2$
第4次比较:	3 9 1 5 8 10 6 7 2 4
	↑$i=3$
第5次比较:	3 9 1 5 8 10 6 7 2 4
	↑$i=4$
第6次比较:	3 9 1 5 8 10 6 7 2 4
	↑$i=5$
第7次比较:	3 9 1 5 8 10 6 7 2 4
	↑$i=6$

查找成功,返回逻辑序号6+1=7

图 8.1 顺序查找过程

顺序查找算法如下(在顺序表 $R[0..n-1]$ 中查找关键字为 k 的元素,成功时返回找到的元素的逻辑序号,失败时返回 0)。

```
int SqSearch(SqType R[],int n,KeyType k)    //顺序查找算法
{    int i=0;
     while (i<n && R[i].key!=k)              //从表头往后找
         i++;
     if (i>=n)                              //未找到返回 0
         return 0;
     else
         return i+1;                        //找到后返回其逻辑序号 i+1
}
```

算法分析：对于含有 n 个元素的顺序表,元素的查找在等概率的前提下,查找成功的概率 $p_i=\dfrac{1}{n}$。另外,第 1 个元素(序号为 0 的元素)查找成功需比较一次,第 2 个元素(序号为 1 的元素)查找成功需比较两次,……,第 n 个元素(序号为 $n-1$ 的元素)查找成功需比较 n 次,即成功找到第 $i(1\leqslant i\leqslant n)$ 个元素所需关键字比较次数 $C_i=i$,所以查找成功时的平均查找长度为:

$$\mathrm{ASL}_{\mathrm{succ}}=\sum_{i=1}^{n}p_iC_i=\sum_{i=1}^{n}\frac{1}{n}\times i=\frac{1}{n}(1+2+\cdots+n)=\frac{n+1}{2}=O(n)$$

任何一次不成功的查找,都需要和顺序表中 n 个元素的关键字比较一次,所以:

$$\mathrm{ASL}_{\mathrm{unsucc}}=n$$

因此,顺序查找具有查找速度较慢的缺点。

8.2.2 折半查找

折半查找又称二分查找,它是一种效率较高的查找方法。但是折半查找要求顺序表中的元素是有序的,即表中元素按关键字有序,假设有序顺序表是递增有序的。

折半查找的基本思路是:设 $R[\mathrm{low}..\mathrm{high}]$ 是当前的查找区间,首先确定该区间的中点位置 $\mathrm{mid}=\lfloor(\mathrm{low}+\mathrm{high})/2\rfloor$;然后将待查的 k 值与 $R[\mathrm{mid}].\mathrm{key}$ 比较。

(1) 若 $R[\mathrm{mid}].\mathrm{key}=k$,则查找成功并返回该元素的逻辑序号;

(2) 若 $R[\mathrm{mid}].\mathrm{key}>k$,则由表的有序性可知 $R[\mathrm{mid}..\mathrm{high}].\mathrm{key}$ 均大于 k,因此若表中存在关键字等于 k 的元素,则该元素必定在位置 mid 的左子表 $R[\mathrm{low}..\mathrm{mid}-1]$ 中,故新的查找区间是左子表 $R[\mathrm{low}..\mathrm{mid}-1]$;

(3) 若 $R[\mathrm{mid}].\mathrm{key}<k$,则要查找的 k 必在位置 mid 的右子表 $R[\mathrm{mid}+1..\mathrm{high}]$ 中,即新的查找区间是右子表 $R[\mathrm{mid}+1..\mathrm{high}]$。

下一次查找是针对新的查找区间进行的。

因此,可以从初始的查找区间 $R[0..n-1]$ 开始,每经过一次与当前查找区间的中点位置上的关键字的比较,就可确定查找是否成功,不成功则当前的查找区间就缩小一半。重复这一过程直至找到关键字为 k 的元素,或者直至当前的查找区间为空(即查找失败)时为止。

【**例 8.2**】 在关键字有序序列(2,4,7,9,10,14,18,26,32,40)中采用折半查找方法查找关键字为 7 的元素。

解 折半查找过程如图 8.2 所示。

折半查找算法如下(在有序顺序表 $R[0..n-1]$ 中进行折半查找,成功时返回元素的逻辑序号,失败时返回 0)。

```
int BinSearch(SqType R[],int n,KeyType k)    //折半查找算法
{   int low=0,high=n-1,mid;
    while (low<=high)                         //当前区间存在元素时循环
    {   mid=(low+high)/2;                     //求查找区间的中间位置
        if (R[mid].key==k)                    //查找成功返回其逻辑序号 mid+1
            return mid+1;                     //找到后返回其逻辑序号 mid+1
        else if (R[mid].key>k)               //继续在 R[low..mid-1]中查找
            high=mid-1;
```

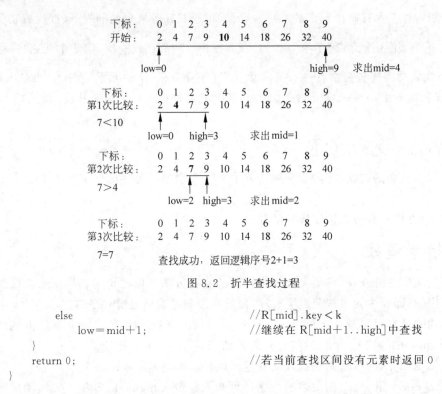

图 8.2 折半查找过程

```
        else                        //R[mid].key<k
            low=mid+1;              //继续在 R[mid+1..high]中查找
    }
    return 0;                       //若当前查找区间没有元素时返回 0
}
```

算法分析：折半查找过程构成一个判定树,把当前查找区间的中间位置上的元素作为根,左子表和右子表的查找判定树分别作为根的左子树和右子树。例 8.2 的有序表对应的判定树如图 8.3 所示。图中方括号表示**内部结点**,内部结点中的数字表示该元素在有序表中的位置,如 0～9 表示当前的查找区间是 $R[0]$～$R[9]$,其中间元素为 $R[4]$。小方形结点表示**外部结点**(也称为**失败结点**),外部结点表示查找不成功的情况,如 $R[3]$结点的左边小方形,表示当查找关键字大于 $R[2]$.key 而小于 $R[3]$.key 时查找失败的情况。

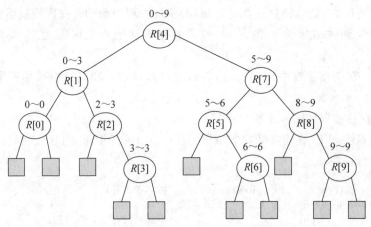

图 8.3 $R[0\cdots9]$的折半查找的判定树$(n=10)$

说明：当有序表 $R[0..n-1]$中有 n 个元素时,折半查找失败恰好有 $n+1$ 种情况,即小于 $R[0]$.key、$R[0]$.key～$R[1]$.key、……、$R[n-2]$.key～$R[n-1]$.key 和大于 $R[n-$

1].key。另外,折半查找算法中,当 $R[i].key \neq k$ 时,还需要进行 $R[i].key > k$ 的比较,共有两次关键字的比较,但在算法分析中将其看成一次比较,这样做不仅使问题简化,而且不会影响最终算法的时间复杂度分析结果。

由此可见,成功的折半查找过程恰好是走了一条从判定树的根到被查元素的路径,经历比较的关键字次数恰为该元素在树中的层数。若查找失败,则其比较过程是经历了一条从判定树根到某个外部结点的路径,所需的关键字比较次数是该路径上内部结点的总数。

注意:判定树的形态只与表元素个数 n 相关,而与输入实例中 $R[0...n-1].key$ 的取值无关。

当折半查找表中元素个数 n 较大时,可以将整个判定树近似看成是一棵满二叉树,所有的内部结点集中在同一层。不考虑外部结点,树的高度 $h = \lceil \log_2(n+1) \rceil$。所以有:

$$\text{ASL}_{\text{succ}} = \sum_{i=1}^{n} p_i C_i = \frac{1}{n} \sum_{i=1}^{h} i \times 2^{i-1} = \frac{n+1}{n} \log_2(n+1) - 1 \approx \log_2 n$$

$$\text{ASL}_{\text{unsucc}} = h = \lceil \log_2(n+1) \rceil$$

因此,折半查找的平均查找长度为 $O(\log_2 n)$,比顺序查找速度快。

【例 8.3】 已知一个长度为 16 的顺序表,其元素按关键字有序排序,若采用折半查找法查找一个不存在的元素,则比较的次数最多是_____。

    A. 4   B. 5   C. 6   D. 7

解 $n=16$,采用折半查找法查找一个不存在的元素,即为不成功查找。不成功查找的最多比较次数 $= \lceil \log_2(n+1) \rceil = \lceil \log_2 17 \rceil = 5$。本题答案为 B。

【例 8.4】 已知一个长度为 16 的顺序表,其元素按关键字有序排序,若采用折半查找法查找一个不存在的元素,则平均比较的次数是_____。

    A. 70/17   B. 70/16   C. 60/17   D. 60/16

解 $n=16$ 的顺序表 $R[0..15]$ 采用折半查找法查找时构成判定树如图 8.4 所示,从中可以看到,第 5 层有 15 个外部结点,第 6 层有两个外部结点,所以 $\text{ASL}_{\text{unsucc}} = (15 \times 4 + 2 \times 5)/17 = 70/17$。本题答案为 A。

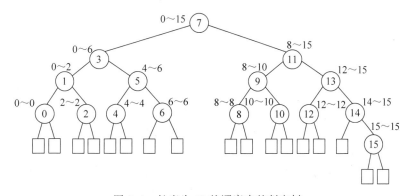

图 8.4 长度为 16 的顺序表的判定树

说明:对于例 8.3,也可以通过画出图 8.4 来求解(从图中看出可以找到最多关键字比较 5 次的外部结点),但采用 $\lceil \log_2(n+1) \rceil$ 求解更快捷。对于例 8.4,需要求更具体的值,所以要画出判定树进行求解,再通过判定树进行相关计算。

8.2.3 索引查找

1. 基本索引查找

扫一扫

视频讲解

当一个顺序表关键字无序时只能采用顺序查找,当一个顺序表关键字有序时可以采用折半查找,显然后者的查找速度更快。对于无序的顺序表,可以采用索引存储结构提高查找效率,如第 1 章中学生成绩表 Score 对应的索引存储结构如图 1.9 所示。

一般地,索引存储结构需要在主数据表基础上建立一个关于索引项的索引表,索引表的结构为(索引关键字,该关键字元素在主数据表中的对应地址),其中,索引关键字项有序排列。索引存储结构的一般结构如图 8.5 所示。

索引表

地址	索引关键字	对应地址
0	k_1	1
1	k_2	0
⋮	⋮	⋮
$n-1$	k_{n-1}	…

主数据表

地址	关键字	其他数据项
0	k_2	…
1	k_1	…
⋮	⋮	⋮

图 8.5 索引存储结构的一般结构

在索引存储结构中查找关键字为 k 的元素的过程是,先在索引表中查找,由于索引表是按关键字有序排列的,所以可以采用折半查找,当找到后通过其对应地址直接在主数据表中找到其元素。

例如,建立第 1 章中学生成绩表 Score 对应的索引存储结构,并设计按学号关键字查找的算法。

为了存放学生成绩表 Score,将 SqType 类型修改如下。

```
typedef struct
{   int no;                              //学号,作为主关键字
    char name[10];                       //姓名
    int score;                           //分数
} SqType;
```

设计索引表中元素类型如下。

```
typedef struct
{   KeyType key;                         //存放关键字
    int pos;                             //存放当前关键字元素在主数据表中的物理序号
} IdxType;
```

假设索引表 I 中按学号关键字递增排列(元素个数为 n),采用折半查找方法在索引表中查找关键字为 k 的元素并返回其逻辑序号的算法如下。

```
int BinSearch(IdxType I[ ], int n, KeyType k)      //折半查找算法
{   int low=0, high=n-1, mid;
    while (low<=high)                              //当前区间存在元素时循环
    {   mid=(low+high)/2;                          //求查找区间的中间位置
        if (I[mid].key==k)                         //查找成功返回其逻辑序号 mid+1
```

```
            return mid+1;                    //找到后返回其逻辑序号 mid+1
        if (I[mid].key>k)                     //继续在 I[low..mid−1]中查找
            high=mid−1;
        else                                  //I[mid].key<k
            low=mid+1;                        //继续在 R[mid+1..high]中查找
    }
    return 0;                                 //若当前查找区间没有元素则返回 0
}
```

在整个索引存储结构中查找并返回关键字为 k 的元素在主数据表中的逻辑序号的算法如下。

```
int IdxSearch(SqType R[],IdxType I[],int n,KeyType k)     //索引查找
{   int i;
    i=BinSearch(I,n,k);
    if (i>0)                                  //在索引表中找到了,返回其逻辑序号
        return I[i−1].pos+1;
    else
        return 0;                             //在索引表中没找到,返回 0
}
```

设计如下主函数建立索引表并采用索引查找方法查找关键字为 201204 的学生元素的逻辑序号。

```
int main()
{   int n=5,i;
    KeyType k=201204;
    SqType R[MaxSize]={{201201,"王实",85},{201205,"李斌",82}, //建立主数据表
        {201206,"刘英",92},{201202,"张山",78},{201204,"陈功",90}};
    IdxType I[MaxSize]={{201201,0},{201202,3},{201204,4},     //建立索引表
        {201205,1},{201206,2}};
    i=IdxSearch(R,I,n,k);                     //索引查找
    if (i>0)
        printf("关键字为%d 的元素的逻辑序号是%d\n",k,i);
    else
        printf("没有找到关键字为%d 的元素\n",k);
}
```

上述程序的执行结果如下。

关键字为 201204 的元素的逻辑序号是 5

显然基本索引查找和折半查找的效率相同,但由于需要建立索引表,所以基本索引查找的空间代价较高。

2. 分块查找

扫一扫

视频讲解

前面介绍的索引结构中,主数据表中每个元素在索引表中对应一个索引记录。如果主数据表中的数据呈现这样的规律:主数据表可以分成若干块,每一块中的元素是无序的,但块与块之间的元素是有序的,即前一块中的最大关键字值小于(或大于)后一块中的最小(或最大)关键字值。在这种情况下,所建索引表中的一项对应主数据表中的一块,索引项由关键字域和链域组成,关键字域存放相应块的最大关键字,链域存放指向本块第一个元素的指针,索引表按关键字值递增(或递减)顺序排列。在这种索引结构中的查找称为**分块查找**。

分块查找过程分为两步进行,首先确定待查找的元素属于哪一块,即查找其所在的块;然后在块内查找相应的元素。

由于索引表是递增有序的,可以对索引表进行折半查找,当索引表中元素个数(即分块的块数)较少时,也可以对索引表采用顺序查找方法。在进行块内查找时,由于块内元素无序,所以只能采用顺序查找方法。

例如,有一个关键字序列为(9,22,12,14,35,42,44,38,48,60,58,47,78,80,77,82),给出分块查找的索引结构和查找算法。

对主数据表分析,得到分块查找的索引结构如图8.6所示。

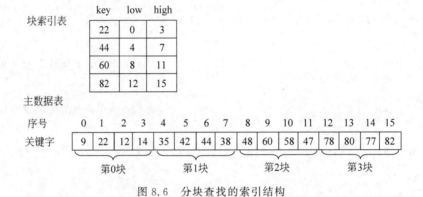

图 8.6 分块查找的索引结构

如查找关键字为 48 的元素的过程是,先在索引表中采用折半或顺序查找方法查找关键字 48 所在的块,即在第 2 块中,该块有 4 个元素,其关键字分别为 48、60、58、47,在其中按顺序查找法进行查找,找到关键字 48 的元素的逻辑序号为 9。

为此,将块索引表的类型定义如下(由于所有索引块是连续的,也可以只用 low 来标识块)。

```
typedef struct
{    KeyType key;                                    //块关键字
     int low, high;                                  //块标识
} IdxType;
```

分块查找的运算如下(在顺序表 $R[0..n-1]$ 和块索引表 $I[0..b-1]$ 中分块查找关键字为 k 的元素,若找到,返回其逻辑序号 i;若找不到,返回 0)。

```
int BlkSearch(SqType R[ ], int n, IdxType I[ ] , int b, KeyType k)
//在主数据表为 R[0..n-1],索引表为 I[0..b-1]中找 k 所在的元素的逻辑序号
{    int low=0, high=b-1, mid, i;
     int s=(n+b-1)/b;                       //s 为前 b-1 块的元素个数,应为 n/b 的上界
     printf("s=%d\n", s);
     while (low<=high)                       //在索引表中进行折半查找,找到的位置为 high+1
     {    mid=(low+high)/2;
          if (I[mid].key>=k)
               high=mid-1;
          else
               low=mid+1;
     }
     //应在索引表的 high+1 块中,再在顺序表的该块中顺序查找
```

```
i=I[high+1].low;
while (i<=I[high+1].high && R[i].key!=k)
    i++;
if (i<=I[high+1].high)
    return i+1;              //查找成功,返回该元素的逻辑序号
else
    return 0;                //查找失败,返回 0
}
```

算法分析：分块查找实际上进行两次查找,则整个算法的平均查找长度是两次查找的平均查找长度之和。

若有 n 个元素,共 6 个块,每块均有 s 个元素,分析分块查找在成功情况下的平均查找长度如下。

若以折半查找来确定元素所在的块,则分块查找成功时的平均查找长度为：

$$\text{ASL}_{\text{blk}} = \text{ASL}_{\text{bn}} + \text{ASL}_{\text{sq}} = \log_2(b+1) - 1 + \frac{s+1}{2}$$

$$\approx \log_2\left(\frac{n}{s}+1\right) + \frac{s}{2} \quad \left(\text{或} \log_2(b+1) + \frac{s}{2}\right)$$

显然,当 s 越小时,ASL_{blk} 的值越小,即当采用折半查找确定块时,每块的长度越小越好。

若以顺序查找来确定元素所在的块,则分块查找成功时的平均查找长度为：

$$\text{ASL}'_{\text{blk}} = \text{ASL}_{\text{bn}} + \text{ASL}_{\text{sq}} = \frac{b+1}{2} + \frac{s+1}{2} = \frac{1}{2}\left(\frac{n}{s}+s\right) + 1 \quad \left(\text{或} \frac{1}{2}(b+s)+1\right)$$

显然,当 $s=\sqrt{n}$ 时,ASL'_{blk} 取极小值 $\sqrt{n}+1$,即当采用顺序查找确定块时,各块中的元素数选定为 $\sqrt{n}$ 时效果最佳。

分块查找是顺序查找的一种改进,其性能介于顺序查找和二分查找之间。分块查找的主要代价是增加一个索引表的存储空间和增加建立索引表的时间。

【例8.5】 设数据序列中有 100 个元素,待查找元素的关键字 $k=47$。如果在查找过程中,和 k 进行比较的元素依次是 27,47,36,28,47,则所采用的查找方法可能是_____。

　　A. 顺序查找　　　　B. 折半查找　　　　C. 分块查找　　　　D. 都不是

解 查找的关键字 $k=47$,在查找中有两次比较的关键字均为 47,不可能是顺序查找和折半查找,因为这两种查找方法一旦找到 k 就结束。可能是分块查找,第 1 次与 47 的比较是在索引表中查找,第 2 次与 47 的比较是在对应块(该块中最大关键字为 47,且所有关键字均大于 27)中查找。例如,一个实例是 $n=100, b=20, s=5$,数据序列为 $(1,2,27,5,8,36,28,47,30,40,\cdots)$,本题答案为 C。

8.3 动态查找表

动态查找表的特点是,表结构本身是在查找过程中动态生成的,即对于给定关键字 k,若表中存在其关键字为 k 的元素,则查找成功返回,否则插入关键字为 k 的元素。动态查找表主要有二叉排序树、平衡二叉树、B 树和 B+树等。

8.3.1　二叉排序树

1. 二叉排序树的定义

二叉排序树也称为二叉搜索树或二叉查找树（Binary Search Tree，BST），它是一种特殊的二叉树。在一般二叉树中，区分左子树和右子树，但结点的值是无序的，而在二叉排序树中，不仅要区分左子树和右子树，而且整个树的结点是有序的。

一棵二叉排序树或者是一棵空树，或者是一棵具有如下特性的非空二叉树。

（1）若它的左子树非空，则左子树上所有结点的关键字均小于根结点的关键字；

（2）若它的右子树非空，则右子树上所有结点的关键字均大于根结点的关键字；

（3）左、右子树本身又各是一棵二叉排序树。

如图 8.7 所示的二叉树是一棵二叉排序树，由二叉排序树的特点可知，二叉排序树的中序遍历序列是一个递增有序序列。关键字最小的结点是根结点的最左下结点，关键字最大的结点是根结点的最右下结点。

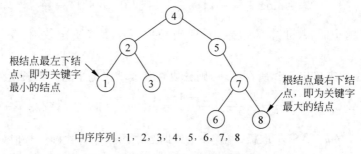

中序序列：1，2，3，4，5，6，7，8

图 8.7　一棵二叉排序树

如同二叉树一样，二叉排序树可以采用顺序存储结构和二叉链存储结构，通常采用后者。二叉排序树的二叉链存储结构的结点的类型声明如下。

```
typedef struct bstnode
{    KeyType key;                        //存放关键字
     ElemType data;                      //存放其他数据
     struct bstnode * lchild, * rchild;  //存放左、右孩子的指针
} BSTNode;
```

其中，key 表示关键字域，data 表示其他数据域，lchild 和 rchild 分别表示左指针域和右指针域，分别存储左孩子和右孩子结点（即左右子树的根结点）的存储地址。

2. 二叉排序树的基本运算

二叉排序树的基本运算如下。

（1）创建二叉排序树 CreateBST(bt,str,n)：由关键字数组 str 建立一棵二叉排序树 bt。

（2）销毁二叉排序树 DestroyBST(bt)：释放二叉排序树 bt 中所有结点的内存空间。

（3）查找结点 BSTSearch(bt,k)：在二叉排序树 bt 中查找关键字为 k 的结点。

（4）插入结点 BSTInsert(bt,k)：在二叉排序树 bt 中插入关键字为 k 的结点。

（5）输出二叉排序树 DispBST(bt)：采用括号表示法输出二叉排序树 bt。

（6）删除结点 BSTDelete(bt,k)：在二叉排序树 bt 中删除关键字为 k 的结点。

3. 二叉排序树基本运算算法实现

视频讲解

由于创建二叉排序树等是以查找算法为基础的,所以先讨论查找算法,然后再介绍其他基本运算算法的设计。

1) 查找结点运算算法

在二叉排序树 bt 中查找关键字为 k 的结点,找到后返回该结点的指针,找不到返回 NULL。由于二叉排序树的特性,查找结点的过程是:若当前结点 p 的关键字等于 k,则返回 p;否则若 k 小于当前结点的关键字,则在左子树中查找;否则若 k 大于当前结点的关键字,则在右子树中查找。对应的算法如下。

```
BSTNode  * BSTSearch(BSTNode  * bt, KeyType k)
{    BSTNode  * p＝bt;
     while (p!＝NULL)
     {    if (p－>key==k)                    //找到关键字为 k 的结点
              return p;
          else if (k<p－>key)
              p＝p－>lchild;                  //沿左子树查找
          else
              p＝p－>rchild;                  //沿右子树查找
     }
     return NULL;                            //未找到时返回 NULL
}
```

【例 8.6】 在含有 27 个结点的二叉排序树上,查找关键字为 35 的结点,以下哪些是可能的关键字比较序列?

    A. 28,36,18,46,35   B. 18,36,28,46,35

    C. 46,28,18,36,35   D. 46,36,18,26,35

解 各序列对应的查找过程如图 8.8 所示,在二叉排序树中的查找路径是原来二叉排序树的一部分,也一定构成一棵二叉排序树。图中虚线圆圈部分表示违背了二叉排序树的定义,从中看到只有 D 序列对应的查找树是一棵二叉排序树,所以只有 D 序列可能是查找关键字 35 的关键字比较序列。

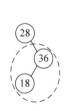   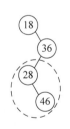   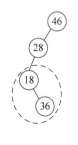   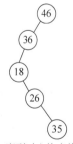

(a) A序列对应的查找过程 (b) B序列对应的查找过程 (c) C序列对应的查找过程 (d) D序列对应的查找过程

图 8.8 各序列对应的查找过程

2) 插入结点运算算法

视频讲解

先在二叉排序树 bt 中查找插入新结点的位置,由于二叉排序树中所有新结点都是作为叶子结点插入的,所以这里是查找插入新结点的双亲即 f 结点。然后建立一个关键字为 k

的结点 p,若 bt 为空树,则 p 结点作为根结点;若 $k<f->\text{key}$,将 p 结点作为 f 结点的左孩子插入;若 $k>f->\text{key}$,将 p 结点作为 f 结点的右孩子插入。对应的算法如下。

```
int BSTInsert(BSTNode * &bt, KeyType k)
{   BSTNode * f, * p=bt;
    while (p!=NULL)                          //找插入位置,即找插入新结点的双亲结点 f
    {   if (p->key==k)                       //不能插入相同的关键字
            return 0;
        f=p;                                 //f 指向 p 结点的双亲结点
        if (k<p->key)
            p=p->lchild;                     //在左子树中查找
        else
            p=p->rchild;                     //在右子树中查找
    }
    p=(BSTNode *)malloc(sizeof(BSTNode));
    p->key=k;                                //建立一个存放关键字 k 的新结点
    p->lchild=p->rchild=NULL;                //新结点总是作为叶子结点插入的
    if (bt==NULL)                            //原树为空时,p 作为根结点插入
        bt=p;
    else if (k<f->key)
        f->lchild=p;                         //插入 p 结点作为 f 结点的左孩子
    else
        f->rchild=p;                         //插入 p 结点作为 f 结点的右孩子
    return 1;                                //插入成功返回 1
}
```

3) 创建二叉排序树运算算法

由包含 n 个关键字的数组 a 建立相应的二叉排序树。依次扫描 a 数组的所有元素,调用 BSTInsert() 将其插入二叉排序树 bt 中。对应的算法如下。

```
void CreateBST(BSTNode * &bt, KeyType a[], int n)
{   bt=NULL;                                 //初始时 bt 为空树
    int i=0;
    while (i<n)
    {   BSTInsert(bt,a[i]);                  //将关键字 a[i]插入二叉排序树 bt 中
        i++;
    }
}
```

【例 8.7】 已知一组关键字为(25,18,46,2,53,39,32,4,74,67,60,11)。按表中的元素顺序依次插入一棵初始为空的二叉排序树中,画出该二叉排序树,并求在等概率的情况下查找成功的平均查找长度和查找不成功的平均查找长度。

解 生成的二叉排序树如图 8.9 所示,图中的方形结点为失败结点。在等概率的情况下,查找成功的平均查找长度为:

$$\text{ASL}_{\text{succ}}=\frac{1\times1+2\times2+3\times3+3\times4+2\times5+1\times6}{12}$$
$$=3.5$$

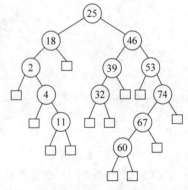

图 8.9　一棵二叉排序树

在等概率的情况下,查找不成功的平均查找长度为:

$$ASL_{unsucc} = \frac{1 \times 2 + 3 \times 3 + 4 \times 4 + 3 \times 5 + 2 \times 6}{13} = 4.15$$

4) 销毁二叉排序树运算算法

销毁二叉排序树和第 7 章介绍的二叉树的算法相似,对应的算法如下。

```
void DestroyBST(BSTNode * &bt)
{   if (bt!=NULL)
    {   DestroyBST(bt->lchild);          //销毁左子树
        DestroyBST(bt->rchild);          //销毁右子树
        free(bt);                        //释放根结点
    }
}
```

5) 输出二叉排序树运算算法

采用括号表示法输出二叉排序树 bt,其过程类似二叉树的输出。对应的算法如下。

```
void DispBST(BSTNode * bt)
{   if (bt!=NULL)
    {   printf("%d", bt->key);                    //输出根结点
        if (bt->lchild!=NULL || bt->rchild!=NULL)
        {   printf("(");                          //根结点有左或右孩子时输出'('
            DispBST(bt->lchild);                  //递归输出左子树
            if (bt->rchild!=NULL)                 //有右孩子时输出','
                printf(",");
            DispBST(bt->rchild);                  //递归输出右子树
            printf(")");                          //输出一个')'
        }
    }
}
```

6) 删除结点运算算法

在二叉排序树 bt 中删除关键字为 k 的结点后,仍需要保持二叉排序树的特性。其删除过程是,先在二叉排序树 bt 中查找关键字为 k 的结点 p,用 f 指向其双亲结点(在找到结点 p 的情况下,p 既可能是 f 结点的左孩子结点,也可能是 f 的右孩子结点)。删除 p 结点分为以下三种情况。

(1) 若 p 结点没有左子树(含 p 为叶子结点的情况),则用 p 结点的右孩子替换它。如图 8.10 所示,p 指向结点 1,它没有左子树(即没有左孩子结点),删除 p 结点时,直接用它的右孩子结点 3 替代它。如果被删结点 p 是叶子结点,这样操作后将 p 结点变为空结点。

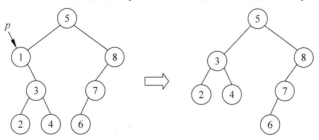

图 8.10　被删结点 p 没有左子树的情况

（2）若 p 结点没有右子树，则用 p 结点的左孩子替换它。如图 8.11 所示，p 指向结点 8，它没有右子树（即没有右孩子结点），删除 p 结点时，直接用它的左孩子结点 7 替代它。

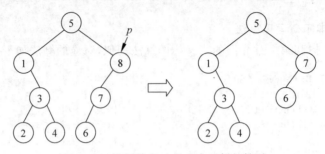

图 8.11 被删结点 p 没有右子树的情况

（3）若 p 结点既有左子树又有右子树，用其左子树中最大的结点替代它，即通过 p 结点的左孩子 q 找到它的最右下结点 q_1，q_1 结点就是 p 结点左子树中最大的结点，将 q_1 结点值替代 p 结点值，然后将 q_1 结点删除。由于 q_1 结点一定没有右孩子，可以采用（2）的操作删除结点 q_1。如图 8.12 所示，p 指向结点 5，它存在左右子树，删除 p 结点时，找到左孩子结点 q（结点 1），再找到 q 结点的最右下结点 q_1（结点 4），将 q_1 结点值复制到 p 结点中，再删除 q_1 结点。

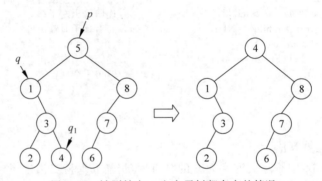

图 8.12 被删结点 p 左右子树都存在的情况

对称地，若 p 结点既有左子树又有右子树，删除 p 结点时也可以用其右子树中最小的结点替代它。

对应的算法如下。

```
int BSTDelete(BSTNode * &bt, KeyType k)
{   BSTNode * p=bt, * f, * q, * q1, * f1;
    f=NULL;                          //p指向待比较的结点,f指向p的双亲结点
    if (bt==NULL) return 0;          //空树返回0
    while (p!=NULL)                  //查找关键字为k的结点p及双亲f
    {   if (p->key==k)               //找到关键字为k的结点,退出while循环
            break;
        f=p;                         //f指向p结点的双亲结点
        if (k<p->key)                //在左子树中查找
            p=p->lchild;
        else
            p=p->rchild;             //在右子树中查找
```

```
    }
    if (p==NULL) return 0;                          //未找到关键字为 k 的结点,返回 0
    else if (p->lchild==NULL)                       //被删结点 p 没有左子树的情况
    {   if (f==NULL)                                //p 是根结点,则用右孩子替换它
            bt=p->rchild;
        else if (f->lchild==p)                      //p 是双亲结点的左孩子,则用其右孩子替换它
            f->lchild=p->rchild;                    //见图 8.13(a)
        else if(f->rchild==p)                       //p 是双亲结点的右孩子,则用其右孩子替换它
            f->rchild=p->rchild;                    //见图 8.13(b)
        free(p);                                    //释放被删结点
    }
    else if (p->rchild==NULL)                       //被删结点 p 没有右子树的情况
    {   if (f==NULL)                                //p 是根结点,则用左孩子替换它
            bt=p->lchild;
        if (f->lchild==p)                           //p 是双亲结点的左孩子,则用其左孩子替换它
            f->lchild=p->lchild;                    //见图 8.14(a)
        else if(f->rchild==p)                       //p 是双亲结点的右孩子,则用其左孩子替换它
            f->rchild=p->lchild;                    //见图 8.14(b)
        free(p);                                    //释放被删结点
    }
    else                                            //被删结点 p 既有左子树又有右子树的情况
    {   q=p->lchild;                                //q 指向 p 结点的左孩子
        if (q->rchild==NULL)                        //若 q 结点无右孩子,见图 8.15(a)
        {   p->key=q->key;                          //将 p 结点值用 q 结点值代替
            p->data=q->data;
            p->lchild=q->lchild;                    //删除 q 结点
            free(q);                                //释放 q 结点
        }
        else                                        //若 q 结点有右孩子,见图 8.15(b)
        {   f1=q;q1=f1->rchild;
            while (q1->rchild!=NULL)                //查找 q 结点的最右下结点 q1,f1 指向其双亲
            {   f1=q1;                              //f1 指向 q1 结点的双亲结点
                q1=q1->rchild;
            }
            p->key=q1->key;                         //将 p 结点值用 q1 结点值代替
            p->data=q1->data;
            f1->rchild=q1->lchild;
            free(q1);                               //释放 q1 所占空间
        }
    }
    return 1;                                        //删除成功返回 1
}
```

(a) p 结点是其双亲的左孩子   (b) p 结点是其双亲的右孩子

图 8.13　被删结点 p 没有左孩子,用它的右孩子替代它

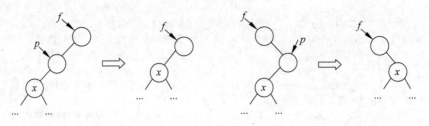

(a) p结点是其双亲的左孩子　　　　　　　　(b) p结点是其双亲的右孩子

图 8.14　被删结点 p 没有右孩子，用它的左孩子替代它

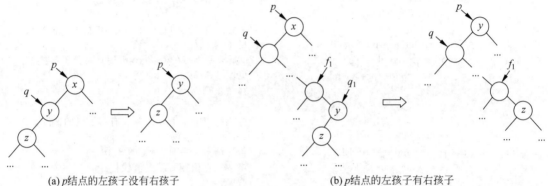

(a) p结点的左孩子没有右孩子　　　　　　　　(b) p结点的左孩子有右孩子

图 8.15　被删结点 p 有左、右孩子的情况

就平均时间性能而言，二叉排序树上的查找和二分查找差不多。但就维护表的有序性而言，二叉排序树更有效，因为无须移动元素，只需修改指针即可完成对二叉排序树的插入和删除操作。

提示：将上述二叉排序树的基本运算函数存放在 BST.cpp 文件中。

当二叉排序树的基本运算设计好后，给出以下主函数调用这些基本运算函数，读者可以对照程序执行结果进行分析，进一步体会二叉排序树各种操作的实现过程。

```
# include < stdio. h >
# include "BST.cpp"
int main()
{    KeyType a[] = {25,18,46,2,53,39,32,4,74,67,60,11},k=25;
    int n=12;
    BSTNode * bt;
    CreateBST(bt,a,n);                          //由关键字序列 a 建立二叉排序树 bt
    printf("BST:"); DispBST(bt); printf("\n");
    printf("删除关键字%d\n",k);
    if (BSTDelete(bt,k))
    {    printf("BST:");
        DispBST(bt); printf("\n");
    }
    else printf("未找到关键字为%d 的结点\n",k);
    printf("插入关键字%d\n",k);
    if (BSTInsert(bt,k))
    {    printf("BST:");
```

```
        DispBST(bt); printf("\n");
    }
    else printf("存在重复的关键字%d\n",k);
    DestroyBST(bt);
}
```

上述程序的执行结果如下。

BST:25(18(2(,4(,11))),46(39(32),53(,74(67(60)))))
删除关键字 25
BST:18(2(,4(,11)),46(39(32),53(,74(67(60)))))
插入关键字 25
BST:18(2(,4(,11)),46(39(32(25)),53(,74(67(60)))))

8.3.2 二叉平衡树

虽然在二叉排序树上实现的插入、删除和查找等基本操作的平均时间均为 $O(\log_2 n)$，但最坏情况下，这些基本运算的时间均会增至 $O(n)$。为了避免这种情况发生，人们研究了许多种动态平衡的方法，使得往树中插入或删除结点时，通过调整树的形态来保持树的“平衡”，使之既保持 BST 性质不变又保证树的高度在任何情况下均为 $O(\log_2 n)$，从而确保树上的基本运算在最坏情况下的时间均为 $O(\log_2 n)$。平衡的二叉排序树有很多种，较为著名的有 AVL 树，它是由两位苏联数学家 Adel'son-Vel'sii 和 Landis 于 1962 年给出的，故用他们名字命名。后面除了特别指定外，平衡二叉树默认指 AVL 树。

若一棵二叉树中每个结点的左、右子树的高度至多相差 1，则称此二叉树为**平衡二叉树**。在算法中，通过平衡因子（Balanced Factor，用 bf 表示）来具体实现上述平衡二叉树的定义。平衡因子的定义是：平衡二叉树中每个结点有一个平衡因子域，每个结点的平衡因子是该结点左子树的高度减去右子树的高度。从平衡因子的角度可以说，若一棵二叉树中所有结点的平衡因子的绝对值小于或等于 1，即平衡因子取值为 1、0 或 -1，则该二叉树称为**平衡二叉树**。

图 8.16 是平衡二叉树和非平衡二叉树的例子，图中结点旁标注的数字为该结点的平衡因子。其中，图 8.16(a)是一棵平衡二叉树，图中所有结点平衡因子的绝对值都小于或等于 1；图 8.16(b)是一棵非平衡二叉树，图中结点 3、4、5 的平衡因子值分别为 -2、-3 和 -2。

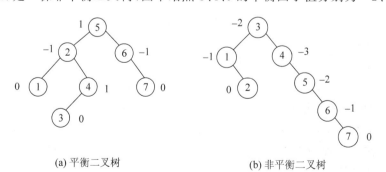

(a) 平衡二叉树　　　　　　　(b) 非平衡二叉树

图 8.16　平衡二叉树和非平衡二叉树

如何使构造的二叉排序树是一棵平衡二叉树，而不是一棵非平衡的二叉排序树，关键是每次向二叉树中插入新结点时要保持所有结点的平衡因子满足平衡二叉树的要求。这就要求一旦哪些结点的平衡因子在插入新结点后不满足要求就要进行调整。

这里不讨论 AVL 树的基本运算算法实现,仅介绍这些运算的操作过程。

1. 平衡二叉树插入结点的调整方法

若向平衡二叉树中插入一个新结点后破坏了平衡二叉树的平衡性,首先从根结点到该新插入结点的路径之逆向根结点方向找第一个失去平衡的结点,然后以该失衡结点和它相邻的刚找过的两个结点构成调整子树,使之成为新的平衡子树。当失去平衡的最小子树被调整为平衡子树后,原有其他结点无须调整,整个二叉排序树就又成为一棵平衡二叉树。

失去平衡的最小子树是指以离插入结点最近,且平衡因子绝对值大于 1 的结点作为根的子树。假设用 A 表示失去平衡的最小子树的根结点,则调整该子树的操作可归纳为下列 4 种情况。

1) LL 型调整

这是因为在 A 结点的左孩子(设为 B 结点)的左子树上插入结点,使得 A 结点的平衡因子由 1 变为 2 而引起的不平衡。

LL 型调整的一般情况如图 8.17 所示。在图中,用长方框表示子树,用长方框的高度(并在长方框旁标有高度值 h 或 $h+1$)表示子树的高度,用带阴影的小方框表示被插入的结点。

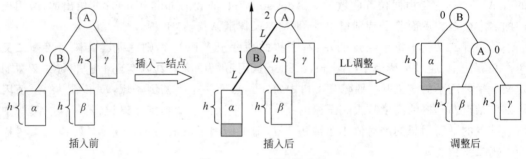

图 8.17 LL 型调整过程

LL 调整的方法是:单向右旋平衡,即将 A 的左孩子 B 向右上旋转代替 A 成为根结点,将 A 结点向右下旋转成为 B 的右子树的根结点,而 B 的原右子树则作为 A 结点的左子树。因调整前后对应的中序序列相同,所以调整后仍保持了二叉排序树的性质不变。

2) RR 型调整

这是因为在 A 结点的右孩子(设为 B 结点)的右子树上插入结点,使得 A 结点的平衡因子由 -1 变为 -2 而引起的不平衡。

RR 型调整的一般情况如图 8.18 所示,调整的方法是:单向左旋平衡,即将 A 的右孩子 B 向左上旋转代替 A 成为根结点,将 A 结点向左下旋转成为 B 的左子树的根结点,而 B 的原左子树则作为 A 结点的右子树。因调整前后对应的中序序列相同,所以调整后仍保持了二叉排序树的性质不变。

3) LR 型调整

这是因为在 A 结点的左孩子(设为 B 结点)的右子树上插入结点,使得 A 结点的平衡因子由 1 变为 2 而引起的不平衡。

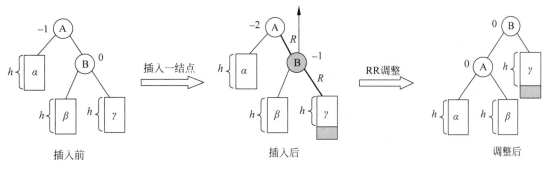

图 8.18　RR 型调整过程

LR 型调整的一般情况如图 8.19 所示,调整的方法是:先左旋转后右旋转平衡,即先将 A 结点的左孩子(即 B 结点)的右子树的根结点(设为 C 结点)向左上旋转提升到 B 结点的位置,然后再把该 C 结点向右上旋转提升到 A 结点的位置。因调整前后对应的中序序列相同,所以调整后仍保持了二叉排序树的性质不变。

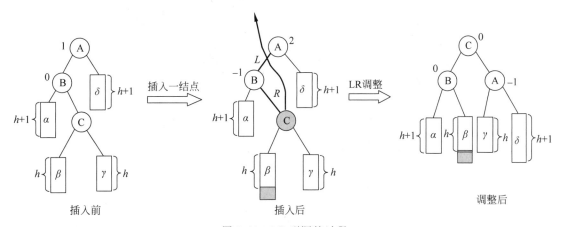

图 8.19　LR 型调整过程

4) RL 型调整

这是因为在 A 结点的右孩子(设为 B 结点)的左子树上插入结点,使得 A 结点的平衡因子由 −1 变为 −2 而引起的不平衡。

RL 型调整的一般情况如图 8.20 所示,调整的方法是:先右旋转后左旋转平衡,即先将 A 结点的右孩子(即 B 结点)的左子树的根结点(设为 C 结点)向右上旋转提升到 B 结点的位置,然后再把该 C 结点向左上旋转提升到 A 结点的位置。因调整前后对应的中序序列相同,所以调整后仍保持了二叉排序树的性质不变。

【例 8.8】　对于如图 8.21(a)所示的一棵二叉排序树,回答以下问题。

(1) 求出所有结点的平衡因子,判断它是否是一棵平衡二叉树;

(2) 若该树是平衡二叉树,给出插入关键字 8 的插入过程。

解　(1) 如图 8.21(b)所示是标有平衡因子的二叉排序树,其中所有结点的平衡因子的绝对值均小于 2,所以它是一棵平衡二叉树。

(2) 插入关键字为 8 的结点的插入过程如图 8.22 所示,其中需要进行一次 LR 调整。

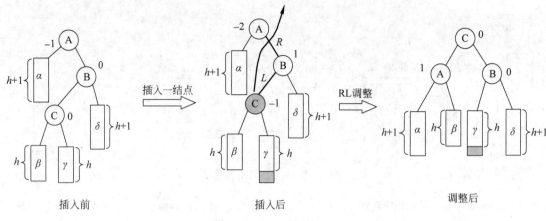

图 8.20　RL 型调整过程

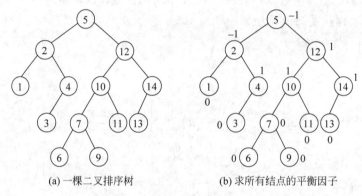

(a) 一棵二叉排序树　　　　　(b) 求所有结点的平衡因子

图 8.21　一棵二叉排序树及所有结点的平衡因子

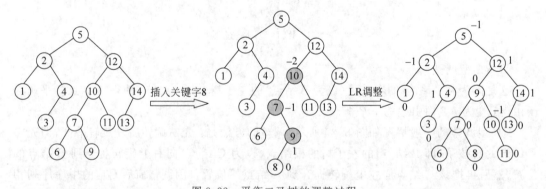

图 8.22　平衡二叉树的调整过程

【例 8.9】　输入关键字序列(16,3,7,11,9,26,18,14,15),给出构造一棵 AVL 树的过程。

解　通过给定的关键字序列建立 AVL 树的过程如图 8.23 所示,其中需要 5 次调整,涉及前面介绍的 4 种调整方法。

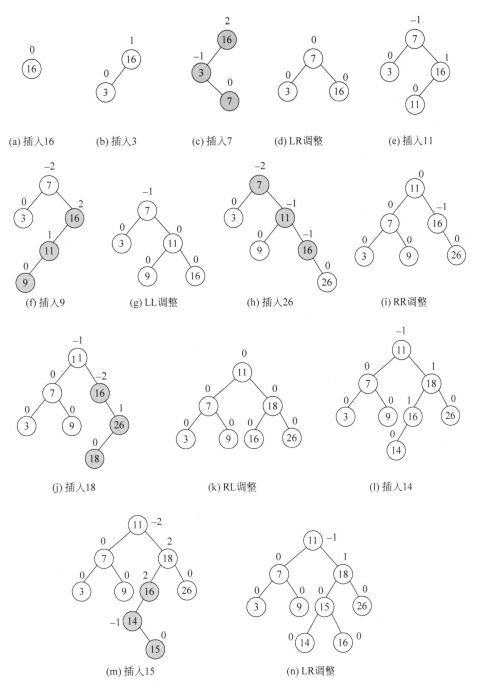

(a) 插入16 (b) 插入3 (c) 插入7 (d) LR调整 (e) 插入11

(f) 插入9 (g) LL调整 (h) 插入26 (i) RR调整

(j) 插入18 (k) RL调整 (l) 插入14

(m) 插入15 (n) LR调整

图 8.23 建立 AVL 树的过程

2. 平衡二叉树删除结点的调整方法

先在平衡二叉树中查找关键字为 k 的结点 x(假定存在这样的结点并且唯一),如果结点 x 左子树为空则用其右孩子结点替换它。如果结点 x 右子树为空则用其左孩子结点替换它。如果结点 x 同时有左右子树,则分为两种情况:

（1）若结点 x 的左子树较高,在其左子树中找到最大结点 q,直接删除结点 q,并用结点 q 的值替换结点 x 的值。

（2）若结点 x 的右子树较高,在其右子树中找到最小结点 q,直接删除结点 q,并用结点 q 的值替换结点 x 的值。

当直接删除结点 x 时,沿着其双亲到根结点方向逐层向上求结点的平衡因子,若一直找到根结点时路径上的所有结点均平衡,说明删除后的树仍然是一棵平衡二叉树,不需要调整,删除结束。若找到路径上的第一个失衡结点 p,就要进行调整,又分为两种情况:

（1）若直接删除的结点在结点 p 的左子树中（结点 p 失衡时其平衡因子应该为 -2）,在结点 p 失衡后要做何种调整,需要看结点 p 的右孩子 p_R,若 p_R 的左子树较高,需做 RL 调整。若 p_R 的右子树较高,需做 RR 调整。若 p_R 的左右子树高度相同,则做 RL 或 RR 调整均可。

（2）若直接删除的结点在结点 p 的右子树中,调整过程类似。

在这样调整后的树变为一棵平衡二叉树,删除结束。

【例 8.10】 对例 8.9 生成的 AVL 树,给出删除结点 11、9 和 3 的过程。

解 图 8.24(a)为初始 AVL 树,各结点的删除操作如下:

（1）删除结点 11（为根结点）的过程是,找到结点 11,其右子树较高,在右子树中找到最小结点 14,删除结点 14,沿着原结点 14 的双亲到根结点方向求平衡因子,均平衡,不做调整,将结点 11 的值用 14 替换,删除结果如图 9.24(b)所示。

（2）删除结点 9 的过程是,找到结点 9,它是叶子结点,直接删除,沿着原结点 9 的双亲到根结点方向求平衡因子,均平衡,不做调整,删除结果如图 9.24(c)所示。

（3）删除结点 3 的过程是,找到结点 3,它是叶子结点,直接删除,如图 9.24(d)所示,再沿着原结点 3 的双亲到根结点方向求平衡因子,找到第一个失衡结点 14（根结点）,结点 14

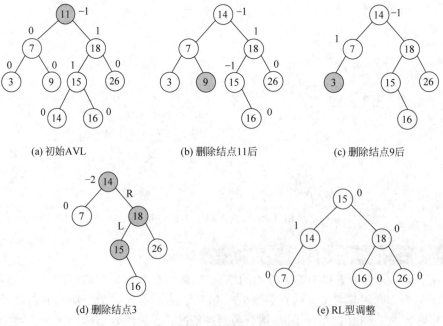

(a) 初始AVL   (b) 删除结点11后   (c) 删除结点9后

(d) 删除结点3   (e) RL型调整

图 8.24 删除 AVL 中结点的过程

的右孩子的左子树较高,做 RL 型调整,删除结果如图 9.24(e)所示。

3. 平衡二叉树的查找

在平衡二叉树上进行查找的过程和二叉排序树的查找过程完全相同,因此,在平衡二叉树上进行查找关键字的比较次数不会超过平衡二叉树的深度。

在最坏的情况下,普通二叉排序树的查找长度为 $O(n)$。那么,平衡二叉树的情况又是怎样的呢?下面分析平衡二叉树的高度 h 和结点个数 n 之间的关系。

扫一扫

视频讲解

首先,构造一系列的平衡二叉树 T_1、T_2、T_3、$\cdots\cdots$,其中,$T_h(h=1,2,3,\cdots)$是高度为 h 且结点数尽可能少的平衡二叉树,如图 8.25 所示的 T_1、T_2、T_3 和 T_4。为了构造 T_h,先分别构造 T_{h-1} 和 T_{h-2},以 T_{h-1} 和 T_{h-2} 分别作为 T_h 根结点的左、右子树。对于每一个 T_h,只要从中删去一个结点,就会失去平衡或高度不再是 h(显然,这样构造的平衡二叉树在结点个数相同的平衡二叉树中具有最大高度)。

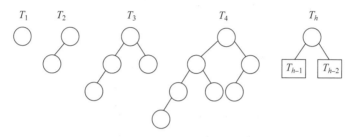

图 8.25 高度固定结点个数 n 最少的平衡二叉树

然后,通过计算上述平衡二叉树中的结点个数,来建立高度与结点个数之间的关系。设 $N(h)$(高度 h 是正整数)为 T_h 的结点数,从图 8.25 中可以看出有下列关系成立。

$$N(1)=1, \quad N(2)=2, \quad N(h)=N(h-1)+N(h-2)+1$$

当 $h>1$ 时,此关系类似于定义 Fibonacci 数的关系:

$$F(1)=1, \quad F(2)=1, \quad F(h)=F(h-1)+F(h-2)$$

通过检查两个序列的前几项就可发现两者之间的对应关系:

$$N(h)=F(h+2)-1$$

由于 Fibonacci 数满足渐近公式:$F(h)=\dfrac{1}{\sqrt{5}}\varphi^h$,其中,$\varphi=\dfrac{1+\sqrt{5}}{2}$,故由此可得近似公式:$N(h)=\dfrac{1}{\sqrt{5}}\varphi^{h+2}-1\approx 2^h-1$,如果树中有 n 个结点,那么树的最大高度为 $\log_\varphi$ $(\sqrt{5}(n+1))-2\approx 1.44\log_2(n+2)=O(\log_2 n)$。所以,含有 n 个结点的平衡二叉树的高度为 $O(\log_2 n)$,此时推出平均查找长度为 $O(\log_2 n)$。

所以,含有 n 个结点的平衡二叉树的高度为 $O(\log_2 n)$,此时推出平均查找长度为 $O(\log_2 n)$。

【例 8.11】 在含有 15 个结点的平衡二叉树上,查找关键字为 28 的结点,以下哪些是可能的关键字比较序列?

A. 30,36

B. 38,48,28

C. 48,18,38,28

D. 60,30,50,40,38,36

解 设 N_h 表示高度为 h 的平衡二叉树中含有的最少结点数,有:

$$N_1 = 1, \quad N_2 = 2, \quad N_h = N_{h-1} + N_{h-2} + 1 \quad (h \geqslant 3)$$

求得 $N_3 = 4, N_4 = 7, N_5 = 12, N_6 = 20 > 15$。也就是说,高度为 6 的平衡二叉树最少有 20 个结点,因此 15 个结点的平衡二叉树的最大高度为 5,其中最小外部结点的层数为 4,所以 A 序列错误(因为查找失败至少比较三个结点),D 序列错误(因为比较结点个数超过树高),而 B 序列的查找过程不能构成二叉排序树的一部分,因而错误。所以本题可能的关键字比较序列是 C 序列。

8.3.3　B 树

1. B 树的定义

B 树是一种平衡的多路查找树,主要用于文件的索引,在查找时涉及外存的存取,本节介绍 B 树时略去了外存的读写,只做示意性描述。一棵 m 阶 B 树或为空树,或满足下列条件:

(1) 树中每个结点至多有 m 棵子树;

(2) 若根结点不是叶子结点,则至少有两棵子树;

(3) 除根结点外,所有内部结点至少有 $\lceil m/2 \rceil$ 棵子树;

(4) 所有的内部结点中包含下列信息数据: $(n, P_0, K_1, P_1, K_2, P_2, \cdots, K_n, P_n)$,其中, $K_i (i=1,2,\cdots,n)$ 为关键字,且 $K_i < K_{i+1} (i=1,2,\cdots,n-1)$; $P_i (i=0,1,\cdots,n)$ 为指向子树根结点的指针,且指针 P_{i-1} 所指子树中所有结点的关键字均小于 $K_i (i=1,2,\cdots,n)$, P_n 所指子树中所有结点的关键字均大于 K_n, n 为该结点中关键字个数,并且满足 $\lceil m/2 \rceil - 1 \leqslant n \leqslant m-1$ (设 $\text{MIN} = \lceil m/2 \rceil - 1, \text{MAX} = m-1$)。

(5) 树的所有外部结点都出现在同一层次上,并且不带信息(实际上这些结点不存在,指向这些结点的指针为空)。

图 8.26 所示为一棵 4 阶 B 树。由于 $m=4$,结点的关键字个数为 1~3(即 MIN=1,MAX=3,或者每个结点的子树个数为 2~4)。B 树的高度含叶子结点层,所以该 4 阶 B 树的高度为 4。

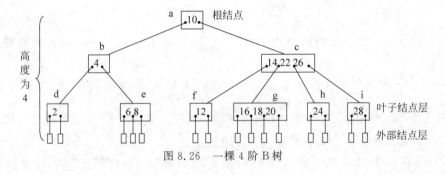

图 8.26　一棵 4 阶 B 树

说明：一棵 m 阶 B 树中所有结点分为内部结点和外部结点两种类型,外部结点就是查找失败结点,若其中共有 k 个关键字,则查找失败恰好有 $k+1$ 种情况,也就是说外部结点的个数为 $k+1$。在一般讨论中所指的结点默认为内部结点,但在计算 B 树的高度时,需要计入外部结点。

2. B 树的查找

B 树的查找过程类似于二叉排序树的查找过程。对于要查找的关键字 k，首先在根结点中查找，假设根结点的关键字为 $K[1..n]$，相应的子树指针为 $P[0..n]$（n 为根结点中关键字个数）。

(1) 若 $k=K[i]$（$1 \leqslant i \leqslant n$），则查找成功并返回。

(2) 若 $k<K[1]$，则沿着指针 $P[0]$ 所指的子树继续查找。

(3) 若 $K[i]<k<K[i+1]$，则沿着指针 $P[i]$ 所指的子树继续查找。

(4) 若 $k>K[n]$，则沿着指针 $P[n]$ 所指的子树继续查找。

视频讲解

例如，假如要在如图 8.26 所示的 4 阶 B 树中查找关键字 16。其过程是：先找到根结点 a，该结点中只有一个关键字（10），因 $16>10$，所以顺着右指针找到 c 结点，该结点有三个关键字（14，22，26），因 $14<16<22$，所以顺着第二个指针找到 g 结点，在该结点中找到了关键字 16。

在上述查找过程中，如果顺着某个指针向下找到了某个外部结点，说明要查找的关键字不在该 B 树中，即查找失败。

3. B 树的插入

B 树的插入和二叉排序的插入类似。在向 m 阶 B 树中插入一个关键字 k 时，操作步骤如下。

视频讲解

(1) 查找关键字 k 插入的结点。从根结点开始比较，类似于查找过程，找到一个合适的叶子结点来插入关键字 k。也就是说，关键字 k 一定是插入某个叶子结点中。

(2) 假设在叶子结点 x 中插入关键字 k。分为以下两种情况。

① 若 x 结点的关键字个数小于 MAX（$m-1$），则插入 k 后 x 结点的关键字个数不会超过 MAX，则在 x 结点中有序插入 k，并且插入完毕。

② 若 x 结点的关键字个数恰好为 MAX，则插入 k 后其关键字个数超过 MAX，这是不允许的。解决方法是采用分裂结点的操作：先试探在结点 x 中有序插入 k，取中间位置即第 $s(=\lceil m/2 \rceil)$ 个关键字 K_s（当 m 为奇数时，中间位置是唯一的；当 m 为偶数时，中间位置有两个，这里取前一个），将该结点分裂成两个结点 x_1 和 x_2，左边 x_1 结点包含前 $s-1$ 个关键字，右边 x_2 结点包含后 $m-s$ 个关键字，而中间位置的关键字 K_s 被插入其双亲结点中，其前后指针分别指向 x_1 和 x_2 结点，如图 8.27 所示。

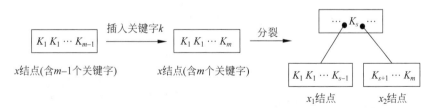

图 8.27　B 树中结点分裂过程

这样相当于在双亲结点中插入一个关键字，双亲结点有可能需要分裂，这个过程可能会一直波及根结点。当根结点分裂时会导致树高度增加一层。

【例 8.12】　给出向如图 8.26 所示的 4 阶 B 树中依次插入 7、9 和 21 关键字的插入过程。

解　对于 4 阶 B 树,结点的关键字个数为 1~3,即关键字个数不能大于 MAX(=3)。依次插入 7、9 和 21 三个关键字的插入过程如下。

(1) 通过查找确定插入位置。关键字 7 应插入 e 叶子结点中,由于该结点中原来关键字个数小于 3,因此直接插入,在插入关键字 7 后,该 B 树如图 8.28 所示。

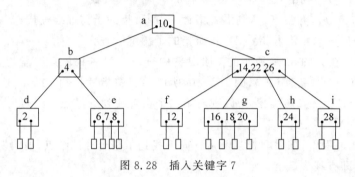

图 8.28　插入关键字 7

(2) 关键字 9 也应插入 e 叶子结点中,由于该结点已有三个关键字,达到 MAX 个关键字,因此插入后引起结点的分裂:e 结点被分裂成左、右 e_1、e_2 两个结点;将原 e 结点的第 $\lceil m/2 \rceil = 2$ 个关键字 7 插入 e 的双亲结点 b 中。由于 b 结点原来只有一个关键字,插入关键字 7 后变成两个关键字,关键字个数少于 MAX,因此分裂过程结束。插入关键字 9 的过程如图 8.29 所示。

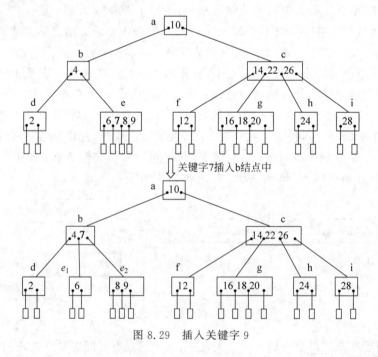

图 8.29　插入关键字 9

(3) 关键字 21 应插入 g 叶子结点中。插入后,g 结点(关键字个数大于 MAX)被分裂成左、右两个结点即 g_1 和 g_2 结点,将原 g 结点中第 $\lceil m/2 \rceil = 2$ 个关键字 18 插入 g 的双亲结点 c 中。当 c 结点中插入关键字 18 后,其关键字个数大于 MAX,继续分裂,即将原 c 结点分裂成 c_1 和 c_2 两个结点,将原 c 结点中第 $\lceil m/2 \rceil = 2$ 个关键字 18 插入 c 的双亲结点 a 中。插入关键字 21 的过程如图 8.30 所示。

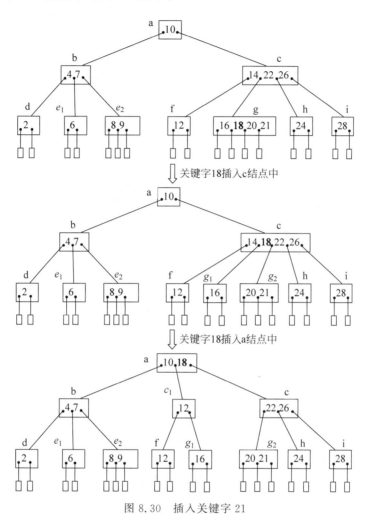

图 8.30　插入关键字 21

4. B 树的创建

给定一个关键字序列创建一棵 m 阶 B 树的过程是,从一棵空树开始,扫描所有的关键字 k,采用前面介绍的 B 树插入方式将其插入 B 树中。

显然,m 值不同,构造的 B 树是不同的。

【例 8.13】　给定的关键字序列为 (1,2,6,7,11,4,8,13,10,5,17,9,16,20,3,12,14,18,19,15),创建一棵 5 阶 B 树。

解　这里 $m=5$,结点中最大关键字个数 MAX $= m-1 = 4$。创建 5 阶 B 树的过程如图 8.31 所示(为了简便,图中没有画出外部结点)。

(1) 从一棵空树开始,插入 1 时创建一个根结点存放关键字 1。当插入 2、6、7 时可以直接插入根结点中(该根结点也是叶子结点),结果如图 8.31(a) 所示。

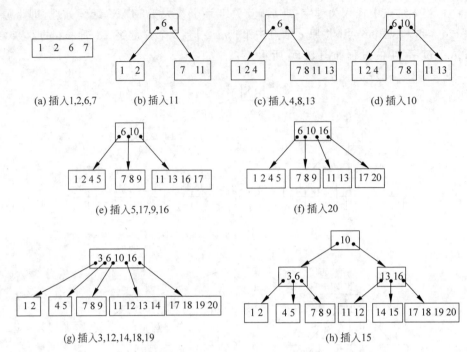

图 8.31　创建一棵 5 阶 B 树的过程

　　(2) 此时根结点的关键字个数＝MAX。插入 11 时,试探有序插入后变为(1,2,6,7,11),分裂为(1,2)和(7,11),中间位置关键字 6 插入双亲中,树高度增加一层,结果如图 8.31(b)所示。

　　(3) 依次插入 4,8,13,结果如图 8.31(c)所示。

　　(4) 插入 10 时,插入的叶子结点为(7,8,11,13),需要分裂。试探有序插入后变为(7,8,10,11,13),分裂为(7,8)和(11,13),中间位置关键字 10 插入双亲中,结果如图 8.31(d)所示。

　　(5) 依次插入 5,17,9,16,结果如图 8.31(e)所示。

　　(6) 插入 20 时,插入的叶子结点为(11,13,16,17),需要分裂。试探有序插入后变为(11,13,16,17,20),分裂为(11,13)和(17,20),中间位置关键字 16 插入双亲中,结果如图 8.31(f)所示。

　　(7) 插入 3 时需要分裂,再依次插入关键字 12,14,18,19,结果如图 8.31(g)所示。

　　(8) 插入 15 时,插入的叶子结点为(11,12,13,14),需要分裂。试探有序插入后变为(11,12,13,14,15),分裂为(11,12)和(14,15),中间位置关键字 13 插入双亲结点中。双亲结点变为(3,6,10,13,16),此时双亲结点也需要分裂,分裂为(3,6)和(13,16),中间位置关键字 10 插入双亲结点中,树高度增加一层。结果如图 8.31(h)所示。

5. B 树的删除

　　B 树的删除过程远比二叉排序树的删除过程复杂。

　　在一棵 m 阶 B 树中删除关键字 k 时,先查找到该关键字所在的结点。如果该结点不在叶子结点层,这个结点中某个关键字 $K[i]=k$,则以指针 P_i 所指子树中的最小关键字

mink 替代 k_i,然后在相应的结点中删除 mink;也可以用指针 P_{i-1} 所指子树中的最大关键字 maxk 替代 k_i,然后在相应的结点中删除 maxk。显然 mink 或者 maxk 所在的结点一定是某个叶子结点。

例如,从如图 8.26 所示的 4 阶 B 树中删除关键字 4,它在 b 结点中,而 b 结点不是叶子结点,从右边子树中找到 e 结点中的最小关键字 6(这个最小关键字所在的结点一定属于叶子结点层),将 b 结点的关键字 4 用 6 替换,然后删除 e 结点中的关键字 6,如图 8.32 所示。

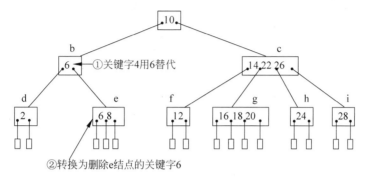

图 8.32 将删除非叶子结点的关键字转换成删除叶子结点的关键字

这样把删除关键字 k 的问题就转换为删除某个叶子结点的关键字 mink 的问题。下面介绍删除某个叶子结点的关键字 mink 的过程。

删除 m 阶 B 树中某个叶子结点 y 的关键字 mink,有以下三种情况。

(1) 从 y 结点中删除关键字 mink 后,其中关键字个数仍大于或等于 MIN($=\lceil m/2 \rceil-1$),直接删除关键字 mink,删除过程结束。

(2) 从 y 结点中删除关键字 mink 后,其中关键字个数少于 MIN,而与 y 结点相邻的左兄弟(或右兄弟)结点中的关键字多于 MIN 个,则可将其兄弟结点中最大(或最小)的关键字上移到双亲结点中,而将双亲结点中该上移关键字的后面一个(或前面一个)关键字下移到被删关键字所在结点中。

(3) 从 y 结点中删除关键字 mink 后,其中关键字个数少于 MIN,而且 y 结点左右相邻的兄弟结点中的关键字都是 MIN 个,则可将 y 结点和它的双亲结点中的一个关键字合并到它的兄弟结点中。如果这样合并后使双亲结点中的关键字少于 MIN 个,则需要继续进行合并,直到根结点。当根结点参与合并时会导致树高度减少一层。

【例 8.14】 给出从如图 8.26 所示的 4 阶 B 树中依次删除关键字 24、28 和 8 关键字的过程。

解 对于 4 阶 B 树,结点的关键字个数为 1~3,即最少关键字个数 MIN=1。依次删除 24、28、8 和 6 这 4 个关键字的删除过程如下。

(1) 删除关键字 24,它在 h 结点中且只有一个关键字,可以向左兄弟 g 结点借来一个关键字,其删除过程如图 8.33 所示。

(2) 删除关键字 28,它在 i 结点中且该结点关键字个数为 MIN,左兄弟 h 结点不能借,又没有右兄弟,则将 h 结点、双亲中对应的关键字 26 和 i 结点合并,其删除过程如图 8.34 所示。

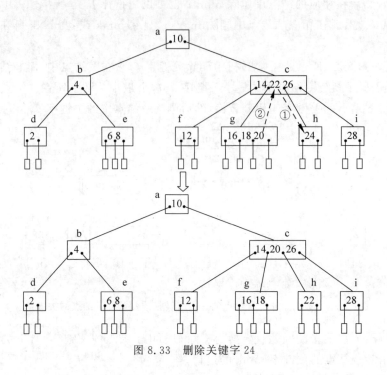

图 8.33　删除关键字 24

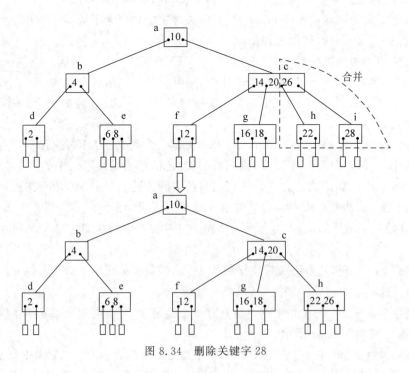

图 8.34　删除关键字 28

（3）删除关键字 8，它在 e 结点中且该结点关键字个数为 2(2＞MIN)，可以直接删除，其删除过程如图 8.35 所示。

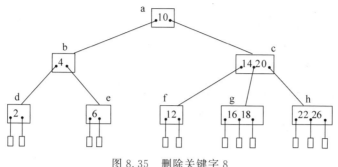

图 8.35　删除关键字 8

8.3.4　B+树

1. B+树的定义

B+树是 B 树的一种变形树，常用作数据库管理系统中索引文件的组织结构。一棵非空 m 阶 B+树满足下列条件。

（1）每个结点至多有 m 棵子树；

（2）根结点或者没有子树或者至少有两棵子树；

（3）除了根结点以外，每个分支结点至少有 $\lceil m/2 \rceil$ 棵子树；

（4）叶子结点都在最底层，包含所有的关键字以及指向相应元素结点的指针，而且按关键字的大小顺序链接；

（5）有 k 棵子树的分支结点中含有 k 个关键字，而且每个关键字都不小于对应子树中最大的关键字。

如图 8.36 所示的是一棵 4 阶的 B+树。从中看到，一棵 m 阶 B+树和 m 阶 B 树的差异如下。

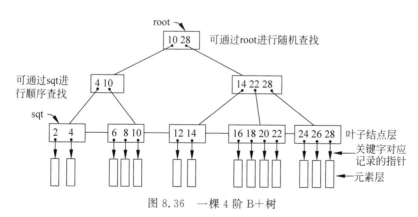

图 8.36　一棵 4 阶 B+树

（1）B+树中有 k 棵子树的结点中含有 k 个关键字。

（2）B+树中所有的叶子结点中包含全部关键字的信息，及指向含有这些关键字元素结点的指针,且叶子结点本身依关键字的大小按自小到大顺序链接。

(3) 所有非叶子结点可以看成是索引部分,这些结点中仅含有其子树(根结点)中的最大(或最小)关键字。

(4) B+树中通常有两个头指针,一个指向根结点,另一个指向关键字最小的叶子结点。因此可以对 B+树进行两种查找运算:一种是从根结点开始进行随机查找;另一种是从最小关键字开始进行顺序查找。

2. B+ 树的查找

B+树的查找过程跟 B 树的查找类似,但也有不同。由于跟元素关联的关键字存放在叶子结点中,查找时若在上层已找到待查的关键字,并不停止,而是继续沿指针向下一直查到叶子结点层的关键字。此外,B+树的所有叶子结点构成一个有序链表,可以按照关键字排序的次序遍历全部结点。上面两种方式结合起来,使得 B+树非常适合范围检索。

3. B+ 树的插入

B+树的插入过程与 B 树的插入过程类似。不同的是 B+树在叶子结点上进行,如果叶子结点中的关键字个数超过 m,就必须分裂成关键字数目大致相同的两个结点,并保证上层结点中有这两个结点的最大关键字。

4. B+ 树的删除

B+树中的关键字在叶子结点层删除后,其在上层的复本可以保留,作为一个"分解关键字"存在,如果因为删除而造成结点中关键字数小于 $\lceil m/2 \rceil$,其处理过程与 B 树的处理一样。

8.4　哈　希　表

哈希表(Hash Table)又称散列表,是除顺序存储结构、链式存储结构和索引存储结构之外的又一种存储结构。本节介绍哈希表的概念、建立哈希表和查找的相关过程。

扫一扫

视频讲解

8.4.1　哈希表的基本概念

哈希表存储的基本思路是:设要存储的元素个数为 n,设置一个长度为 $m(m \geqslant n)$ 的连续内存单元,以每个元素的关键字 $k_i(0 \leqslant i \leqslant n-1)$ 为自变量,通过一个称为哈希函数的函数 $h(k_i)$,把 k_i 映射为内存单元的地址(或称下标)$h(k_i)$,并把该元素存储在这个内存单元中。$h(k_i)$ 也称为哈希地址(又称散列地址)。把如此构造的线性表存储结构称为哈希表。

但是存在这样的问题,对于两个不同元素的关键字 k_i 和 $k_j(i \neq j)$,有 $h(k_i)=h(k_j)$。这种现象叫作**哈希冲突**。通常把这种具有不同关键字而具有相同哈希地址的元素称作"同义词",因此这种冲突也称为**同义词冲突**。在哈希表存储结构中,同义词冲突是很难避免的,除非关键字的变化区间小于或等于哈希地址的变化区间,而这种情况当关键字取值不连续时是非常浪费存储空间的。通常的实际情况是关键字的取值区间远大于哈希地址的变化区间。

归纳起来,当一组数据的关键字与存储地址存在某种映射关系时,如图 8.37 所示,这组数据适合于采用哈希表存储。

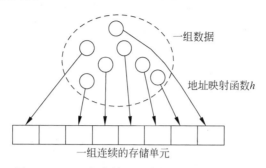

图 8.37　一组与存储地址存在映射关系的数据

8.4.2　哈希函数构造方法

构造哈希函数的目标是使得到 n 个元素的哈希地址尽可能均匀地分布在 m 个连续内存单元地址上,同时使计算过程尽可能简单以达到尽可能高的时间效率。根据关键字的结构和分布的不同,有多种构造哈希函数的方法。这里主要讨论几种常用的整数类型关键字的哈希函数构造方法。

1. 直接定址法

直接定址法是以关键字 k 本身或关键字加上某个常量 c 作为哈希地址的方法。直接定址法的哈希函数 $h(k)$ 为:

$$h(k) = k + c$$

这种哈希函数计算简单,并且不可能有冲突发生,第 1 章中如图 1.10 所示的哈希存储结构就是采用的这种方法。当关键字的分布基本连续时,可用直接定址法的哈希函数;否则,若关键字分布不连续将造成内存单元的大量浪费。

2. 除留余数法

除留余数法是用关键字 k 除以某个不大于哈希表长度 m 的整数 p 所得的余数作为哈希地址的方法。除留余数法的哈希函数 $h(k)$ 为:

$$h(k) = k \bmod p \quad (\text{mod 为求余运算}, p \leqslant m)$$

除留余数法计算比较简单,适用范围广,是最经常使用的一种哈希函数。这种方法的关键是选好 p,使得元素集合中的每一个关键字通过该函数转换后映射到哈希表范围内的任意地址上的概率相等,从而尽可能减少发生冲突的可能性。例如,p 取奇数就比 p 取偶数好。理论研究表明,p 取不大于 m 的素数时效果最好。

3. 数字分析法

该方法是提取关键字中取值较均匀的数字位作为哈希地址的方法。它适合于所有关键字值都已知的情况,并需要对关键字中每一位的取值分布情况进行分析。

例如,有一组关键字如下:

位序	1	2	3	4	5	6	7	8
	9	2	3	1	7	6	**0**	**2**
	9	2	3	2	6	8	**7**	**5**
	9	2	7	3	9	6	**2**	**8**
	9	2	3	4	3	6	**3**	**4**
	9	2	7	0	6	8	**1**	**6**
	9	2	7	7	4	6	**3**	**8**
	9	2	3	8	1	2	**6**	**2**
	9	2	3	9	4	2	**2**	**0**

通过分析可知,每个关键字从左到右的第1、2、3位和第6位取值较集中,不宜作为哈希函数,剩余的第4、5、7和8位取值较分散,可根据实际需要取其中的若干位作为哈希地址。若取最后两位作为哈希地址,则哈希地址的集合为{2,75,28,34,16,38,62,20}。

其他构造整数关键字的哈希函数的方法还有平方取中法、折叠法等。平方取中法是取关键字平方后分布均匀的几位作为哈希地址的方法;折叠法是先把关键字中的若干段作为一小组,然后把各小组折叠相加后分布均匀的几位作为哈希地址的方法。

扫一扫
视频讲解

8.4.3 哈希冲突解决方法

解决哈希冲突的方法有许多,主要分为开放定址法和拉链法两大类。其基本思路是当发生哈希冲突时,即当 $k_i \neq k_j (i \neq j)$,而 $h(k_i)=h(k_j)$ 时,通过哈希冲突函数(设为 $h_l(k)$,这里 $l=1,2,\cdots,m-1$)产生一个新的哈希地址,使 $h_l(k_i) \neq h_l(k_j)$。哈希冲突函数产生的哈希地址仍可能有哈希冲突问题,此时再用新的哈希冲突函数得到新的哈希地址,一直到不存在哈希冲突为止,因此有 $l=1,2,\cdots,m-1$。这样就把要存储的 n 个元素,通过哈希函数映射得到的哈希地址(当哈希冲突时通过哈希冲突函数映射得到的哈希地址)存储到了 m 个连续内存单元中,从而完成了哈希表的建立。

说明:对于预先知道且规模不大的关键字集,通常可以找到不发生冲突的哈希函数,从而避免出现冲突,使查找时间复杂度为 $O(1)$,提高了查找效率。因此对频繁进行查找的关键字集,应尽力设计一个完美的哈希函数。

在哈希表中,虽然冲突很难避免,但发生冲突的可能性却有大有小。这主要与以下三个因素有关。

(1) 与装填因子 α 有关。装填因子是指哈希表中已存入的元素个数 n 与哈希地址空间大小 m 的比值,即 $\alpha=n/m$,α 越小,冲突的可能性就越小;α 越大(最大可取1),冲突的可能性就越大。这很容易理解,因为 α 越小,哈希表中空闲单元的比例就越大,所以待插入元素同已插入的元素发生冲突的可能性就越小;反之,α 越大,哈希表中空闲单元的比例就越小,所以待插入元素同已插入的元素冲突的可能性就越大。另一方面,α 越小,存储空间的利用率就越低;反之,存储空间的利用率也就越高。为了既兼顾减少冲突的发生,又兼顾提高存储空间的利用率这两个方面,通常使最终的 α 控制在 $0.6 \sim 0.9$ 的范围内。

(2) 与所采用的哈希函数有关。若哈希函数选择得当,就可使哈希地址尽可能均匀地分布在哈希地址空间上,从而减少冲突的发生;否则,若哈希函数选择不当,就可能使哈希地址集中于某些区域,从而加大冲突的发生。

（3）与解决冲突的哈希冲突函数有关。哈希冲突函数选择的好坏也将减少或增加发生冲突的可能性。

下面介绍几种常用的解决哈希冲突的方法。

1. 开放定址法

开放定址法就是一旦发生了冲突,就去寻找下一个空的哈希地址,只要哈希表足够大,空的哈希地址总能找到,并将有冲突的元素存入该空的哈希地址处。

所以,开放定址法以发生冲突的哈希地址为自变量,通过某种哈希冲突函数得到一个新的空闲的哈希地址。在开放定址法中,哈希表中的空闲单元(假设其下标或地址为 d)不仅允许哈希地址为 d 的同义词关键字使用,而且也允许发生冲突的其他关键字使用。开放定址法的名称就是来自此方法的哈希表空闲单元既向同义词关键字开放,也向发生冲突的非同义词关键字开放。至于哈希表的一个地址中存放的是同义词关键字还是非同义词关键字,要看谁先占用它,这和构造哈希表的元素排列次序有关。

在开放定址法中,以发生冲突的哈希地址为自变量。通过某种哈希冲突函数得到一个新的空闲的哈希地址的方法有很多种,下面介绍几种常用的方法。

（1）**线性探测法**。线性探测法是从发生冲突的地址(设为 d_0)开始,依次探测 d_0 的下一个地址(当到达下标为 $m-1$ 的哈希表表尾时,下一个探测的地址是表首地址 0),直到找到一个空闲单元为止(当 $m \geqslant n$ 时一定能找到一个空闲单元)。线性探测法的数学递推描述公式为:

$$d_0 = h(k)$$
$$d_i = (d_{i-1} + 1) \bmod m \quad (1 \leqslant i \leqslant m-1)$$

线性探测法容易产生堆积问题。这是由于当连续出现若干个同义词后(设第一个同义词占用单元 d_0,这些连续的若干个同义词将占用哈希表的 d_0、d_0+1、d_0+2 等单元),此时,随后任何 d_0+1、d_0+2 等单元上的哈希映射都会由于前面的同义词堆积而产生冲突,这种哈希函数值不相同的多个元素争夺同一个后继哈希地址的现象称为**非同义词冲突**。

（2）**平方探测法**。设发生冲突的地址为 d_0,则平方探测法的探测序列为 d_0+1^2、d_0-1^2、d_0+2^2、d_0-2^2、……平方探测法的数学描述公式为:

$$d_0 = h(k)$$
$$d_i = (d_0 \pm i^2) \bmod m \quad (1 \leqslant i \leqslant m-1)$$

平方探测法中增加平方运算的目的是不让关键字都堆积在某一块区域,它可以避免出现堆积问题,所以是一种较好的处理冲突的方法。它的缺点是不能探测到哈希表上的所有单元,但至少能探测到一半单元。

此外,开放定址法的探测方法还有伪随机序列法、双哈希函数法等。

【例 8.15】 假设哈希表 ha 的长度 $m=13$,采用除留余数法加线性探测法建立如下关键字集合的哈希表:(16,74,60,43,54,90,46,31,29,88,77)。

解 依题意,$n=11$,$m=13$,哈希表空间为 ha[0..12],采用除留余数法的哈希函数为 $h(k) = k \bmod p$,p 应为小于或等于 m 的素数,这里假设 p 取值 13,当出现哈希冲突时采用线性探测法解决冲突。各关键字的元素对应的哈希地址求解如下。

$h(16)=3,$ 没有冲突,将 16 放在 ha[3]处,共 1 次探测

$h(74)=9,$ 没有冲突,将 74 放在 ha[9]处,共 1 次探测

$h(60)=8,$ 没有冲突,将 60 放在 ha[8]处,共 1 次探测

$h(43)=4,$ 没有冲突,将 43 放在 ha[4]处,共 1 次探测

$h(54)=2,$ 没有冲突,将 54 放在 ha[2]处,共 1 次探测

$h(90)=12,$ 没有冲突,将 90 放在 ha[12]处,共 1 次探测

$h(46)=7,$ 没有冲突,将 46 放在 ha[7]处,共 1 次探测

$h(31)=5,$ 没有冲突,将 31 放在 ha[5]处,共 1 次探测

$h(29)=3$ 有冲突

    $d_0=3, d_1=(3+1)\bmod 13=4$ 仍有冲突

    $d_2=(4+1)\bmod 13=5$ 仍有冲突

    $d_3=(5+1)\bmod 13=6$ 没有冲突,将 29 放在 ha[6]处,共 4 次探测

$h(88)=10$ 没有冲突,将 88 放在 ha[10]处

$h(77)=12$ 有冲突

    $d_0=12, d_1=(12+1)\bmod 13=0$ 没有冲突,将 77 放在 ha[0]处,共 2 次探测

建立的哈希表 ha 如表 8.1 所示。

表 8.1 哈希表 ha[0..12]

下标	0	1	2	3	4	5	6	7	8	9	10	11	12
k	77		54	16	43	31	29	46	60	74	88		90
探测次数	2	0	1	1	1	1	4	1	1	1	1	0	1

扫一扫

视频讲解

2. 拉链法

拉链法也称链地址法,是将有冲突的元素用单链表链接起来。在这种方法中,哈希表每个单元中存放的不再是元素本身,而是相应同义词单链表的头指针。由于单链表中可插入任意多个结点,所以此时装填因子 α 根据同义词的多少既可以设定为大于 1,也可以设定为小于或等于 1,通常取 α 为 0.75 左右。

与开放定址法相比,拉链法有如下几个优点。

(1) 拉链法处理冲突简单,且无堆积现象,即非同义词绝不会发生冲突,因此平均查找长度较短。

(2) 由于拉链法中各链表上的元素空间是动态申请的,故它更适合于造表前无法确定表长的情况。

(3) 开放定址法为减少冲突要求装填因子 α 较小,故当数据规模较大时会浪费很多空间,而拉链法中可取 $\alpha \geqslant 1$,且元素较多时,拉链法中增加的指针域可忽略不计,因此节省空间。

(4) 在用拉链法构造的哈希表中,删除元素的操作易于实现,只要简单地删去链表上相应的元素即可。而对开放地址法构造的哈希表,删除元素不能简单地将被删元素的空间置为空,否则将截断在它之后填入哈希表的同义词元素的查找路径,这是因为各种开放地址法中,空地址单元(即开放地址)都是查找失败的条件。因此在用开放地址法处理冲突的哈希表上执行删除操作,只能在被删元素上做删除标记,而不能真正删除元素。

拉链法也有缺点，在相同哈希地址的元素构成的单链表中，链指针需要额外的空间，故当元素个数较少时，开放定址法较为节省空间，而若将节省的指针空间用来扩大哈希表的规模，可使装填因子变小，这又减少了开放定址法中的冲突，从而提高了平均查找速度。

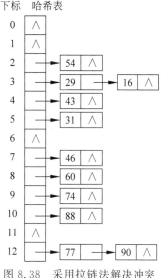

图 8.38　采用拉链法解决冲突建立的链表

【例 8.16】　假设哈希表长度 $m=13$，采用除留余数法加拉链法建立如下关键字集合的哈希表：(16,74,60,43,54,90,46,31,29,88,77)。

解　$n=11, m=13$，除留余数法的哈希函数为 $h(k)=k \bmod p$，p 应为小于或等于 m 的素数，假设 p 取值 13，当出现哈希冲突时采用拉链法解决冲突。则有：

$h(16)=3, h(74)=9, h(60)=8, h(43)=4, h(54)=2, h(90)=12, h(46)=7, h(31)=5, h(29)=3, h(88)=10, h(77)=12$。

建立的链表如图 8.38 所示。

8.4.4　哈希表查找及性能分析

以开放定址法为例，一旦建立了哈希表，在哈希表中进行查找的方法就是以要查找关键字 k 为映射函数的自变量、以建立哈希表时使用的同样的哈希函数 $h(k)$ 为映射函数得到一个哈希地址(设该地址中原来元素的关键字为 k_i)。将 k_i 与 k 进行关键字比较，如果 $k=k_i$，则查找成功；否则，以建立哈希表时使用的同样的哈希冲突函数得到新的哈希地址(设该地址中元素的关键字为 k_j)，将 k_j 与 k 进行关键字比较，如果 $k=k_j$ 则查找成功；否则以同样的方式继续查找，直到查找成功或查找完 m 个存储单元仍未查找到(即查找失败)为止。

采用拉链法的哈希表查找更加简单，在哈希表建立后，查找关键字为 k 的元素，通过哈希函数求出其哈希地址 $h(k)$，在对应的单链表中查找关键字为 k 的结点，若找到了，表示哈希查找成功，若没有找到，表示哈希查找失败。

哈希表查找也分为查找成功时的平均查找长度和查找不成功时的平均查找长度。查找成功时的平均查找长度是指查找到哈希表中已有关键字的平均探测次数，它是找到表中各个已有关键字的探测次数的平均值。而查找不成功的平均查找长度是指在表中查找不到待查的关键字，但找到插入位置的平均探测次数，它是表中所有可能的位置上要插入新元素(新元素为非表中的任意元素)时为找到对应空位置的探测次数的平均值。

例如，在元素查找概率相等的情况下，例 8.15 哈希表(表 8.1)中查找成功的探测次数如表 8.1 所示，所以查找成功的平均查找长度如下。

$$\text{ASL}_{\text{succ}} = \frac{1 \times 9 + 2 \times 1 + 4 \times 1}{11} = 1.364 \quad // \text{线性探测法}$$

在元素查找概率相等的情况下，例 8.16 的哈希表查找成功的探测次数如表 8.2 所示，所以查找成功的平均查找长度如下：

$$\text{ASL}_{\text{succ}} = \frac{1 \times 9 + 2 \times 2}{11} = 1.182 \quad // \text{拉链法}$$

式中，$\dfrac{1}{11}$ 表示 11 个元素中每个元素查找成功的概率。

表 8.2　图 8.38 的哈希表查找成功的探测次数

下标	0	1	2	3		4	5	6	7	8	9	10	11	12	
k			54	29	16	43	31		46	60	74	88		77	90
探测次数	0	0	1	1	2	1	1	0	1	1	1	1	0	1	2

下面仍以例 8.15 和例 8.16 的哈希表为例，分析在等概率情况下查找不成功时的线性探测法和拉链法的平均查找长度。

对于例 8.15，在如表 8.1 所示的线性探测法中，假设待查关键字 k 不在该表中，若 $h(k)=0$，则必须将 ha[0] 中的关键字和 k 进行比较之后，再与 ha[1] 进行比较才发现 ha[1] 为空，即比较次数为 2；若 $h(k)=1$，将 ha[1] 中的关键字和 k 进行比较之后，才发现 ha[1] 为空，即比较次数为 1；若 $h(k)=2$，则必须将 ha[2..10] 中的关键字和 k 进行比较之后，再与 ha[11] 进行比较才发现 ha[11] 为空，即比较次数为 10；若 $h(k)=3$，则必须将 ha[3..10] 中的关键字和 k 进行比较之后，再与 ha[11] 进行比较才发现 ha[11] 为空，即比较次数为 9；……；若 $h(k)=11$，将 ha[11] 中的关键字和 k 进行比较之后，才发现 ha[11] 为空，即比较次数为 1；若 $h(k)=12$，则必须将 ha[12]、ha[0] 中的关键字和 k 进行比较之后，再与 ha[1] 进行比较才发现 ha[1] 为空，即比较次数为 3。哈希表中不成功查找的探测次数如表 8.3 所示。

表 8.3　哈希表 ha 中不成功查找的探测次数

下标	0	1	2	3	4	5	6	7	8	9	10	11	12
k	77		54	16	43	31	29	46	60	74	88		90
探测次数	2	1	10	9	8	7	6	5	4	3	2	1	3

因此采用线性探测法的哈希表的不成功查找的平均查找长度为：

$$\mathrm{ASL}_{\mathrm{unsucc}}=\frac{2+1+10+9+8+7+6+5+4+3+2+1+3}{13}=4.692$$

对于例 8.16，在如图 8.38 所示的链地址法中，若待查关键字 k 的哈希地址为 $d=h(k)$，且第 d 个链表上具有 i 个结点，则当 k 不在此表上时，就需做 i 次关键字的比较（不包括空指针判定），如表 8.4 所示，因此查找不成功的平均查找长度为：

$$\mathrm{ASL}_{\mathrm{unsucc}}=\frac{0+0+1+2+1+1+0+1+1+1+1+0+2}{13}=0.846$$

式中，$\dfrac{1}{13}$ 表示 13 种查找不成功的概率。

表 8.4　图 8.38 的哈希表查找不成功的探测次数

下标	0	1	2	3		4	5	6	7	8	9	10	11	12	
k	77		54	29	16	43	31		46	60	74	88		77	90
探测次数	0	0	1	2		1	1	0	1	1	1	1	0	2	

【例 8.17】 将关键字序列(7,8,30,11,18,9,14)存储到哈希表中,哈希表的存储空间是一个下标从 0 开始的一维数组,哈希函数为:$h(\text{key})=(\text{key}\times 3)\bmod 7$,处理冲突采用线性探测法,要求装填因子为 0.7。

(1) 画出所构造的哈希表。

(2) 分别计算等概率情况下,查找成功和查找不成功的平均查找长度。

解 (1) 这里 $n=7$,装填因子 $\alpha=0.7=n/m$,则 $m=n/0.7=10$。计算各关键字存储地址的过程如下。

$$h(7)=7\times 3\bmod 7=0$$
$$h(8)=8\times 3\bmod 7=3$$
$$h(30)=30\times 3\bmod 7=6$$
$$h(11)=11\times 3\bmod 7=5$$

$h(18)=18\times 3\bmod 7=5$	冲突	
$d_1=(5+1)\bmod 10=6$	仍冲突	
$d_2=(6+1)\bmod 10=7$		
$h(9)=9\times 3\bmod 7=6$	冲突	
$d_1=(6+1)\bmod 10=7$	仍冲突	
$d_2=(7+1)\bmod 10=8$		
$h(14)=14\times 3\bmod 7=0$	冲突	
$d_1=(0+1)\bmod 10=1$		

构造的哈希表如表 8.5 所示。

(2) 在等概率情况下,查找成功的平均查找长度如下:

$$\text{ASL}_{\text{succ}}=\frac{1+2+1+1+1+3+3}{7}=1.71$$

表 8.5 一个哈希表

下标	0	1	2	3	4	5	6	7	8	9
关键字	7	14		8		11	30	18	9	
探测次数	1	2		1		1	1	3	3	

由于任一关键字 k,$h(k)$ 的值只能为 $0\sim 6$,在不成功的情况下,$h(k)$ 为 0 需比较三次,$h(k)$ 为 1 需比较两次,$h(k)$ 为 2 需比较一次,$h(k)$ 为 3 需比较两次,$h(k)$ 为 4 需比较一次,$h(k)$ 为 5 需比较 5 次,$h(k)$ 为 6 需比较 4 次,共 7 种情况,如表 8.6 所示。所以在等概率情况下,查找不成功的平均查找长度如下。

$$\text{ASL}_{\text{unsucc}}=\frac{3+2+1+2+1+5+4}{7}=2.57$$

表 8.6 不成功查找的探测次数

下标	0	1	2	3	4	5	6	7	8	9
关键字	7	14		8		11	30	18	9	
探测次数	3	2	1	2	1	5	4	3	2	1

一般地,由同一个哈希函数、不同的解决冲突方法构造的哈希表,其平均查找长度是不相同的。假设哈希函数是均匀的,可以证明:不同的解决冲突的方法得到的哈希表的平均查找长度如表8.7所示,从中看到,哈希表的平均查找长度不是元素个数n的函数,而是装填因子α的函数。因此,在设计哈希表时可选择α控制哈希表的平均查找长度。

表8.7　用几种不同的方法解决冲突时哈希表的平均查找长度

解决冲突的方法	平均查找长度 ASL	
	成功的查找	不成功的查找
线性探测法	$\dfrac{1}{2}\left(1+\dfrac{1}{1-\alpha}\right)$	$\dfrac{1}{2}\left(1+\dfrac{1}{(1-\alpha)^2}\right)$
平方探测法	$-\dfrac{1}{\alpha}\log_e(1-\alpha)$	$\dfrac{1}{1-\alpha}$
拉链法	$1+\dfrac{\alpha}{2}$	$\alpha+e^{-\alpha}\approx\alpha$

小　结

(1) 在查找算法中,主要时间花费在关键字比较上,所以查找算法的时间性能可以用平均查找长度表示。而查找分为成功和失败两种情况,所以平均查找长度分为成功情况下的平均查找长度和不成功情况下的平均查找长度。

(2) 对线性表进行顺序查找时,线性表既可以采用顺序存储,也可以采用链式存储。

(3) 对线性表进行折半查找时,线性表应该以顺序方式存储,且结点按关键字有序排列。

(4) 对含有n个元素的有序顺序表进行顺序查找时,算法时间复杂度是$O(n)$。

(5) 对含有n个元素的有序顺序表进行折半查找时,算法时间复杂度是$O(\log_2 n)$。

(6) 折半查找的判定树包含所有的查找情况,n个元素的有序顺序表采用折半查找时判定树的高度为$\lceil\log_2(n+1)\rceil$。在查找成功和不成功时最大的关键字比较次数均为$\lceil\log_2(n+1)\rceil$。

(7) 在索引顺序表上实现分块查找,在等概率情况下,其平均查找长度不仅与表长有关,而且与每一块中的元素个数有关。

(8) 分块查找中块之间是有序的,块中元素不一定是有序的。其性能介于顺序查找和折半查找之间。

(9) 动态查找表采用链式结构存储数据,在查找中当找到关键字相同的结点时表示查找成功,对应的结点为内部结点;在查找中当找到空结点时表示查找失败,对应的结点为外部结点。

(10) 二叉排序树是一棵满足BST特性(二叉排序树特性)的二叉树。

(11) 二叉排序树的中序序列是一个递增有序序列。

(12) 由n个关键字构造的二叉排序树,其查找时间为$O(\log_2 n)\sim O(n)$。

(13) 由n个关键字构造的二叉排序树,其内部结点的个数为n,外部结点的个数为$n+1$。

（14）向一棵二叉排序树中插入一个结点所需关键字比较次数至多是树的高度。

（15）向一棵二叉排序树中插入一个结点均是以叶子结点插入的。

（16）先删除二叉排序树中的一个关键字,再重新插入该关键字,不一定得到与原来相同的二叉排序树。也就是说,构造的二叉排序树形态与输入的关键字的顺序有关。

（17）通常一棵平衡二叉树总是一棵二叉排序树,是相同结点个数的二叉排序树中高度最小的。

（18）相同结点个数的平衡二叉树不一定唯一,相同高度的平衡二叉树的结点个数不一定唯一。

（19）B树和B+树是外存数据组织方式。前者可以随机查找,后者除了随机查找外,还可以顺序查找。

（20）数据在计算机内存中存储时,可以根据元素的关键字直接计算出该元素的存储地址,这种方法称为哈希表存储方法。

（21）哈希表设计除了哈希函数外,还需要解决冲突,其方法分为开放地址法和拉链法。开放地址法中根据查找空位置的方式又分为线性探测法和平方探测法等。

（22）在采用线性探测法处理冲突时,哈希表容易出现堆积现象。

（23）理想的情况下,在哈希表中查找一个元素的时间复杂度为 $O(1)$。

练 习 题

练习题

自测题

上 机 实 验 题

上机实验题

计算机科学的发展

计算机科学经历了很多根本性的变革。在过去三十年当中,我们关注计算机怎样有更好的用处,包括在编译器、系统、算法、数据库、编程语言等方面。而在未来,我们更多的是关注将计算机应用于哪些领域。然后你们将会涉及跟科学文献上的理念交流,社交网络通信的演进,非结构数据源当中的信息提取等一系列应用。

——摘自1986年图灵奖获得者 John Hopcroft 博士在《21世纪的计算大会》上的演讲稿

第9章 排序

排序的目的是使数据有序,有序的数据可以加速查找过程。排序是数据处理中经常使用的一种重要运算,其方法很多,应用也很广泛。本章讨论常用的排序算法。

9.1 排序的基本概念 ✳

1. 什么是排序

所谓排序,就是要整理表中的元素,使之按关键字递增或递减有序排列,本章仅讨论递增排序的情况,在默认情况下所有的排序均指递增排序。排序的定义如下。

输入：n 个元素 R_0、R_1、$\cdots$、R_{n-1},其相应的关键字分别为 k_0、k_1、$\cdots$、k_{n-1}。

输出：R_{i_0},R_{i_1},$\cdots$,$R_{i_{n-1}}$,使得 $k_{i_0} \leqslant k_{i_1} \leqslant \cdots \leqslant k_{i_{n-1}}$。

2. 内排序和外排序

在排序过程中,若整个表都是放在内存中处理,排序时不涉及数据的内、外存交换,则称之为**内排序**;反之,若排序过程中要进行数据的内、外存交换,则称之为**外排序**。内排序适用于元素个数不很多的小表,外排序则适用于元素个数很多,不能一次将其全部元素放入内存的大表。内排序是外排序的基础。

3. 内排序的分类

根据内排序算法是否基于关键字的比较,将内排序算法分为基于比较的排序算法和不基于比较的排序算法。像插入排序、交换排序、选择排序和归并排序等都是基于比较的排序算法;而基数排序是不基于比较的排序算法。

4. 基于比较的排序算法的性能

在基于比较的排序算法中,主要进行以下两种基本操作。

(1) 比较：关键字之间的比较。

(2) 移动：元素从一个位置移动到另一个位置。

这类排序算法的性能是由算法的时间和空间确定的,而时间是由比较和移动的次数之和确定的,两个元素的一次交换一般需要三次移动。

若待排序元素的关键字顺序正好和要排序的顺序相同,称此表中元素为**正序**;反之,若待排序元素的关键字顺序正好和要排序的顺序相反,称此表中元素为**反序**。基于比较的排序算法中有些算法是与初始序列的正序或反序相关,有些算法与初始序列的正序和反序无关。

5. 内排序算法的稳定性

如果在要排序的序列中,存在多个关键字相同的元素,例如在 $\langle R_0, R_1, \cdots, R_{n-1} \rangle$ 序列中,$R_i(0 \leqslant i \leqslant n-1)$ 的关键字为 k_i,有 $k_i = k_j$,排序前为 $\{\cdots, R_i, \cdots, R_j, \cdots\}$,排序后这些元素的相对次序仍保持不变,即排序后仍为 $\{\cdots, R_i, \cdots, R_j, \cdots\}$,则称这种排序方法是**稳定的**,否则排序后为 $\{\cdots, R_j, \cdots, R_i, \cdots\}$,称这种排序方法是**不稳定的**。

6. 内排序数据的组织

在本章中介绍内排序算法时,以顺序表作为排序数据的存储结构(除基数排序采用单链表外)。为简单起见,假设关键字类型为 int 类型。待排序的顺序表中元素类型定义如下。

```
typedef int KeyType;
typedef struct
{   KeyType key;          //存放关键字,KeyType 为关键字类型
    ElemType data;        //其他数据,ElemType 为其他数据的类型
} SqType;
```

9.2 插入排序

插入排序的基本思路是：每一趟将一个待排序的元素,按其关键字值的大小插入已经排序的部分文件中的适当位置上,直到全部插入完成。本节介绍三种插入排序方法,即直接插入排序、折半插入排序和希尔排序。

9.2.1 直接插入排序

直接插入排序是一种最简单的排序方法,其过程是依次将每个元素插入一个有序的序列中。

假设元素存放在 $R[0..n-1]$ 之中,$R[0..i-1]$ 是已排好序的元素;$R[i..n-1]$ 是未排序的元素。直接插入排序将 $R[i]$ 插入 $R[0..i-1]$ 中,使 $R[0..i]$ 成为有序的。插入 $R[i]$ 的过程就是完成排序中的一趟,如图 9.1 所示。随着有序区的不断扩大,使 $R[0..n-1]$ 全部有序,图中圆圈内的数字表示执行次序。

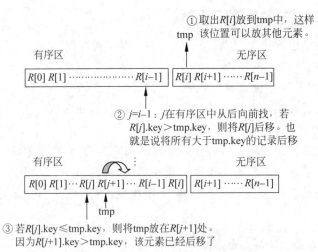

图 9.1 直接插入排序的一趟排序过程

【例 9.1】 已知有 10 个待排序的元素,它们的关键字序列为(75,87,68,92,88,61,77,96,80,72),给出用直接插入排序法进行排序的过程。

解 直接插入排序过程如图 9.2 所示,如"$i=2$"后面列出的是 $i=2$ 这一趟的排序结果,图中阴影部分为有序区。

初始序列	75	87	68	92	88	61	77	96	80	72	说　　明
$i=1$	75	87	68	92	88	61	77	96	80	72	将 $R[1]=87$ 插入有序区中
$i=2$	68	75	87	92	88	61	77	96	80	72	将 $R[2]=68$ 插入有序区中
$i=3$	68	75	87	92	88	61	77	96	80	72	将 $R[3]=92$ 插入有序区中
$i=4$	68	75	87	88	92	61	77	96	80	72	将 $R[4]=88$ 插入有序区中
$i=5$	61	68	75	87	88	92	77	96	80	72	将 $R[5]=61$ 插入有序区中
$i=6$	61	68	75	77	87	88	92	96	80	72	将 $R[6]=77$ 插入有序区中
$i=7$	61	68	75	77	87	88	92	96	80	72	将 $R[7]=96$ 插入有序区中
$i=8$	61	68	75	77	80	87	88	92	96	72	将 $R[8]=80$ 插入有序区中
$i=9$	61	68	72	75	77	80	87	88	92	96	将 $R[9]=72$ 插入有序区中
最终结果	61	68	72	75	77	80	87	88	92	96	

图 9.2　直接插入排序过程

说明：直接插入排序每趟产生的有序区并不一定是全局有序区,也就是说有序区中的元素并不一定放在最终的位置上。当一个元素在整个排序结束前就已经放在其最终位置上,称为归位。

直接插入排序算法如下。

```
void InsertSort(SqType R[],int n)          //对 R[0..n-1]按递增有序进行直接插入排序
{   int i,j;
    SqType tmp;
    for (i=1;i<n;i++)                       //直接插入排序是从第二个元素即 R[1]开始的
    {   if (R[i-1].key>R[i].key)
        {   tmp=R[i];                       //取出无序区的第一个元素
            j=i-1;                          //从右向左在有序区 R[0..i-1]中找 R[i]的插入位置
            do
            {   R[j+1]=R[j];                //将关键字大于 tmp.key 的元素后移
                j--;                        //继续向前比较
            } while (j>=0 && R[j].key>tmp.key);
            R[j+1]=tmp;                     //在 j+1 处插入 R[i]
        }
    }
}
```

为了实现例 9.1 的功能,设计如下主函数。

```
int main()
{   SqType R[MaxSize];
    KeyType A[]={75,87,68,92,88,61,77,96,80,72};
    int i,n=10;
    for (i=0;i<n;i++)
        R[i].key=A[i];
    InsertSort(R,n);
    printf("排序结果:");
    for (i=0;i<n;i++)
        printf("%3d",R[i].key);
    printf("\n");
}
```

算法分析：直接插入排序由两重循环构成,外循环表示要进行 $n-1$(i 取值范围为 $1\sim n-1$)趟排序。在每一趟排序中,仅当待插入元素 $R[i]$ 的关键字大于或等于无序区所有元素的关键字时,才无须进入内循环。

若初始数据序列按关键字递增有序即正序,则在每一趟排序中仅需进行一次关键字的比较,因为每趟排序均不进入内循环,此时元素移动次数为零。由此可知,正序时插入排序的关键字间比较次数和元素移动次数均达到最小值 C_{min} 和 M_{min},有 $C_{min}=\sum_{i=1}^{n-1}1=n-1$, $M_{min}=0$,直接插入排序算法的最好执行时间是 $O(n)$。

反之,若初始数据序列按关键字递减有序即反序,则每趟排序中,因为当前有序区 $R[0..i-1]$ 中的关键字均大于待插元素 $R[i]$ 的关键字,所以内循环需要将待插元素 tmp 的关键字和 $R[0..i-1]$ 中全部元素的关键字进行比较,这需要进行 i 次关键字比较;显然内循环里需将 $R[0..i-1]$ 中所有元素均后移(共 $(i-1)-0+1=i$ 次),外加 tmp=$R[i]$ 与 $R[j+1]$=tmp 的两次移动,一趟排序所需移动元素的总数为 $i+2$。由此可知,反序时插入排序的关键字间比较次数和元素移动次数均达到最大值 C_{max} 和 M_{max},有 $C_{max}=\sum_{i=1}^{n-1}i=\frac{n(n-1)}{2}=O(n^2)$, $M_{max}=\sum_{i=1}^{n-1}(i+2)=\frac{(n-1)(n+4)}{2}=O(n^2)$,直接插入排序算法的最坏执行时间是 $O(n^2)$。可以计算出直接插入排序算法的平均执行时间也是 $O(n^2)$。

直接插入排序是稳定的。因为当 $i>j$ 而且 $R[i]$.key 和 $R[j]$.key 相等时,本算法将 $R[i]$ 插在 $R[j]$ 的后面,使 $R[i]$ 和 $R[j]$ 的相对位置保持不变。

归纳起来,直接插入排序算法的性能如表 9.1 所示。

表 9.1 直接插入排序算法的性能

时间复杂度			空间复杂度	稳定性
最好情况	最坏情况	平均情况		
$O(n)$	$O(n^2)$	$O(n^2)$	$O(1)$	稳定

9.2.2 折半插入排序

直接插入排序将无序区中开头元素 $R[i]$($1\leqslant i\leqslant n-1$)通过从后向前顺序比较插入有序区 $R[0..i-1]$ 中,实际上由于有序区的有序性,可以采用折半查找方法先在 $R[0..i-1]$ 中找到插入位置,再通过移动元素进行插入。这样的插入排序称为**折半插入排序**或**二分插入排序**。

在 $R[low..high]$(初始时 low=0,high=$i-1$)中采用折半查找方法查找插入 $R[i]$ 的位置为 $R[high+1]$,再将 $R[high+1..i-1]$ 元素后移一个位置,并置 $R[high+1]=R[i]$,如图 9.3 所示,图中圆圈内的数字表示执行次序。

说明:和直接插入排序一样,折半插入排序每趟产生的有序区并不一定是全局有序区。

折半插入排序的算法如下。

```
void BinInsertSort(SqType R[],int n)         //对 R[0..n-1]按递增有序进行折半插入排序
{   int i,j,low,high,mid;
    SqType tmp;
    for (i=1;i<n;i++)
    {   if (R[i-1].key>R[i].key)
        {   tmp=R[i];                         //将 R[i]保存到 tmp 中
```

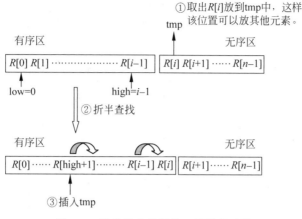

图 9.3 折半插入排序的一趟排序过程

```
low=0;high=i-1;
while (low<=high)              //在 R[low..high]中折半查找有序插入的位置
{   mid=(low+high)/2;          //取中间位置
    if (tmp.key<R[mid].key)
        high=mid-1;            //插入点在左半区
    else
        low=mid+1;             //插入点在右半区
}
for (j=i-1;j>=high+1;j--)      //元素后移
    R[j+1]=R[j];
R[high+1]=tmp;                 //插入原来的 R[i]
    }
        }
    }
```

从上述算法中看到,当初始数据序列正序时,并不能减少关键字的比较次数;当初始数据序列反序时,也不会增加关键字的比较次数,因为 $R[i]$ 是从有序区 $R[0..i-1]$ 中间位置元素开始比较起的。

算法分析:折半插入排序的元素移动次数与直接插入排序相同,不同的仅是变分散移动为集中移动。在 $R[0..i-1]$ 中查找插入 $R[i]$ 的位置,折半查找的平均关键字比较次数为 $\log_2(i+1)$,平均移动元素的次数为 $i/2+2$,所以平均时间复杂度为 $\sum_{i=1}^{n-1}\left(\log_2(i+1)+\frac{i}{2}+2\right)=O(n^2)$。

就平均性能而言,当元素个数较多时,折半查找优于顺序查找,所以折半插入排序也优于直接插入排序。折半插入排序的空间复杂度为 $O(1)$,它也是一种稳定的排序算法。

9.2.3 希尔排序

希尔排序也是一种插入排序方法,实际上是一种分组插入方法。其基本思想是:先取定一个小于 n 的整数 d_1 作为第一个增量,把表的全部元素分成 d_1 个组,所有距离为 d_1 的倍数的元素放在同一个组中,如图 9.4 所示是分为 d 个组的情况。再在各组内进行直接插入排序；然后，取第二个增量 $d_2(d_2 < d_1)$，重复上述的分组和排序，直至所取的增量 $d_t = 1$（增量序列 $d_t < d_{t-1} < \cdots < d_2 < d_1, t = \lfloor \log_2 n \rfloor$），即所有元素放在同一组中进行直接插入排序为止。

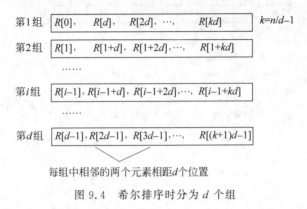

图 9.4　希尔排序时分为 d 个组

每一趟进行直接插入排序的过程如图 9.5 所示，从元素 $R[d]$ 开始起，直到元素 $R[n-1]$ 为止，每个元素的比较和插入都是和同组的元素进行，对于元素 $R[i]$，同组的前面的元素有 $\{R[j] \mid j = i - d \geqslant 0\}$。

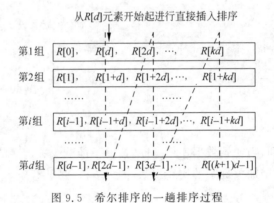

图 9.5　希尔排序的一趟排序过程

【例 9.2】　已知有 10 个待排序的元素，它们的关键字序列为 $(75, 87, 68, 92, 88, 61, 77, 96, 80, 72)$，给出用希尔排序法进行排序的过程。

解　希尔排序过程如图 9.6 所示。

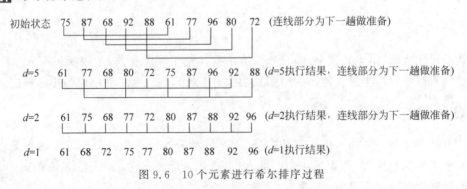

图 9.6　10 个元素进行希尔排序过程

说明：希尔排序每趟并不产生有序区，在最后一趟排序结束前，所有元素并不一定归位了。但是希尔排序每趟完成后，数据越来越接近有序。

取 $d_1=n/2,d_{i+1}=\lfloor d_i/2\rfloor$ 时的希尔排序的算法如下。

```
void ShellSort(SqType R[],int n)          //对 R[0..n-1]按递增有序进行希尔排序
{   int i,j,d;
    SqType tmp;
    d=n/2;                                 //增量置初值
    while (d>0)
    {   for (i=d;i<n;i++)                  //对相隔 d 位置的所有元素组采用直接插入排序
        {   tmp=R[i];
            j=i-d;
            while (j>=0 && tmp.key<R[j].key)   //对相隔 d 位置的元素组进行排序
            {   R[j+d]=R[j];
                j=j-d;
            }
            R[j+d]=tmp;
        }
        d=d/2;                             //减小增量
    }
}
```

为了实现例 9.2 的功能，设计如下主函数。

```
int main()
{   SqType R[MaxSize];
    KeyType A[]={75,87,68,92,88,61,77,96,80,72};
    int i,n=10;
    for (i=0;i<n;i++)
        R[i].key=A[i];
    ShellSort(R,n);
    printf("排序结果:");
    for (i=0;i<n;i++)
        printf("%3d",R[i].key);
    printf("\n");
}
```

算法分析：希尔排序法的性能分析是一个复杂的问题，因为它的时间是所取"增量"序列的函数，到目前为止增量的选取无一定论。但无论增量序列如何取，最后一个增量必须等于 1。如果按照上述算法的取法，即 $d_1=n/2,d_{i+1}=\lfloor d_i/2\rfloor(i\geqslant 1)$，也就是说，每趟后一个增量是前一个增量的 1/2，则经过 $t=\lfloor\log_2 n\rfloor$ 趟后，$d_t=1$，再经过一趟最后直接插入排序使整数数字变为有序的。希尔算法的时间复杂度难以分析，一般认为其平均时间复杂度为 $O(n^{1.3})$。希尔排序的速度通常要比直接插入排序快。另外，希尔排序法是一种不稳定的排序算法。

归纳起来，希尔排序算法的性能如表 9.2 所示。

表 9.2　希尔排序算法的性能

时间复杂度			空间复杂度	稳定性
最好情况	最坏情况	平均情况		
—	$O(n^2)$	$O(n^{1.5})$①	$O(1)$	不稳定

① 希尔排序的时间复杂度分析十分复杂，与采用的增量序列相关。

9.3　交换排序

交换排序的基本思路是：两两比较待排序元素的关键字，并交换不满足次序要求的那些偶对，直到全部满足为止。本节介绍冒泡排序和快速排序两种交换排序方法。

9.3.1　冒泡排序

冒泡排序也称为气泡排序，是一种典型的交换排序方法，其基本思想是：通过无序区中相邻元素关键字间的比较和位置的交换，使关键字最小的元素如气泡一般逐渐往上"漂浮"直至"水面"。整个算法是从最下面的元素开始，对每两个相邻的关键字进行比较，且使关键字较小的元素换至关键字较大的元素之上，使得经过一趟冒泡排序后，关键字最小的元素到达最上端，如图9.7所示。接着，再在剩下的元素中找关键字次小的元素，并把它换在第二个位置上。以此类推，一直到所有元素都有序为止。

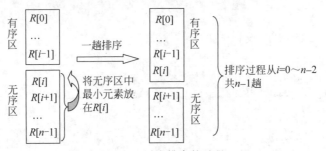

图9.7　冒泡排序的过程

在冒泡排序算法中，若某一趟比较时不出现任何元素交换，说明所有元素已排好序了，就可以结束本算法。

【例9.3】　已知有10个待排序的元素，它们的关键字序列为(75,87,68,92,88,61,77,96,80,72)，给出用冒泡排序法进行排序的过程。

解　冒泡排序过程如图9.8所示，如"$i=2$"后面列出的是$i=2$这一趟的排序结果，图中阴影部分为有序区，方括号[]中的元素为本次冒出的元素。

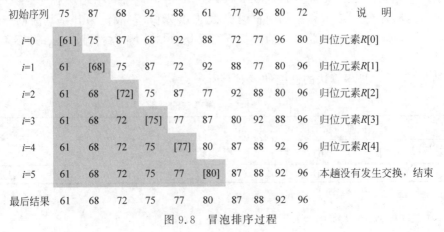

图9.8　冒泡排序过程

说明：冒泡排序每趟产生的有序区一定是全局有序区,也就是说每趟产生的有序区中所有元素都归位了,在后面的排序中不再发生位置的改变。

冒泡排序算法如下。

```
void BubbleSort(SqType R[ ],int n)          //对 R[0..n−1]按递增有序进行冒泡排序
{    int i,j,exchange;
     SqType tmp;
     for (i=0;i<n−1;i++)
     {    exchange=0;                        //本趟排序前置 exchange 为 0
          for (j=n−1;j>i;j−−)               //比较,找出最小关键字的元素
          {    if (R[j].key<R[j−1].key)
               {    tmp=R[j];                //R[j]与R[j−1]进行交换,将最小关键字元素前移
                    R[j]=R[j−1];
                    R[j−1]=tmp;
                    exchange=1;              //本趟排序发生交换置 exchange 为 1
               }
          }
          if (exchange==0)                   //本趟未发生交换时结束算法
               return;
     }
}
```

为了实现例 9.3 的功能,设计如下主函数。

```
int main()
{    SqType R[MaxSize];
     KeyType A[ ]={75,87,68,92,88,61,77,96,80,72};
     int i,n=10;
     for (i=0;i<n;i++)
          R[i].key=A[i];
     BubbleSort(R,n);
     printf("排序结果:");
     for (i=0;i<n;i++)
          printf("%3d",R[i].key);
     printf("\n");
}
```

算法分析：若初始数据序列是正序的,冒泡排序一趟扫描即可完成排序,所需的关键字比较和元素移动的次数均分别达到最小值：$C_{\min}=n-1$,$M_{\min}=0$,因此,冒泡排序的最好时间复杂度为 $O(n)$。若初始数据序列是反序的,则需要进行 $n-1$ 趟排序,每趟排序要进行 $n-i+1$ 次关键字的比较($0\leqslant i<n-1$),且每次比较都必须移动元素三次来达到交换元素位置。在这种情况下,比较和移动次数均达到最大值：$C_{\max}=\sum_{i=1}^{n-2}(n-i+1)=\dfrac{n(n-1)}{2}=O(n^2)$,$M_{\max}=\sum_{i=1}^{n-2}3(n-i+1)=\dfrac{3n(n-1)}{2}=O(n^2)$。因此,冒泡排序的最坏时间复杂度为 $O(n^2)$,可以计算出平均时间复杂度也为 $O(n^2)$。

因为只有在 $R[j].key<R[j-1].key$ 的情况下,才交换 $R[j]$ 和 $R[j-1]$,所以,冒泡排序是稳定的。

归纳起来,冒泡排序算法的性能如表 9.3 所示。

表 9.3　冒泡排序算法的性能

时间复杂度			空间复杂度	稳定性
最好情况	最坏情况	平均情况		
$O(n)$	$O(n^2)$	$O(n^2)$	$O(1)$	稳定

扫一扫

视频讲解

9.3.2　快速排序

快速排序是由冒泡排序改进而得的,它的基本思想是每次将待排序序列中的一个元素放入最终位置上,并将待排序序列分割成前后两个子序列,这个过程称为划分,然后对两个子序列分别重复上述过程,直至每个子序列内只有一个元素或空为止。只有一个元素的子序列或空子序列均是有序的。当初始待排序序列按上述过程划分出的所有子序列均有序时则该序列就变成了有序序列。

从中看出划分是快速排序中最重要的操作步骤,其过程是在待排序的序列中取一个元素为基准(通常取第一个元素),将后面子序列中小于基准的元素与前面子序列中同数量的大于基准的元素进行交换,再将基准元素放在中间位置,从而保证前面子序列中所有元素不大于基准,后面子序列中所有元素不小于基准,这样基准就归位了。

那么如何实现划分呢? 举一个简单的示例,假如有两组人数相同的学生,设每组人数为n,每人都坐在一把椅子上,现在要将两组学生进行交换(仅交换学生),即 A 组的学生移到B 组,B 组的学生移到 A 组,学生可以行走,但停下来时必须坐在一把椅子上。

方法 1 是增加一把公共椅子 tmp,A 组、B 组中的任两个人借助这把公共椅子进行交换,如图 9.9(a)所示,当 $n=3$ 时,学生共需起身 $3\times3=9$ 次。方法 2 也是增加一把公共椅子 tmp,A 组中的学生 1 起身走到公共椅子 tmp 坐下来,学生 1 原来的椅子空下来了,B 组的学生 4 走到原来 A 组学生 1 的空椅子坐下来,再 A 组的学生 2 走到原来 B 组学生 4 的空椅子坐下来,如此下来,当 B 组学生 6 的椅子空时,tmp 椅子上的学生 1 走到原来 B 组学生6 的空椅子坐下来,如图 9.9(b)所示,当 $n=3$ 时,学生共需起身 7 次。从中看到,两种方法可达到同样的目的,都只增加一把公共椅子,但方法 2 的效率更高。

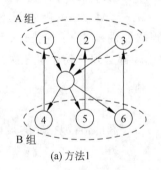
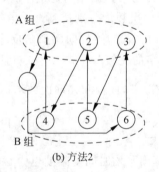

图 9.9　两种交换 A、B 两组学生的方法

快速排序中的划分算法采用前面介绍的方法 2,具体做法是:设两个指示器 i 和 j,它们的初值分别为指向无序区中的第一个和尾元素。

假设无序区中的元素为 $R[s..t]$，则 i 的初值为 s，j 的初值为 t，首先将 $R[s]$ 移至临时变量 tmp 中作为基准元素，开始循环直到 $i=j$ 为止：令 j 前移找到一个关键字小于 tmp.key 的元素，将 $R[j]$ 移至 i 所指的位置上，然后令 i 后移找到一个关键字大于 tmp.key 的元素，将 $R[i]$ 移至 j 所指的位置上。循环结束后 $i=j$，此时所有 $R[k](k=s, s+1, \cdots, i-1)$ 的关键字不大于 tmp.key 而所有 $R[k](k=i+1, j+2, \cdots, t)$ 的关键字不小于 tmp.key，则可将 tmp 中的元素移至 i 所指位置 $R[i]$，它将无序区 $R[s..t]$ 中的元素分割成 $R[s..i-1]$ 和 $R[i+1..t]$ 两个无序子序列，并将基准元素归位了，如图 9.10 所示。

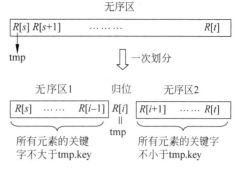

图 9.10　快速排序的一次划分过程

例如，对于关键字序列 (75,87,68,92,88,61,77,96,80,72)，它是无序的，对其进行一次划分的过程如图 9.11 所示，从中看到，划分过程结束后，基准元素 75 归位了，产生了两个无序子序列即 (72,61,68) 和 (88,92,77,96,80,87)。然后对这两个子序列采用类似的排序过程。

【例 9.4】 已知有 10 个待排序的元素，它们的关键字序列为 (75,87,68,92,88,61,77,96,80,72)，给出用快速排序法进行排序的过程。

解 快速排序过程如图 9.12 所示，方括号 [] 中的元素为本次比较的元素，{} 为分成的子序列，带阴影的部分为当前排序序列。

说明：快速排序每趟仅将一个元素归位，在最后一趟排序前整个序列不一定有序。

快速排序算法如下。

```
void QuickSort(SqType R[], int s, int t)    //对 R[s..t]的元素进行递增快速排序
{   int i=s,j=t;
    SqType tmp;
    if (s<t)                                //区间内至少存在两个元素的情况
    {   tmp=R[s];                           //用区间的第 1 个元素作为基准
        while (i!=j)                        //从区间两端交替向中间扫描,直至 i=j 为止
        {   while (j>i && R[j].key>=tmp.key)
                j--;                        //从右向左扫描,找第 1 个关键字小于 tmp.key 的 R[j]
            if(i<j)
            {   R[i]=R[j];                  //将 R[j]前移到 R[i]的位置
                i++;
            }
            while (i<j && R[i].key<=tmp.key)
                i++;                        //从左向右扫描,找第 1 个关键字大于 tmp.key 的元素 R[i]
            if(i<j)
            {   R[j]=R[i];                  //将 R[i]后移到 R[j]的位置
                j--;
            }
        }
        R[i]=tmp;
        QuickSort(R,s,i-1);                 //对左子序列递归排序
        QuickSort(R,i+1,t);                 //对右子序列递归排序
    }
}
```

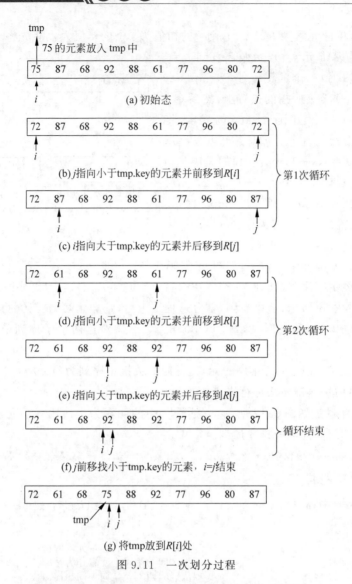

图 9.11 一次划分过程

初始序列:	{[75]	87	68	92	88	61	77	96	80	72}	说明
第1次划分:	{[72]	61	68}	75	{88	92	77	96	80	87}	归位元素75
第2次划分:	{[68]	61}	72	75	{88	92	77	96	80	87}	归位元素72
第3次划分:	61	68	72	75	{[88]	92	77	96	80	87}	归位元素68
第4次划分:	61	68	72	75	{[87]	80	77}	88	{96	92}	归位元素88
第5次划分:	61	68	72	75	{[77]	80}	87	88	{96	92}	归位元素87
第6次划分:	61	68	72	75	77	80	87	88	{[96]	92}	归位元素77
第7次划分:	61	68	72	75	77	80	87	88	92	96	归位元素96
最终结果:	61	68	72	75	77	80	87	88	92	96	

图 9.12 快速排序过程

为了实现例 9.4 的功能,设计如下主函数。

```
int main()
{   SqType R[MaxSize];
    KeyType A[]={75,87,68,92,88,61,77,96,80,72};
    int i,n=10;
    for (i=0;i<n;i++)
        R[i].key=A[i];
    QuickSort(R,0,n-1);
    printf("排序结果:");
    for (i=0;i<n;i++)
        printf("%3d",R[i].key);
    printf("\n");
}
```

算法分析:快速排序的时间主要耗费在划分操作上,对长度为 n 的区间进行划分,共需 $n-1$ 次关键字的比较,时间复杂度为 $O(n)$。

对 n 个元素进行快速排序的过程构成一棵递归树,在这样的递归树中,每一层至多对 n 个元素进行划分,所花时间为 $O(n)$。当初始排序数据正序或反序时,此时的递归树高度为 n,快速排序呈现最坏情况,即最坏情况下的时间复杂度为 $O(n^2)$;当初始排序数据随机分布,使每次分成的两个子序列中的元素个数大致相等,此时的递归树高度约为 $\log_2 n$,快速排序呈现最好情况,即最好情况下的时间复杂度为 $O(n\log_2 n)$。快速排序算法的平均时间复杂度也是 $O(n\log_2 n)$。

快速排序对应的递归树高度平均为 $O(\log_2 n)$,所以其空间复杂度为 $O(\log_2 n)$。另外,快速排序是不稳定的。

归纳起来,快速排序算法的性能如表 9.4 所示。

表 9.4　快速排序算法的性能

时间复杂度			空间复杂度	稳定性
最好情况	最坏情况	平均情况		
$O(n\log_2 n)$	$O(n^2)$	$O(n\log_2 n)$	$O(\log_2 n)$	不稳定

9.4　选　择　排　序

选择排序的基本思路是:每步从待排序的元素中选出关键字最小的元素,按顺序放在已排序的元素序列的最后,直到全部排完为止。本节介绍简单选择排序和堆排序。

9.4.1　简单选择排序

扫一扫
视频讲解

给定一个数组 $a[0..n-1]$,可以通过以下简单算法找出最小元素的下标 mini:

```
int mini=0;
for (i=1;i<n;i++)
    if (a[mini]<a[i]) mini=i;
```

该算法在 n 个元素中通过 $n-1$ 次比较找出最小元素。简单选择排序算法就是利用这种方法,先从 $R[0..n-1]$ 中找出最小关键字的元素 $R[k]$,若 $k\neq 0$,将 $R[0]$ 与 $R[k]$ 交换,这样产生有序区 $\{R[0]\}$;再从 $R[1..n-1]$ 中找出最小关键字的元素 $R[k]$,若 $k\neq 1$,将 $R[1]$ 与 $R[k]$ 交换,……,最后从 $R[n-2..n-1]$(含两个元素)中找出最小关键字的元素 $R[k]$,若 $k\neq n-2$,将 $R[n-2]$ 与 $R[k]$ 交换,余下无序区中只有一个最大的元素,所有数据均有序了,排序过程结束。

和后面介绍的堆排序相比,简单选择排序的每一趟都是直接从无序区中选择一个最小元素,所以简单选择排序也称为直接选择排序。

【例 9.5】 已知有 10 个待排序的元素,它们的关键字序列为 $\{75,87,68,92,88,61,77,96,80,72\}$,给出用简单选择排序法进行排序的过程。

解 简单选择排序过程如图 9.13 所示,图中阴影部分为有序区。

初始序列	75	87	68	92	88	61	77	96	80	72	说　明
$i=0$	61	87	68	92	88	75	77	96	80	72	从 $R[0..9]$ 中选最小元素放到 $R[0]$
$i=1$	61	68	87	92	88	75	77	96	80	72	从 $R[1..9]$ 中选最小元素放到 $R[1]$
$i=2$	61	68	72	92	88	75	77	96	80	87	从 $R[2..9]$ 中选最小元素放到 $R[2]$
$i=3$	61	68	72	75	88	92	77	96	80	87	从 $R[3..9]$ 中选最小元素放到 $R[3]$
$i=4$	61	68	72	75	77	92	88	96	80	87	从 $R[4..9]$ 中选最小元素放到 $R[4]$
$i=5$	61	68	72	75	77	80	88	96	92	87	从 $R[5..9]$ 中选最小元素放到 $R[5]$
$i=6$	61	68	72	75	77	80	87	96	92	88	从 $R[6..9]$ 中选最小元素放到 $R[6]$
$i=7$	61	68	72	75	77	80	87	88	92	96	从 $R[7..9]$ 中选最小元素放到 $R[7]$
$i=8$	61	68	72	75	77	80	87	88	92	96	从 $R[8..9]$ 中选最小元素放到 $R[8]$
最后结果	61	68	72	75	77	80	87	88	92	96	

图 9.13　简单选择排序过程

说明：简单选择排序每趟产生的有序区一定是全局有序区,也就是说每趟产生的有序区中所有元素都归位了。

简单选择排序算法如下。

```
void SelectSort(SqType R[],int n)        //对 R[0..n-1]元素进行递增简单选择排序
{   int i,j,k;
    SqType tmp;
    for (i=0;i<n-1;i++)
    {   k=i;
        for (j=i+1;j<n;j++)
        {   if (R[j].key<R[k].key)
                k=j;                      //用 k 指出每趟在无序区中的最小元素
        }
        if (k!=i)
        {   tmp=R[i];                      //将 R[k]与 R[i]交换
```

```
                R[i]=R[k]; R[k]=tmp;
            }
        }
    }
```

为了实现例 9.5 的功能，设计如下主函数。

```
int main()
{   SqType R[MaxSize];
    KeyType A[]={75,87,68,92,88,61,77,96,80,72};
    int i,n=10;
    for (i=0;i<n;i++)
        R[i].key=A[i];
    SelectSort(R,n);
    printf("排序结果:");
    for (i=0;i<n;i++)
        printf("%3d",R[i].key);
    printf("\n");
}
```

算法分析：显然，无论初始数据序列的状态如何，简单选择排序在第 i 趟排序中选出最小关键字的元素，内 for 循环都需做 $n-1-(i+1)+1=n-i-1$ 次比较，因此，总的比较次数为：$C(n)=\sum_{i=0}^{n-2}(n-i+1)=\dfrac{n(n-1)}{2}=O(n^2)$。至于元素的移动次数，当初始顺序表为正序时，移动次数为 0；顺序表初态为反序时，每趟排序均要执行交换操作，所以总的移动次数取最大值 $3(n-1)$。然而，无论元素的初始排列如何，所需进行的关键字比较相同，均为 $\dfrac{n(n-1)}{2}$，因此算法最好情况、最坏情况和平均时间复杂度均为 $O(n^2)$。

另外，简单选择排序算法是一个不稳定的排序方法。

归纳起来，简单选择排序算法的性能如表 9.5 所示。

表 9.5　简单选择排序的性能

时间复杂度			空间复杂度	稳定性
最好情况	最坏情况	平均情况		
$O(n^2)$	$O(n^2)$	$O(n^2)$	$O(1)$	不稳定

9.4.2　堆排序

堆排序是从简单排序算法的基础上改进得到的，也是一趟一趟地从无序区中选择最小（或最大）元素放到有序区中。看看简单排序算法的缺点，第 1 趟从 n 个元素中选最小元素需 $n-1$ 次关键字比较，第 2 趟从 $n-1$ 个元素中选最小元素需 $n-2$ 次关键字比较，……，相邻两趟中关键字比较次数相差不大，都是 $O(n)$ 级的。堆排序的思想是先构造一个含 n 个元素的初始堆，然后每次从中选最小（或最大）元素只需 $O(\log_2 n)$ 次关键字比较，从而大大改进了排序时间效率。

堆排序中涉及堆的概念。第 6 章中介绍过，一棵含有 n 个结点的完全二叉树采用顺序存储结构时，它的所有 n 个元素值正好占用一个一维数组 $R[1..n]$ 的连续 n 个数组元素空

视频讲解

间,反过来,一个含有 n 个元素的序列可以看成是一棵完全二叉树。

对于一个元素序列对应的一棵完全二叉树,如果每个结点的关键字都不小于其孩子结点的关键字,称为**大根堆**。如果每个结点的关键字都不大于其孩子结点的关键字,称为**小根堆**。

这里主要介绍大根堆,显然空树和只有一个结点的二叉树是大根堆。对于非空大根堆,其根结点一定是关键字最大的结点,而且从根结点到某个叶子结点正好构成一个递减的有序序列。

堆排序的第一步就是将一个要排序的元素序列调整为大根堆,即建立初始堆。这是通过调用筛选算法实现的。下面介绍筛选算法的设计过程。

筛选算法是将一棵满足筛选条件的完全二叉树调整为一个大根堆。一棵完全二叉树满足筛选条件是指除根结点外,根结点的左子树和右子树都是大根堆。

如图 9.14 所示是调用一次筛选算法过程,图 9.14(a)是一棵满足筛选条件的完全二叉树,根结点 6 的左子树和右子树都是大根堆,但整个完全二叉树并不是大根堆,调用一次筛选算法的过程是:从根结点 6 开始,找出它左、右孩子中关键字最大的孩子结点 9,将根结点 6 与最大孩子结点 9 进行关键字交换,如图 9.14(b)所示;然后看结点 6,找出它左、右孩子中关键字最大的孩子结点 7,将根结点 6 与最大孩子结点 7 进行关键字交换,如图 9.14(c)所示;此时结点 6 已是叶子结点,筛选过程结束,从中看到它已调整成一个大根堆了。

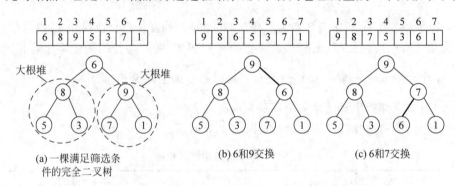

(a) 一棵满足筛选条件的完全二叉树　　(b) 6和9交换　　(c) 6和7交换

图 9.14　一次筛选过程

归纳一下,假设对 $R[low..high]$ 进行堆调整,它是一棵满足筛选条件的完全二叉树,如图 9.15 所示,即以 $R[low]$ 为根结点的左子树和右子树均为堆,其调整堆的算法 Sift() 如下。

```
void Sift(SqType R[ ],int low,int high)      //对 R[low..high]进行堆筛选
{   int i=low,j=2*i;                          //R[j]是 R[i]的左孩子
    SqType tmp=R[i];
    while (j<=high)
    {   if (j<high && R[j].key<R[j+1].key)
            j++;                              //若右孩子较大,把j指向右孩子
        if (tmp.key<R[j].key)
        {   R[i]=R[j];                        //将 R[j]调整到双亲结点位置上
            i=j;                              //修改 i 和 j 值,以便继续向下筛选
            j=2*i;
        }
        else break;                           //已是大根堆,筛选结束
    }
```

```
        R[i]＝tmp;                    //被筛选结点的值放入最终位置
    }
```

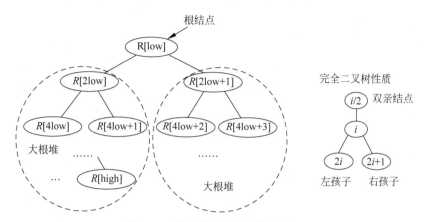

图 9.15　筛选算法建堆的前提条件

　　初始建堆是通过反复调用筛选算法来完成的,即从完全二叉树的最后一个分支结点 $R[i]$(其中 $i=n/2$)开始,将其看作根结点调用算法 $\mathrm{Sift}(R,j,n)$(其中,$j=i,i-1,\cdots,1$),依次将以 $R[i]$,$R[i-1]$,$\cdots$,$R[1]$ 为根的子树调整为堆。

　　例如,对于关键字序列(75,87,68,92,88,61,77,96,80,72),建立初始堆的过程如图 9.16 所示。

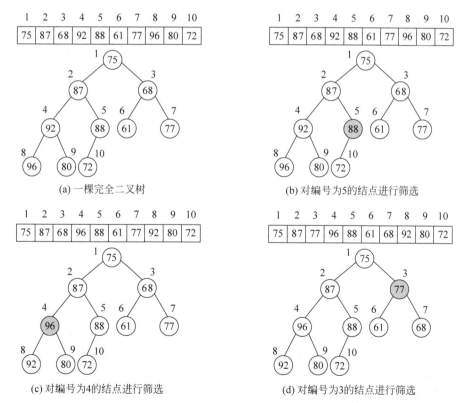

图 9.16　建立初始堆的过程

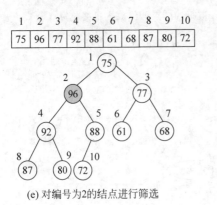

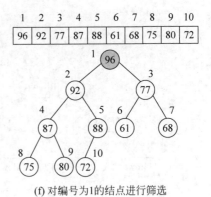

图 9.16 （续）

堆排序的基本思想是：先将 $R[1..n]$ 调整为堆，即建立初始堆（堆中有 n 个元素），$R[1]$ 是最大的元素，交换 $R[1]$ 和 $R[n]$，即将最大元素归位；然后将 $R[1..n-1]$ 从 $R[1]$ 开始调整为堆（堆中有 $n-1$ 个元素），如图 9.17 所示是将图 9.16(f) 的初始堆归位 96 元素并调整为堆的过程，此时 $R[1]$ 是次大的元素，再交换 $R[1]$ 和 $R[n-1]$，即将次大元素归位；如此反复进行，直到只有一个元素，它是最小的元素。到此所有元素都排好序了。

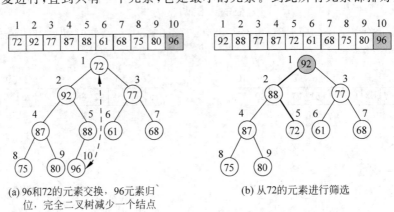

图 9.17 将图 9.16(f) 的初始堆归位 96 元素并调整为堆的过程

【例 9.6】 已知有 10 个待排序的元素，它们的关键字序列为 $(75,87,68,92,88,61,77,96,80,72)$，给出用堆排序法进行排序的过程。

解 元素序列为 $R[1..10]$，堆排序过程如图 9.18 所示，其中阴影部分是有序序列，"$i=8$" 后面列出的是归位 $R[1]$ 后并将前 7 个元素调整为堆的结果。

说明：堆排序每趟产生的有序区一定是全局有序区，也就是说每趟产生的有序区中所有元素都归位了。

堆排序的算法如下。

```
void HeapSort(SqType R[], int n)        //对 R[1..n]进行递增堆排序
{    int i;
     SqType tmp;
     for (i=n/2;i>=1;i--)               //n/2 次循环建立初始堆
        Sift(R,i,n);
```

初始序列	75	87	68	92	88	61	77	96	80	72	说　明
初始堆	96	92	77	87	88	61	68	75	80	72	
$i=10$	72	92	77	87	88	61	68	75	80	96	归位关键字为96的元素
$i=9$	80	88	77	87	72	61	68	75	92	96	归位关键字为92的元素
$i=8$	75	87	77	80	72	61	68	88	92	96	归位关键字为88的元素
$i=7$	68	80	77	75	72	61	87	88	92	96	归位关键字为87的元素
$i=6$	61	75	77	68	72	80	87	88	92	96	归位关键字为80的元素
$i=5$	72	75	61	68	77	80	87	88	92	96	归位关键字为77的元素
$i=4$	68	72	61	75	77	80	87	88	92	96	归位关键字为75的元素
$i=3$	61	68	72	75	77	80	87	88	92	96	归位关键字为72的元素
$i=2$	61	68	72	75	77	80	87	88	92	96	归位关键字为68的元素
最后结果	61	68	72	75	77	80	87	88	92	96	

图 9.18　堆排序过程

```
for (i=n;i>=2;i--)                    //进行 n-1 次循环,完成堆排序
{   tmp=R[1];                         //将 R[1] 和 R[i] 交换
    R[1]=R[i]; R[i]=tmp;
    Sift(R,1,i-1);                    //筛选
}
}
```

为了实现例 9.6 的功能,设计如下主函数。

```
int main()
{   SqType R[MaxSize];
    KeyType A[]={75,87,68,92,88,61,77,96,80,72};
    int i,n=10;
    for (i=0;i<n;i++)                 //关键字存放在 R[1..n]中
        R[i+1].key=A[i];
    HeapSort(R,n);
    printf("排序结果:");
    for (i=1;i<=n;i++)
        printf("%3d",R[i].key);
    printf("\n");
}
```

算法分析:堆排序的时间,主要由建立初始堆和反复重建堆这两部分的时间构成,它们均是通过调用 Sift() 实现的。可以证明,建立初始堆总共进行的关键字比较次数不超过 $4n$,HeapSort() 中对 Sift() 的 $n-1$ 次调用所需的关键字比较总次数为 $O(n\log_2 n)$。而且堆排序与初始序列无关,所以堆排序最好、最坏和平均时间复杂度均为 $O(n\log_2 n)$。由于建初始堆所需的比较次数较多,所以堆排序不适宜于元素数较少的顺序表。

另外,堆排序算法是一种不稳定的排序方法。

归纳起来,堆排序算法的性能如表 9.6 所示。

表 9.6　堆排序的性能

时间复杂度			空间复杂度	稳定性
最好情况	最坏情况	平均情况		
$O(n\log_2 n)$	$O(n\log_2 n)$	$O(n\log_2 n)$	$O(1)$	不稳定

扫一扫

视频讲解

9.5　归并排序 ❋

归并排序的基本思想是:首先将 $R[0..n-1]$ 看成是 n 个长度为 1 的有序表,将相邻的有序子表成对归并,得到 $n/2$ 个长度为 2 的有序子表;然后再将这些有序子表成对归并,得到 $n/4$ 个长度为 4 的有序子表,如此反复进行下去,最后得到一个长度为 n 的有序表。

由于上述归并是在相邻的两个有序子表中进行的,因此,这种排序方法也称为**二路归并排序**。如果归并操作在相邻的多个有序子表中进行,则叫**多路归并排序**。本节讨论的归并排序仅指二路归并排序。

【例 9.7】 已知有 10 个待排序的元素,它们的关键字序列为(75,87,68,92,88,61,77,96,80,72),给出用归并排序法进行排序的过程。

解　归并排序过程如图 9.19 所示。

```
初始序列:    75 87  68 92  88 61  77 96  80 72

第1趟归并:   75 87  68 92  61 88  77 96  72 80

第2趟归并:   68 75 87 92  61 77 88 96  72 80

第3趟归并:   61 68 75 87 88 92 96  72 80

第4趟归并:   61 68 72 75 77 80 87 88 92 96

最终结果:    61 68 72 75 77 80 87 88 92 96
```

图 9.19　归并排序过程

说明:归并排序每趟产生的有序区只是局部有序的,也就是说在最后一趟排序结束前,所有元素并不一定归位了。

先介绍将两个有序子表归并为一个有序子表的算法 Merge()。设两个有序子表存放在同一顺序表中相邻的位置上,即 $R[low..mid]$(有 $mid-low+1$ 个元素),$R[mid+1..high]$(有 $high-mid$ 个元素),先将它们有序合并到一个局部顺序表 $R1[0..high-low]$ 中,在合并完成后将 R_1 复制回 R 中。其归并过程是,循环从两个子表中顺序取出一个元素进行关键字的比较,并将较小者放入 R_1 中,当一个子表元素取完,将另一个子表中余下的部

分直接复制到 R_1 中。这样 R_1 是一个有序表,再将其复制回 R 中。对应的算法如下。

```
void Merge(SqType R[],int low,int mid,int high)
//将 R[low..mid]和 R[mid+1..high]两个相邻的有序表归并为一个有序表 R[low..high]
{   SqType * R1;
    int i=low,j=mid+1,k=0;                           //k 是 R1 的下标,i,j 分别为第 1、2 子表的下标
    R1=(SqType * )malloc((high-low+1) * sizeof(SqType));   //动态分配空间
    while (i<=mid && j<=high)                        //在第 1 子表和第 2 子表均未扫描完时循环
    {   if (R[i].key<=R[j].key)                      //将第 1 子表中的元素放入 R1 中
        {   R1[k]=R[i];
            i++;k++;
        }
        else                                        //将第 2 子表中的元素放入 R1 中
        {   R1[k]=R[j];
            j++;k++;
        }
    }
    while (i<=mid)                                   //将第 1 子表余下部分复制到 R1
    {   R1[k]=R[i];
        i++;k++;
    }
    while (j<=high)                                  //将第 2 子表余下部分复制到 R1
    {   R1[k]=R[j];
        j++;k++;
    }
    for (k=0,i=low;i<=high;k++,i++)
        R[i]=R1[k];                                 //将 R1 复制回 R 中
    free(R1);                                        //释放 R1 所占内存空间
}
```

上述算法的时间复杂度为 $O(high-low+1)$,空间复杂度也为 $O(high-low+1)$。

Merge()实现了一次二路归并,接下来设计 MergePass()算法解决一趟归并问题。在某趟归并中,设各子表长度为 length(最后一个子表的长度可能小于 length),则归并前 $R[0..n-1]$ 中共有 $\left\lceil \dfrac{n}{\text{length}} \right\rceil$ 个有序的子表:$R[0..1\text{length}-1]$,$R[\text{length}..2\text{length}-1]$,…,$R\left[\left(\left\lceil \dfrac{n}{\text{length}} \right\rceil\right)\text{length}..n-1\right]$。调用 Merge()将相邻的一对子表进行归并时,必须对表的个数可能是奇数,以及最后一个子表的长度小于 length 这两种特殊情况进行特殊处理:若子表个数为奇数,则最后一个子表无须和其他子表归并(即本趟轮空);若子表个数为偶数,则还要注意最后一对子表中后一个子表的区间上界是 $n-1$。具体算法如下。

```
void MergePass(SqType R[],int length,int n)         //一趟二路归并排序
{   int i;
    for (i=0;i+2 * length-1<n;i=i+2 * length)        //归并 length 长的两相邻子表
        Merge(R,i,i+length-1,i+2 * length-1);
    if (i+length-1<n)                               //余下两个子表,后者长度小于 length
        Merge(R,i,i+length-1,n-1);                  //归并这两个子表
}
```

二路归并排序算法如下。

```
void MergeSort(SqType R[],int n)                     //二路归并排序算法
```

```
{    int length;
     for (length=1;length<n;length=2*length)
         MergePass(R,length,n);
}
```

为了实现例9.7的功能,设计如下主函数。

```
int main()
{    SqType R[MaxSize];
     KeyType A[]={75,87,68,92,88,61,77,96,80,72};
     int i,n=10;
     for (i=0;i<n;i++)
         R[i].key=A[i];
     MergeSort(R,n);
     printf("排序结果:");
     for (i=0;i<n;i++)
         printf("%3d",R[i].key);
     printf("\n");
}
```

算法分析:对于二路归并排序算法,当有 n 个元素时,需要 $\lceil \log_2 n \rceil$ 趟归并,每一趟归并,其关键字比较次数不超过 $n-1$,元素移动次数都是 n,因此归并排序的时间复杂度为 $O(n \log_2 n)$。

假设 $R[i]$ 和 $R[j]$ 是两个相邻有序表中关键字相同的元素,而且 $i<j$,MergeSort()算法归并这两个有序表时,发现条件 $R[i].key \leq R[j].key$ 满足,就将 $R[i]$ 写入 $R1$ 中,这样就保证了 $R[i]$ 和 $R[j]$ 的相对位置不改变,所以归并排序算法是稳定的。

归纳起来,二路归并排序算法的性能如表9.7所示。

表 9.7　二路归并排序的性能

时间复杂度			空间复杂度	稳定性
最好情况	最坏情况	平均情况		
$O(n \log_2 n)$	$O(n \log_2 n)$	$O(n \log_2 n)$	$O(n)$	稳定

扫一扫

视频讲解

9.6　基 数 排 序

与前面介绍的几种排序方法不同,基数排序不需要关键字比较。它是一种借助于多关键字排序的思想对单关键字排序的方法。根据关键字中各位的值,通过对待排序的 n 个元素进行若干趟"分配"与"收集"来实现排序。

所谓多关键字是指讨论元素中含有多个关键字,元素中的多个关键字分别为 k^1、k^2、$\cdots$、k^r,称 k^1 是第一关键字,k^d 是第 d 关键字。由元素 $R_0,R_1,\cdots,R_{n-1}$ 组成的表称关于关键字 $k^1,k^2,\cdots,k^d$ 有序,当且仅当对每一元素 $R_i \leq R_j$ 有 $(k_i^1,k_i^2,\cdots,k_i^d) \leq (k_j^1,k_j^2,\cdots,k_j^d)$。在 d 元组上定义 $\leq$ 关系如下:$(x_1,x_2,\cdots,x_d) \leq (y_1,y_2,\cdots,y_d)$ 当且仅当①对 $1 \leq j \leq d$,$x_i=y_i$,$1 \leq i<j$ 且 $x_{j+1}<y_{j+1}$ 或者②$x_i=y_i$,$1 \leq i \leq d$。

以扑克牌为例,每张牌含有两个关键字,一个是花色,一个是牌面,两个关键字的序关系定义如下。

k^1 花色：◆＜♣＜♥＜♠

k^2 牌面：2＜3＜4＜5＜6＜7＜8＜9＜10＜J＜Q＜K＜A

根据以上定义，所有牌(除大、小王外)关于花色与牌面两个关键字的排序结果是：

$$2◆,\cdots,A◆,2♣,\cdots,A♣,2♥,\cdots A♥,2♠,\cdots A♠$$

基数排序就是利用多关键字排序思路，只不过将元素中的单个关键字分为多个位，每个位看成一个关键字。

一般地，在基数排序中元素 $R[i]$ 的关键字 $R[i].key$ 是由 d 位数字组成，即 $k^{d-1}k^{d-2}\cdots k^0$，每一个数字表示关键字的一位，其中，k^{d-1} 为最高位，k^0 是最低位，每一位的值都在 $0\leqslant k^i<r$ 范围内，其中，r 称为基数。例如，对于二进制数 r 为 2，对于十进制数 r 为 10。

基数排序有两种：最高位优先(Most Significant Digit first，MSD)和最低位优先(Least Significant Digit first，LSD)。最高位优先的过程是：先按最高位的值对元素进行排序，在此基础上，再按次高位进行排序，以此类推，由高位向低位，每趟都是根据关键字的一位并在前一趟的基础上对所有元素进行排序，直至最低位，则完成了基数排序的整个过程。最低位优先的过程与此相似，只不过是从最低位开始到最高位结束。

以 r 为基数的最高位优先排序的过程是：假设线性表由结点序列 $a_1,a_2,\cdots,a_n$ 构成，每个结点 a_j 的关键字由 d 元组 $(k_j^{d-1},k_j^{d-2},\cdots,k_j^1,k_j^0)$ 组成，其中，$0\leqslant k_j^i\leqslant r-1(0\leqslant j<n,0\leqslant i\leqslant d-1)$。在排序过程中，使用 r 个队列 $Q_0,Q_1,\cdots,Q_{r-1}$。排序过程如下。

对 $i=d-1,d-2,\cdots,1,0$(从高位到低位)，依次做一次"分配"和"收集"(其实就是一次稳定的排序过程)。

分配： 开始时，把 $Q_0,Q_1,\cdots,Q_{r-1}$ 各个队列置成空队列，然后依次考察线性表中的每一个结点 $a_j(j=1,2,\cdots,n)$，如果 a_j 的关键字 $k_j^i=k$，就把 a_j 插入 Q_k 队列中。

收集： 将 $Q_0,Q_1,\cdots,Q_{r-1}$ 各个队列中的结点依次首尾相接，得到新的结点序列，从而组成新的线性表。

【例9.8】 已知有 10 个待排序的元素，它们的关键字序列为(75,87,68,92,88,61,77,96,80,72)，给出用基数排序法进行排序的过程。

解 基数排序过程如图 9.20 所示，由于是十进制数即 $r=10$，所以需要 10 个队列；由于每个关键字只有两位，所以只需两趟排序，每趟排序都要一次分配和一次收集；一个十进制两位数中，十位数权重更大，所以采用从个位到十位(从低位到高位)的排序过程。

说明： 基数排序每趟并不产生有序区，也就是说在最后一趟排序结束前，所有元素并不一定归位了。

在基数排序中，元素需要收集和分配的频繁移动，而链表更适合于这种操作，为此将待排序的数据序列存放在以 h 为首结点指针的单链表中，另外为了取关键字中某一位简单，将整数关键字转换成一个数字串存放到一个字符数组中，这样该单键表中结点类型 RadixNode 声明如下。

```
typedef struct rnode
{   char key[MAXD];                        //存放关键字
    ElemType data;                         //存放其他数据
    struct rnode * next;
} RadixNode;                               //单链表结点类型
```

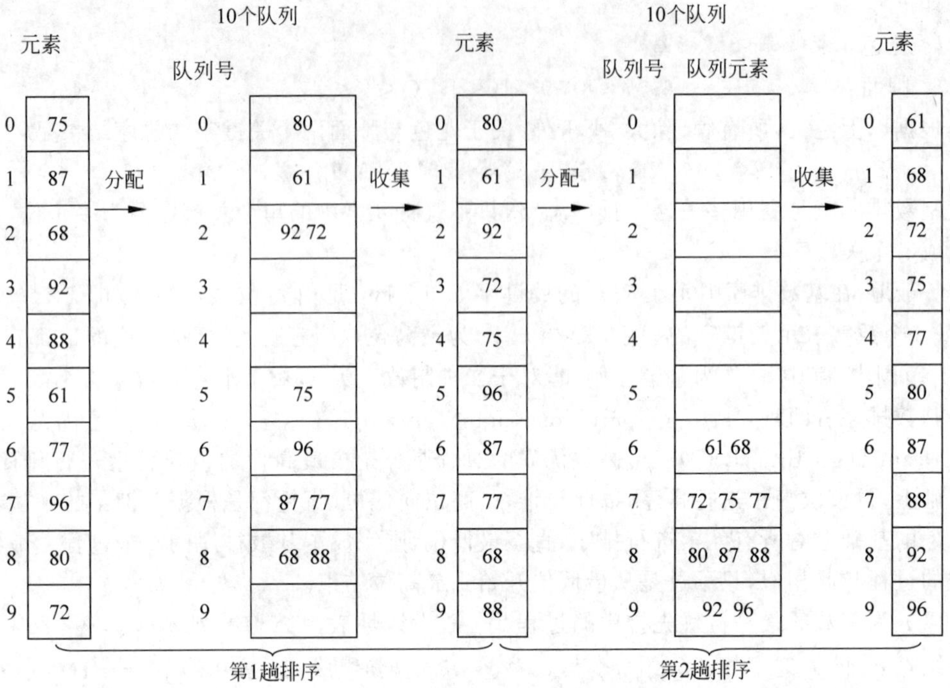

图 9.20　基数排序过程

其中,key 域存放关键字,它是一个字符数组,key[0..MAXD−1]依次存放关键字的各位位对应的字符。

为了实现完整的基数排序算法,设计如下建立、销毁和输出不带头结点单链表的基本运算算法。

```
void CreateSLink(RadixNode * &h,char * A[],int n)      //建立不带头结点的单链表 h
{   int i;
    RadixNode * p, * tc;
    h=(RadixNode * )malloc(sizeof(RadixNode));
    strcpy(h->key,A[0]);
    tc=h;
    for (i=1;i<n;i++)
    {   p=(RadixNode * )malloc(sizeof(RadixNode));
        strcpy(p->key,A[i]);
        tc->next=p;
        tc=p;
    }
    tc->next=NULL;
}
void DestroySLink(RadixNode * &h)                      //销毁不带头结点的单链表 h
{   RadixNode * pre=h, * p=pre->next;
    while (p!=NULL)
    {   free(pre);
        pre=p;
        p=p->next;
    }
    free(pre);
```

```
}
void DispLink(RadixNode * h)                          //输出不带头结点的单链表 h
{   RadixNode * p=h;
    while (p!=NULL)
    {   printf("%s ",p->key);
        p=p->next;
    }
    printf("\n");
}
```

如下基数排序算法 RadixSort1 实现以 r 为基数的 MSD 排序方法。其中,参数 p 为存放待排序序列的不带头结点的单链表第一个结点,d 为关键字位数。

```
void RadixSort1(RadixNode * &h,int d,int r)           //最高位优先基数排序算法
//实现基数排序:h 为待排序数列单链表指针,r 为基数,d 为关键字位数
{   RadixNode * head[MAXR];                            //建立链队队头数组
    RadixNode * tail[MAXR];                            //建立链队队尾数组
    RadixNode * p, * tc;
    int i,j,k;
    for (i=d-1;i>=0;i--)                               //从高位到低位循环
    {   for (j=0;j<r;j++)                              //初始化各链队首、尾指针
            head[j]=tail[j]=NULL;
        p=h;
        while (p!=NULL)                                //分配:对于原链表中每个结点循环
        {   k=p->key[i]-'0';                           //找第 k 个链队
            if (head[k]==NULL)                         //第 k 个链队空时
                head[k]=tail[k]=p;                     //队头队尾均指向 p 结点
            else
            {   tail[k]->next=p;                       //第 k 个链队非空时,p 结点入队
                tail[k]=p;
            }
            p=p->next;                                 //取下一个待排序的元素
        }
        h=NULL;                                        //重新用 h 来收集所有结点
        for (j=0;j<r;j++)                              //收集:对于每一个链队循环
        {   if (head[j]!=NULL)                         //若第 j 个链队是第一个非空链队
            {   if (h==NULL)
                {   h=head[j];
                    tc=tail[j];
                }
                else                                   //若第 j 个链队是其他非空链队
                {   tc->next=head[j];
                    tc=tail[j];
                }
            }
        }
        tc->next=NULL;                                 //尾结点的 next 域置 NULL
        printf("i=%d 排序结果: ",i); DispLink(h);
    }
}
```

为了实现例 9.8 的功能,设计如下主函数(其中整数转换为字符数组时,最高位变成了最低位,最低位变成了最高位,因而采用最高位优先基数排序)。

```
int main()
{   char * A[]={"75","87","68","92","88","61","77","96","80","72"};
    int n=10;
    RadixNode * h;
    CreateSLink(h,A,n);
    printf("初始序列：  "); DispLink(h);
    RadixSort1(h,2,10);
    printf("排序结果：  "); DispLink(h);
    DestroySLink(h);
}
```

上述程序的执行结果如下。

初始序列：　　75 87 68 92 88 61 77 96 80 72

i=1 排序结果：80 61 92 72 75 96 87 77 68 88　　　　　//按个位数递增排序

i=0 排序结果：61 68 72 75 77 80 87 88 92 96　　　　　//按十位数递增排序

排序结果：　　61 68 72 75 77 80 87 88 92 96

最低位优先基数排序算法 RadixSort2()与此相似,只需将上面的 for (i=d−1;i>=0; i−−)改为 for(i=0;i<d;i++)即可。

算法分析：基数排序的执行时间不仅与线性表长度 n 有关,而且与关键字的位数 d、关键字的基数 r(对于十进制数,$r=10$)有关。一趟分配所需时间为 $O(n)$,一趟收集所需时间为 $O(r)$,因总共进行了 d 趟分配与收集,所以总的执行时间为 $O(d(n+r))$。

基数排序是稳定的,队列的先进先出特性保证了这一点。

归纳起来,基数排序算法的性能如表 9.8 所示。

表 9.8　基数排序的性能

时间复杂度			空间复杂度	稳定性
最好情况	最坏情况	平均情况		
$O(d(n+r))$	$O(d(n+r))$	$O(d(n+r))$	$O(r)$	稳定

9.7　外　排　序

扫一扫

视频讲解

前面介绍的内排序方法是针对数据量较小的情况,排序前数据已全部被读入内存。对于文件来说,由于数据量较大,排序前不可能将数据全部读入内存,排序过程中不仅要用到内存而且要用到外存。这种内外存并用的排序方法称为外排序。

外排序的基本方法是归并排序法,它主要分为以下两个步骤。

(1) 生成若干初始归并段(顺串)：常规方法是将一个文件(含待排序的数据)中的数据分段读入内存,在内存中对其进行内排序,并将经过排序的数据段(有序段)写到多个外存文件上。

(2) 多路归并：对这些初始归并段进行多遍归并,使得有序的归并段逐渐扩大,最后在外存上形成整个文件的单一归并段,也就完成了这个文件的外排序。

文件归并排序的具体实现与外存储器的特性有关,这里主要介绍磁盘文件的归并排序方法。

9.7.1　磁盘排序过程

磁盘排序过程如图 9.21 所示,磁盘中的 F_{in} 文件包括待排序的全部数据,根据内存大小采用相关算法将 F_{in} 文件中数据一部分一部分地调入内存(每个元素被读一次)排序,产生若干个文件 $F_1 \sim F_n$ (每个元素被写一次),它们都是有序的,称为**顺串**。然后再次将 $F_1 \sim F_n$ 文件中的元素调入内存(每个元素被读一次),通过相关归并算法产生一个有序 F_{out} 文件(每个元素被写一次),从而达到数据排序的目的。

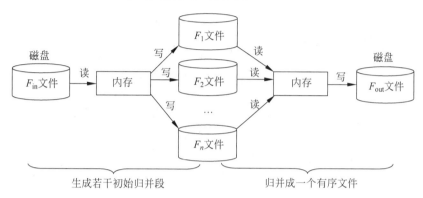

图 9.21　磁盘排序过程

下面通过一个例子来说明磁盘排序过程。设有一个文件 F_{in},内含 4500 个元素:R_1, $R_2,\cdots,R_{4500}$,现在要对该文件进行排序,但内存空间至多只能对 $w=750$ 个元素进行排序,并假设磁盘每次读写单位为 250 个元素的数据块(即一个物理块对应 250 个逻辑元素,称为页块)。其排序过程如下。

(1) 生成初始归并段:每次读三个数据块(750 个元素)进行内排序(由于内存中可以放下这些数据,可以采用某种内排序方法),整个文件得到 6 个归并段 $F_1 \sim F_6$ (即初始归并段),把这 6 个归并段存放到磁盘上。

(2) 二路归并:将内存工作区分为三块,每块可容纳 250 个元素。把其中两块作为输入缓冲区,另一块作为输出缓冲区。先对归并段 F_1 和 F_2 进行归并,为此,可把这两个归并段中每一个归并段的第一个页块(250 个元素)读入输入缓冲区。再把输入缓冲区的这两个归并段的页块加以归并(采用内排序的二路归并过程),送入输出缓冲区。当输出缓冲区满时,就把它写入磁盘;当一个输入缓冲区腾空时,便把同一归并段中的下一页块读入,这样不断进行,直到归并段 F_1 与归并段 F_2 的归并完成为止(将其结果存放在 F_7 文件中)。在 F_1 和 F_2 归并完成之后,再归并 F_3 和 F_4 (将其结果存放在 F_8 文件中),最后归并 F_5 和 F_6 (将其结果存放在 F_9 文件中)。

到此为止,归并过程已对整个文件的所有元素扫描一遍。扫描一遍意味着文件中每一个元素被读写一次(即从磁盘上读入内存一次,并从内存写到磁盘一次),并在内存中参加一次归并。这一遍扫描所产生的结果为三个归并段 $F_7 \sim F_9$,每个段含 6 个页块,合 1500 个元素。再用上述方法把其中 F_7 和 F_8 两个归并段归并起来(将其结果存放在 F_{10} 文件中,其大小为 3000 个元素的归并段);最后将 F_{10} 和 F_9 两个归并段进行归并,从而得到所求的排序文件 F_{out}。如图 9.22 所示显示了这个归并过程。

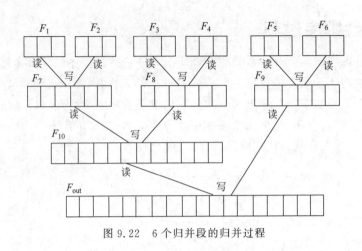

图 9.22　6 个归并段的归并过程

在外排序过程中,读写元素的次数对整个外排序所花时间起着关键的作用。前面的示例中,无序文件 F_{in} 中有 4500 个元素,最后产生含有同样个数元素的有序文件 F_{out},除了在内排序形成初始归并段时需做一遍扫描外,图 9.22 对应的归并过程需要总的读写元素次数为:

$$[(750+750+750+750)\times 3+(750+750)\times 2]\times 2 = 24\,000$$

其中读元素次数为一半即 12 000 次,相当于对初始的 4500 个元素进行 $2\frac{2}{3}$ 遍扫描。因此,提高外排序速度很重要的方法是减少总的读写元素次数。

视频讲解

9.7.2　生成初始归并段

采用常规内排序方法,可以实现初始归并段的生成,但所生成的归并段的大小正好等于一次能放入内存中的元素个数,这样做显然存在局限性。这里介绍一种置换—选择排序算法用于生成长度较大的初始归并段。

采用置换—选择排序算法生成初始归并段时,内排序基于选择排序,即从若干个元素中通过关键字比较选择一个最小的元素,同时在此过程中伴随元素的输入和输出,最后生成若干个长度可能各不相同的有序文件即初始归并段。基本步骤如下。

(1) 从待排序文件 F_{in} 中按内存工作区 WA 的容量(设为 w)读入 w 个元素。设当前初始归并段编号 $i=1$。

(2) 从 WA 中选出关键字最小的元素 R_{min}。

(3) 将 R_{min} 元素输出到文件 F_i(F_i 为产生的第 i 个初始归并段)中,作为当前初始归并段的一个元素。

(4) 若 F_{in} 不空,则从 F_{in} 中读入下一个元素到 WA 中替代刚输出的元素。

(5) 在 WA 工作区中所有大于或等于 R_{min} 的元素中选择出最小元素作为新的 R_{min},转(3),直到选不出这样的 R_{min}。

(6) 置 $i=i+1$,开始下一个初始归并段。

(7) 若 WA 工作区已空,则所有初始归并段已全部产生;否则转(2)。

【例 9.9】　设某个磁盘文件中共有 18 个元素,各元素的关键字分别为(15,4,97,64,17,32,108,44,76,9,39,82,56,31,80,73,255,68),若内存工作区可容纳 5 个元素,用置换—选择排序算法可产生几个初始归并段？每个初始归并段包含哪些元素？

解 初始归并段的生成过程如表 9.9 所示。共产生两个初始归并段,归并段 F_1 为(4,15,17,32,44,64,76,82,97,108),归并段 F_2 为(9,31,39,56,68,73,80,255)。

表 9.9 初始归并段的生成过程

读 入 元 素	内存工作区状态	R_{min}	输出之后的初始归并段状态
15,4,97,64,17	15,4,97,64,17	4($i=1$)	初始归并段 1:{4}
32	15,32,97,64,17	15($i=1$)	初始归并段 1:{4,15}
108	108,32,97,64,17	17($i=1$)	初始归并段 1:{4,15,17}
44	108,32,97,64,44	32($i=1$)	初始归并段 1:{4,15,17,32}
76	108,76,97,64,44	44($i=1$)	初始归并段 1:{4,15,17,32,44}
9	108,76,97,64,9	64($i=1$)	初始归并段 1:{4,15,17,32,44,64}
39	108,76,97,39,9	76($i=1$)	初始归并段 1:{4,15,17,32,44,64,76}
82	108,82,97,39,9	82($i=1$)	初始归并段 1:{4,15,17,32,44,64,76,82}
56	108,56,97,39,9	97($i=1$)	初始归并段 1:{4,15,17,32,44,64,76,82,97}
31	108,56,31,39,9	108($i=1$)	初始归并段 1:{4,15,17,32,44,64,76,82,97,108}
80	80,56,31,39,9	9(没有大于或等于 108 的元素,$i=2$)	初始归并段 2:{9}
73	80,56,31,39,9	31($i=2$)	初始归并段 2:{9,31}
255	80,56,255,39,73	39($i=2$)	初始归并段 2:{9,31,39}
68	80,56,255,68,73	56($i=2$)	初始归并段 2:{9,31,39,56}
	80,,255,68,73	68($i=2$)	初始归并段 2:{9,31,39,56,68}
	80,,255,,73	73($i=2$)	初始归并段 2:{9,31,39,56,68,73}
	80,,255,,	80($i=2$)	初始归并段 2:{9,31,39,56,68,73,80}
	,,255,,	255($i=2$)	初始归并段 2:{9,31,39,56,68,73,80,255}

置换—选择排序算法所生成的初始归并段的长度既与内存工作区的大小有关,也与输入文件中元素的排列次序有关。如果输入文件中的元素按其关键字随机排列时,则所得到的初始归并段的平均长度为内存工作区大小的 2 倍。

9.7.3 多路平衡归并

1. k 路平衡归并的效率分析

如图 9.22 所示的归并过程基本上是二路平衡归并的算法。一般来说,如果初始归并段有 m 个,那么二路平衡归并树就有 $\lceil \log_2 m \rceil + 1$ 层,需要对数据进行 $\lceil \log_2 m \rceil$ 遍扫描。做类似的推广,采用 $k(k>2)$ 路平衡归并时,则相应的归并树有 $\lceil \log_k m \rceil + 1$ 层,要对数据进行 $s = \lceil \log_k m \rceil$ 遍扫描,显然,k 越大,磁盘读写次数越少。那么是不是 k 越大,归并的效率就越好呢？

在进行内部归并时,在 k 个元素中选择最小者,需要进行 $k-1$ 次关键字比较。每趟归并 u 个元素,共需要做 $(u-1) \times (k-1)$ 次关键字比较,则 s 趟归并总共需要的关键字比较次数为:

$$s \times (u-1) \times (k-1) = \lceil \log_k m \rceil \times (u-1) \times (k-1)$$
$$= \lceil \log_2 m \rceil \times (u-1) \times (k-1) / \lceil \log_2 k \rceil$$

扫一扫

视频讲解

当初始归并段个数 m 和元素个数 u 一定时,其中的 $\lceil \log_2 m \rceil \times (u-1)$ 是常量,而 $(k-1)/\lceil \log_2 k \rceil$ 在 k 无限增大时趋于 ∞。因此增大归并路数 k,会使内部归并的时间增大。若 k 增大到一定的程度,就会抵消掉由于减少磁盘读写次数而赢得的时间。也就是说,在 k 路平衡归并中,其效率并非 k 越大,归并的效率就越好。

2. 利用败者树实现 k 路平衡归并

利用败者树实现 k 路平衡归并的过程是,先建立败者树,然后对 k 个初始归并段进行 k 路平衡归并。其中败者树用于连续地从 k 个元素中找关键字最小的元素,并且会提高效率。

败者树是一棵有 k 个叶子结点的完全二叉树(相应地,可将前面介绍的大根堆称为胜者树),其中,叶子结点存储要归并的元素,分支结点存放关键字对应的段号。所谓败者是两个元素比较时关键字较大者,胜者是两个元素比较时关键字较小者。建立败者树是采用类似于堆调整的方法实现的,其初始时令所有的分支结点指向一个含最小关键字(MINKEY)的叶子结点,然后从各叶子结点出发调整分支结点为新的败者即可。

对 k 个初始归并段(有序段)进行 k 路平衡归并的方法如下。

(1) 取每个输入有序段的第一个元素作为败者树的叶子结点,建立初始败者树:两两叶子结点进行比较,在双亲结点中存放比赛的败者(关键字较大者),让胜者去参加更高一层的比赛,如此在根结点之上胜出的"冠军"是关键字最小者。

(2) 最后胜出的元素写至输出归并段,在对应的叶子结点处,补充该输入有序段的下一个元素,若该有序段变空,则补充一个大关键字(比所有元素关键字都大,设为 $k_{\max}$,通常用 ∞ 表示)的虚元素。

(3) 调整败者树,选择新的关键字最小的元素:从补充元素的叶子结点向上和双亲结点的关键字比较,败者留在该双亲结点,胜者继续向上,直至树的根结点,最后将胜者放在根结点的双亲结点中。

(4) 若胜出的元素关键字等于 $k_{\max}$,则归并结束;否则转(2)继续。

【例 9.10】 设有 5 个初始归并段,它们中各元素的关键字分别是:

$F_0:\{17,21,\infty\}$　$F_1:\{5,44,\infty\}$　$F_2:\{10,12,\infty\}$　$F_3:\{29,32,\infty\}$　$F_4:\{15,56,\infty\}$

其中,∞ 是段结束标志。说明利用败者树进行 5 路平衡归并排序的过程。

解 这里 $k=5$,其初始归并段的段号分别为 $0 \sim 4$(与 $F_0 \sim F_4$ 相对应)。先构造含有 5 个叶子结点的败者树,由于败者树中不存在单分支结点,所以其中有 4 个分支结点,再加上一个冠军结点(用于存放最小关键字的段号)。用 $ls[0]$ 存放冠军结点,$ls[1] \sim ls[4]$ 存放分支结点,$b_0 \sim b_4$ 存放叶子结点。初始时 $ls[0] \sim ls[4]$ 分别取 5(对应的 F_5 是虚拟段,只含一个最小关键字 MINKEY 即 $-\infty$),$b_0 \sim b_4$ 分别取 $F_0 \sim F_4$ 中的第一个元素,如图 9.23(a)所示。为了方便,图 9.23 中每个分支结点中除了段号外,另加有相应的关键字。

然后从 b_4 到 b_0 进行调整建立败者树,过程如下。

(1) 调整 b_4,先置胜者 s(关键字最小者)为 4,$t=(s+5)/2=4$,将 $b[s].key(15)$ 和 $b[ls[t].key(b[ls[4].key]=-\infty)$ 进行比较,胜者 $s=ls[t]=5$,将败者"4(15)"放在 $ls[4]$ 中,$t=t/2=2$;将 $ls[s].key(-\infty)$ 与双亲结点 $ls[t].key(-\infty)$ 进行比较,胜者仍为 $s=5$,$t=t/2=1$;将 $ls[s].key(-\infty)$ 与双亲结点 $ls[t].key(-\infty)$ 进行比较,胜者仍为 $s=5$,$t=t/2=0$。最后置 $ls[0]=s(-\infty)$。其结果如图 9.23(b)所示。实际上就是从 b_4 到 $ls[1]$

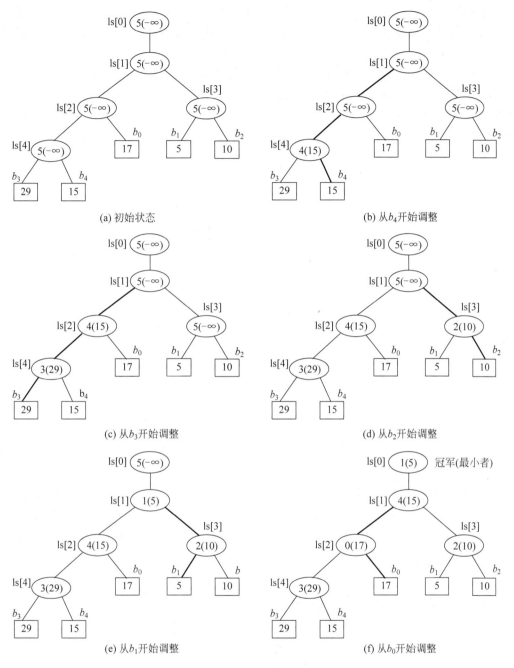

(a) 初始状态 (b) 从 b_4 开始调整

(c) 从 b_3 开始调整 (d) 从 b_2 开始调整

(e) 从 b_1 开始调整 (f) 从 b_0 开始调整

图 9.23 建立败者树的过程

（图 9.23(b) 中的粗线部分）进行调整,将最小关键字的段号放在 $ls[0]$ 中。

（2）调整 b_3 到 b_0 的过程与此类似,它们调整后得到的结果分别如图 9.23(c)~图 9.23(f) 所示。

当败者树建立好后,可以利用 5 路归并产生有序序列,其中主要的操作是从 5 个关键字中找出最小关键字并确定其所在的段号。这对败者树来说十分容易实现。先从初始败者树中输出 $ls[0]$ 的当前元素,即 1 号段的关键字为 5 的元素,然后进行调整。调整的过程是:

将所进入树的叶子结点与双亲结点进行比较,较大者(败者)存放到双亲结点中,较小者(胜者)与上一级的祖先结点再进行比较,此过程不断进行一直到根结点,最后把新的全局优胜者写至输出归并段。

对于本例,将 1(5) 即 1 号段中关键字为 5 的元素写至输出归并段后,在 F_1 中补充下一个元素(关键字为 44),调整败者树,调整过程是:将 1(44) 与 2(10) 进行比较,产生败者 1(44),放在 ls[3] 中,胜者为 2(10);将 2(10) 与 4(15) 进行比较,产生败者 4(15),胜者为 2(10);最后将胜者 2(10) 放在 ls[0] 中。只经过两次比较产生新的关键字最小的元素 2(10),如图 9.24 所示,其中粗线部分为调整路径。

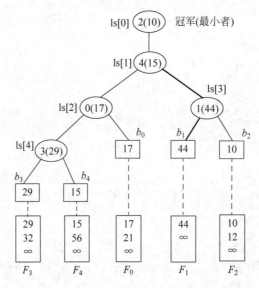

图 9.24　重构后的败者树(粗线部分结点发生改变)

说明:在 9.7.2 节的置换—选择排序算法中第(2)步从 WA 中选出关键字最小的元素时也可以使用败者树方法以提高算法效率。

从本例看到,k 路平衡归并的败者树的深度为 $\lceil \log_2 k \rceil + 1$[①],在每次调整找下一个具有最小关键字元素时,仅需要做 $\lceil \log_2 k \rceil$ 次关键字比较。

因此,若初始归并段为 m 个,利用败者树在 k 个元素中选择最小者只需要进行 $\lceil \log_2 k \rceil$ 次关键字比较,则 $s = \lceil \log_k m \rceil$ 趟归并总共需要的关键字比较次数为:

$$s \times (u-1) \times \lceil \log_2 k \rceil = \lceil \log_k m \rceil \times (u-1) \times \lceil \log_2 k \rceil$$
$$= \lceil \log_2 m \rceil \times (u-1) \times \lceil \log_2 k \rceil / \lceil \log_2 k \rceil$$
$$= \lceil \log_2 m \rceil \times (u-1)$$

这样,关键字比较次数与 k 无关,总的内部归并时间不会随 k 的增大而增大。但 k 越大,归并树的深度越小,读写磁盘的次数也越少。因此,当采用败者树实现多路平衡归并时,只要内存空间允许,增大归并路数 k,可有效地减少归并树的深度,从而减少读写磁盘次数,提高外排序的速度。

---

① k 路平衡归并败者树是一个含有 k 个叶子结点且没有单分支结点的完全二叉树,$n_2 = n_0 - 1 = k-1$,$n = n_0 + n_1 + n_2 = 2k-1$,$h = \lceil \log_2(n+1) \rceil = \lceil \log_2(2k) \rceil = \lceil \log_2 k \rceil + 1$。

9.7.4　最佳归并树

由于采用置换—选择排序算法生成的初始归并段长度不等,在进行逐趟 k 路归并时对归并段的组合不同,会导致归并过程中对外存的读/写次数不同。为提高归并的时间效率,有必要对各归并段进行合理的搭配组合。按照最佳归并树的设计可以使归并过程中对外存的读写次数最少。

归并树是描述归并过程的 k 次树。因为每一次做 k 路归并都需要有 k 个归并段参加,因此,归并树是只包含度为 0 和度为 k 的结点的标准 k 次树。下面看一个例子。设有 13 个长度不等的初始归并段,其长度(元素个数)分别为 0、0、1、3、5、7、9、13、16、20、24、30、38。其中长度为 0 的是空归并段即虚段。假设对它们进行三路归并时的归并树如图 9.25 所示。

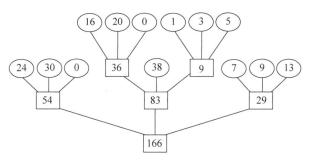

图 9.25　一棵三路归并树

此归并树的带权路径长度为:WPL$=(24+30+38+7+9+13)\times2+(16+20+1+3+5)\times3=377$。

因为在归并树中,各叶子结点代表参加归并的各初始归并段,叶子结点上的权值即为该初始归并段中的元素个数,根结点代表最终生成的归并段,叶子结点到根结点的路径长度表示在归并过程中的读元素次数,各非叶子结点代表归并出来的新归并段,则归并树的带权路径长度 WPL 即为归并过程中的总读元素数。因而,在归并过程中总的读写元素次数为 $2\times$WPL$=754$。

不同的归并方案所对应的归并树的带权路径长度各不相同,为了使得总的读写次数达到最少,需要改变归并方案,重新组织归并树,使其路径长度 WPL 尽可能的短。所有归并树中最小带权路径长度 WPL 的归并树称为**最佳归并树**。为此,可将哈夫曼树的思想扩充到 k 次树的情形。在归并树中,让元素个数少的初始归并段最先归并,元素个数多的初始归并段最晚归并,就可以建立总的读写次数达到最少的最佳归并树。

例如,假设有 11 个初始归并段,其长度(元素个数)分别为 1、3、5、7、9、13、16、20、24、30、38,做三路归并。为使归并树成为一棵正则三次树(只有度为 3 的结点和叶子结点),可能需要增加一些虚段(长度为 0 的归并段)。

设参加归并的初始归并段有 m 个,做 k 路平衡归并。因为归并树是只度为 0 和度为 k 的结点的正则 k 次树,设度为 0 的结点有 m_0 个($m_0=m$,因为初始归并段有 m 个,对应归并树的叶子结点就有 m 个),度为 k 的结点有 m_k 个,则有 $m_0=(k-1)m_k+1$。因此,可以得出 $m_k=(m_0-1)/(k-1)$。如果该除式能整除,即 $(m_0-1)\bmod(k-1)=0$,则说明这 m_0 个叶子结点(即初始归并段)正好可以构造 k 次归并树,不需加虚段。此时,内部结点有 m_k 个。如果 $(m_0-1)\bmod(k-1)=u\neq0$,则对于这 m_0 个叶子结点,其中的 u 个不足以参加 k

路归并。为此采用增加若干虚段的方法,通过计算,只需增加 $k-u-1$ 个虚段就可以建立归并树了。

因此,最佳归并树是带权路径长度最短的 k 次(阶)哈夫曼树,构造 m 个初始归并段的最佳归并树的步骤如下。

(1) 若 $(m-1) \bmod (k-1) \neq 0$,则需附加 $(k-1)-(m-1) \bmod (k-1)$ 个长度为 0 的虚段,以使每次归并都可以对应 k 个段进行归并。

(2) 按照哈夫曼树的构造原则(权值越小的结点离根结点越远,权值越大的结点离根结点越近,在这里权值指的是归并段中的元素个数)构造最佳归并树。

在前面的例子中,$m=11$,$k=3$,$(11-1) \bmod (3-1)=0$,可以不加空归并段,直接进行三路归并,如图 9.26 所示。

它的带权路径长度:$\mathrm{WPL}=38 \times 1+(13+16+20+24+30) \times 2+(7+9) \times 3+(1+3+5) \times 4=328$,则总的元素读写次数为 656 次,显然优于图 9.25 的归并过程。

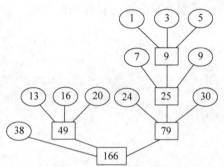

图 9.26　构造三路归并树的过程

【例 9.11】 设文件经预处理后,得到长度分别为 49、9、35、18、4、12、23、7、21、14 和 26 的 11 个初始归并段,试为 4 路归并设计一个读写文件次数最少的归并方案。

解 这里初始归并段的个数 $m=11$,归并路数 $k=4$,由于 $(m-1) \bmod (k-1)=1$,不为 0,因此需附加 $(k-1)-(m-1) \bmod (k-1)=2$ 个长度为 0 的虚段。按元素个数递增排序为 $(0,0,4,7,9,12,14,18,21,23,26,35,49)$ 构造 4 阶哈夫曼树,如图 9.27 所示。

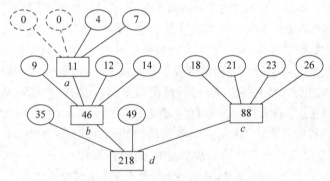

图 9.27　一棵 4 路最佳归并树

该最佳归并树给出了读写文件次数最少的归并方案。对于例 9.11 对应的归并步骤如下。

(1) 第 1 次将长度为 4 和 7 的初始归并段(另增加两个虚段)归并为长度为 11 的有序段 a。

(2) 第 2 次将长度为 9、12 和 14 的初始归并段以及有序段 a 归并为长度为 46 的有序段 b。

(3) 第 3 次将长度为 18、21、23 和 26 的初始归并段归并为长度为 88 的有序段 c。

(4) 第 4 次将长度为 35 和 49 的初始归并段以及有序段 b、c 归并为元素长度为 218 的有序文件整体 d。共需 4 次归并。

若每个元素占用一个物理页块,则此方案对外存的读写次数为:

$2×[(4+7)×3+(9+12+14+18+21+23+26)×2+(35+49)×1]=726$ 次

归纳起来,对于含有若干个无序元素的 F_{in} 文件,一个最佳的磁盘排序过程如下。

(1) 采用置换—选择排序算法生成 m 个初始归并段,并求出每个初始归并段中包含的元素个数。

(2) 根据内存大小和 m 值,尽可能选择较大的归并路数 k,并构造出最佳归并树。

(3) 按照最佳归并树的方案实施归并产生一个有序文件 F_{out}。

从以上看出,在磁盘排序中,k 路平衡归并是按照归并树的层次,从上向下、同一层从左向右的顺序进行归并的,而最佳归并树的归并步骤是按归并段长度越短越优先的进行归并的。当所有初始归并段的长度相同时,两种归并方式的效果相同。所以有以下结论。

(1) 当第一个阶段产生的初始归并段的长度相同时,第二个阶段可以采用 k 路平衡归并,也可以采用最佳归并树的步骤进行归并。如果初始归并段的长度不相同时,采用最佳归并树的步骤进行归并,这样会减少内存和外存数据交换时间。

(2) 在 k 路归并中采用败者树从 k 个元素中找出最小关键字的元素。这样关键字比较次数与 k 无关,在内存空间允许时尽量增加归并路数 k,也可以减少内存和外存数据交换时间。

小 结

(1) 排序分为内排序和外排序。内排序中所有数据都存放在内存中;外排序针对数据量很大的情况,内存放不下全部数据,通常数据存放在文件中,排序过程中需要进行数据的内存和外存交换。

(2) 稳定的内排序方法是指多个相同关键字元素在排序后相对位置不发生改变。

(3) 内排序的主要时间花在关键字比较和元素移动上。

(4) 直接插入排序在初始数据正序时时间复杂度为 $O(n)$,呈现最好的时间性能;在初始数据反序时时间复杂度为 $O(n^2)$,呈现最坏的时间性能。平均性能接近最坏性能。

(5) 折半插入排序与直接插入排序中元素移动次数相同,仅变分散移动为集中移动。

(6) 希尔排序是一种分组排序方法,组内采用直接插入排序。

(7) 冒泡排序在初始数据正序时时间复杂度为 $O(n)$,呈现最好的时间性能;在初始数据反序时时间复杂度为 $O(n^2)$,呈现最坏的时间性能。平均性能接近最坏性能。

(8) 快速排序每一趟将一个元素放在最终位置上,平均时间复杂度为 $O(n\log_2 n)$,空间复杂度为 $O(\log_2 n)$。

(9) 选择排序算法(简单选择排序和堆排序)与初始数据的正反序无关,都是不稳定的排序方法。

(10) 对一个堆进行层次遍历,不一定能得到一个有序序列。一个堆从根结点到叶子结点的路径恰好构成一个关键字的有序序列。

(11) 二路归并排序的空间复杂度为 $O(n)$。

(12) 基数排序不需要关键字比较。

(13) 外排序的时间主要由内外存数据交换时间和关键字比较时间两个部分构成。

(14) k 路平衡归并中采用败者树时,关键字比较次数与 k 的大小无关。

(15) k 路最佳归并树给出了一种内外存数据交换时间最少的 k 路归并方案。

练 习 题

扫一扫

练习题

扫一扫

自测题

上机实验题

扫一扫

上机实验题

金山 20 周年高峰论坛

今年是中国软件 20 年,也是金山软件 20 年,在这 20 年当中,中国软件产业已经风雨兼程 20 载,这 20 年中,既有顽强拼搏的坎坷,还有坚持梦想的幸福,既有激荡人心的故事,还诞生了很多软件英雄,他们是非常值得我们敬仰和尊敬的前辈,他们其实真正是中国软件史上最耀眼璀璨的明星。

王永民语:技术的发展是无止境的。求伯君也好,王永民也好,我们不祈求更多的人记住我们,我们希望后浪推动前浪,我们希望年轻人可以超过我们,一代更比一代强。我们强调一点,金融海啸、金融危机,在混乱之中,给软件产业的发展提供一个非常好的机会。你埋头做学问,你好好做开发,在别人泡沫粉碎的过程当中,没有饭吃的时候,在新经济时代做软件,形成强有力的团队,用更新的知识,创造新的奇迹,我相信是智慧人物今天的使命。

——摘自《中国软件二十年 知识英雄再聚首》

附　录

附录 A　书中部分算法清单

算法功能或例题编号	对应的源程序名	所在章号
【例1.11】	exam1-11.cpp	1
顺序表的基本运算算法	SqList.cpp	2
单链表的建表和基本运算算法	SLinkNode.cpp	2
双链表的建表和基本运算算法	DLinkNode.cpp	2
循环单链表建表和基本运算算法	CSLinkNode.cpp	2
循环双链表建表和基本运算算法	CDLinkNode.cpp	2
线性表应用——多项式相加运算算法	PloyAdd.cpp	2
【例2.3】	exam2-3.cpp	2
【例2.4】	exam2-4.cpp	2
【例2.5】	exam2-5.cpp	2
【例2.6】	exam2-6.cpp	2
【例2.7】	exam2-7.cpp	2
【例2.8】	exam2-8.cpp	2
【例2.9】	exam2-9.cpp	2
【例2.10】	exam2-10.cpp	2
【例2.11】	exam2-11.cpp	2
【例2.12】	exam2-12.cpp	2
【例2.13】	exam2-13.cpp	2
【例2.14】	exam2-14.cpp	2
【例2.15】	exam2-15.cpp	2
【例2.16】	exam2-16.cpp	2
【例2.17】	exam2-17.cpp	2
【例2.18】	exam2-18.cpp	2
【例2.19】	exam2-19.cpp	2
【例2.20】	exam2-20.cpp	2
【例2.21】	exam2-21.cpp	2
【例2.22】	exam2-22.cpp	2
【例2.23】	exam2-23.cpp	2
【例2.24】	exam2-24.cpp	2
【例2.25】	exam2-25.cpp	2
顺序栈的基本运算算法	SqStack.cpp	3
链栈的基本运算算法	LinkStack.cpp	3
循环队列的基本运算算法	SqQueue.cpp	3
链队的基本运算算法	LinkQueue.cpp	3
【例3.6】	exam3-6.cpp	3
【例3.7】	exam3-7.cpp	3
【例3.8】	exam3-8.cpp	3

续表

算法功能或例题编号	对应的源程序名	所在章号
【例 3.9】	exam3-9.cpp	3
【例 3.15】	exam3-15.cpp	3
【例 3.16】	exam3-16.cpp	3
【例 3.17】	exam3-17.cpp	3
顺序串的基本运算算法	SqString.cpp	4
链串的基本运算算法	LinkString.cpp	4
【例 4.2】	exam4-2.cpp	4
【例 4.3】	exam4-3.cpp	4
【例 4.4】	exam4-4.cpp	4
【例 4.5】	exam4-5.cpp	4
【例 4.6】	exam4-6.cpp	4
【例 4.7】	exam4-7.cpp	4
稀疏矩阵三元组表示的基本运算算法	TSMatrix.cpp	5
【例 5.2】	exam5-2.cpp	5
【例 5.3】	exam5-3.cpp	5
二叉树的基本运算算法	BTree.cpp	6
二叉树遍历的算法	OrderBTree.cpp	6
中序线索二叉树的算法	ThreadBTree.cpp	6
【例 6.7】	exam6-7.cpp	6
【例 6.8】	exam6-8.cpp	6
【例 6.9】	exam6-9.cpp	6
【例 6.10】	exam6-10.cpp	6
【例 6.11】	exam6-11.cpp	6
【例 6.12】	exam6-12.cpp	6
【例 6.13】	exam6-13.cpp	6
【例 6.14】	exam6-14.cpp	6
图邻接矩阵表示的基本运算算法	MatGraph.cpp	7
图邻接表表示的基本运算算法	AdjGraph.cpp	7
图的两种遍历算法	GSearch.cpp	7
图的两种求最小生成树的算法	MCST.cpp	7
图的两种求最短路径的算法	MinPath.cpp	7
【例 7.7】	exam7-7.cpp	7
【例 7.8】	exam7-8.cpp	7
【例 7.9】	exam7-9.cpp	7
【例 7.10】	exam7-10.cpp	7
【例 7.11】	exam7-11.cpp	7
【例 7.12】	exam7-12.cpp	7
【例 7.13】	exam7-13.cpp	7
顺序查找算法	SqSearch.cpp	8
折半查找算法	BinSearch.cpp	8
索引查找算法	IdxSearch.cpp	8
分块查找算法	BlkSearch.cpp	8

续表

算法功能或例题编号	对应的源程序名	所在章号
二叉排序树基本运算算法	BST. cpp	8
直接插入排序算法	InsertSort. cpp	9
折半插入排序算法	BinInsertSort. cpp	9
希尔排序算法	ShellSort. cpp	9
冒泡排序算法	BubbleSort. cpp	9
快速排序算法	QuickSort. cpp	9
简单选择排序算法	SelectSort. cpp	9
堆排序算法	HeapSort. cpp	9
二路归并排序算法	MergeSort. cpp	9
基数排序算法	RadixSort. cpp	9

本书源程序的说明

（1）程序分章组织，如"第2章"文件夹包含第2章的程序，exam2-3. cpp是例2.3的源程序。

（2）所有程序在Dev C++ 5.1环境中编译运行。用户将所有源文件复制到自己的文件夹中，点击相关文件名即可编辑、修改和运行。

（3）由于源程序中使用了引用类型"&"，所以不能在仅支持纯C语言的环境中编译运行。

（4）源程序文件扩展名为.cpp，实际上除了使用引用类型"&"外，均使用C语言的基本语句，并不包含C++中面向对象的类编程，只需要读者具备C语言知识即可。

附录B　计算机专业考研联考数据结构部分大纲（2024年）

读者可以扫描下方二维码在线学习。

扫一扫

大纲

参 考 文 献

[1] 严蔚敏,吴伟民.数据结构(C语言版)[M].北京:清华大学出版社,1997.

[2] 李春葆,等.数据结构教程[M].6版.北京:清华大学出版社,2022.

[3] 李春葆,等.数据结构教程学习指导[M].6版.北京:清华大学出版社,2022.

[4] 李春葆,等.数据结构教程(第6版)上机实验指导[M].北京:清华大学出版社,2022.

[5] E Horowitz,S Sahni,S Anderson-Freed.数据结构基础(C语言版)[M].2版.朱仲涛,译.北京:清华大学出版社,2009.

[6] 宗大华,宗杰,黄芳.数据结构教程[M].北京:人民邮电出版社,2010.

[7] 李春葆.数据结构联考辅导教程(2013版)[M].北京:清华大学出版社,2012.

[8] 李春葆.数据结构习题与解析[M].3版.北京:清华大学出版社,2006.

[9] 李春葆,等.数据结构程序设计题典[M].北京:清华大学出版社,2002.

[10] 李春葆,李三铁.数据结构考点精要与解题指导[M].北京:人民邮电出版社,2002.

[11] 黄扬铭.数据结构[M].北京:科学出版社,2001.

[12] 黄刘生.数据结构[M].北京:经济科学出版社,2000.

[13] 殷人昆等.数据结构(用面向对象方法与C++描述)[M].北京:清华大学出版社,1999.

[14] 朱战立.数据结构——使用C++语言[M].西安:西安电子科技大学出版社,2001.

[15] R L Kruse,et al. Data Structure and Program Design in C[M]. 2nd ed. Prenice Hall,1997.

[16] R Sedgewick. Algorithms in C. ADDISON-WESLEY,1998.

图 书 资 源 支 持

感谢您一直以来对清华版图书的支持和爱护。为了配合本书的使用，本书提供配套的资源，有需求的读者请扫描下方的"书圈"微信公众号二维码，在图书专区下载，也可以拨打电话或发送电子邮件咨询。

如果您在使用本书的过程中遇到了什么问题，或者有相关图书出版计划，也请您发邮件告诉我们，以便我们更好地为您服务。

我们的联系方式：

清华大学出版社计算机与信息分社网站：https://www.shuimushuhui.com/

地　　址：北京市海淀区双清路学研大厦 A 座 714

邮　　编：100084

电　　话：010-83470236　010-83470237

客服邮箱：2301891038@qq.com

QQ：2301891038（请写明您的单位和姓名）

资源下载：关注公众号"书圈"下载配套资源。

书 圈

清华计算机学堂

观看课程直播